Logic and Contemporary Rhetoric
The Use of Reason in Everyday Life (12th Edition)

生活中的逻辑学

［美］南希·凯文德　霍华德·卡亨　著
（Nancy Cavender）　（Howard Kahane）

杨红玉　译

中国轻工业出版社

图书在版编目（CIP）数据

生活中的逻辑学／（美）南希·凯文德（Nancy Cavender），
（美）霍华德·卡亨（Howard Kahane）著；杨红玉译. —北京：
中国轻工业出版社，2016.9（2025.7重印）
　ISBN 978-7-5184-1104-7

　Ⅰ.①生… Ⅱ.①南…②霍…③杨… Ⅲ.①逻辑学-
通俗读物 Ⅳ.①B81-49

中国版本图书馆CIP数据核字（2016）第219824号

版权声明

Copyright © 2014 by Wadsworth, a part of Cengage Learning.
Original edition published by Cengage Learning. All Rights reserved. 本书原版由圣智学习出版公司出版。
版权所有，盗印必究。

China Light Industry Press is authorized by Cengage Learning to publish, distribute and sell exclusively this simplified Chinese edition. This edition is authorized for sale in the People's Republic of China only (excluding Hong Kong SAR, Macao SAR and Taiwan). No part of this publication may be reproduced or distributed by any means, or stored in a database or retrieval system, without the prior written permission of Cengage Learning.

本书中文简体字翻译版由圣智学习出版公司授权中国轻工业出版社独家出版发行。此版本仅限在中华人民共和国境内（不包括中国香港特别行政区、中国澳门特别行政区及中国台湾）销售。未经圣智学习出版公司预先书面许可，不得以任何方式复制或发行本书的任何部分。
ISBN: 978-7-5184-1104-7

Cengage Learning Asia Pte. Ltd.
151 Lorong Chuan, #02-08 New Tech Park, Singapore 556741

本书封面贴有Cengage Learning防伪标签，无标签者不得销售。

责任编辑：王慧超　　　责任终审：杜文勇
策划编辑：孔胜楠　　　责任校对：刘志颖　　　责任监印：吴维斌

出版发行：中国轻工业出版社（北京鲁谷东街5号，邮编：100040）
印　　刷：北京厚诚则铭印刷科技有限公司
经　　销：各地新华书店
版　　次：2025年7月第1版第6次印刷
开　　本：710×1000　1/16　印张：23.5
字　　数：260千字
书　　号：ISBN 978-7-5184-1104-7　定价：62.00元
读者热线：010-65181109
发行电话：010-85119832　　010-85119912
网　　址：http://www.chlip.com.cn　　http://www.wqedu.com
电子信箱：1012305542@qq.com
版权所有　侵权必究
如发现图书残缺请拨打读者热线联系调换
251225Y1C106ZYW

译 者 序

逻辑学是一门重要的科学。它的重要性，一方面体现在对其他学科基础性的方法论意义，另一方面则体现在它与人们的理性思维能力密切相关。逻辑是一门关注有效推理的学问，推理、分析和理性由此成为一个问题的三个层面：会推理，能分析，才会独立思考；而独立思考，是理性思维最重要的特征。从古希腊到当代，逻辑学对于培育西方社会的求真精神和理性思维能力，都发挥着重要的作用，并成为西方文明的基石和特质。清代末年，思想家严复就敏锐地捕捉到了这一点。他在翻译过《天演论》之后，紧接着翻译了《穆勒名学》，后者实际上是一部西方的逻辑学著作。严复希冀通过培养国人的理性思维能力，来实现"师夷长技以制夷"的梦想。而这样的梦想，绵亘至今。

逻辑学自身也是一门不断发展的科学。20世纪六七十年代，逻辑学在北美国家经历了一个"逻辑的实践转向（the practical turn of logic）"的变革。如今，这一趋势已经演变为一种世界趋向：通过关注和分析日常生活中的推理模式，让人们避开思维误区，直达理性思考，让逻辑学在培养人们的理性思维能力方面发挥更直接的作用和价值。如今，这一学术趋势也引发了世界范围内的高等教育改革浪潮：发挥逻辑在通识教育中的作用，培养独立思考的人，已成为当代高等教育改革的世界性共识。

本书则是这一趋势的引领者、实践者和倡导者。作者霍华德·卡亨（Howard Kahane）是逻辑学实践转向的第一位倡导者。作为一位在国际上享有盛名的逻辑学家，当卡亨在课堂上给学生讲授现代逻辑的时候，一个学生提出了自己的疑虑，他说他花费一个学期所学到的现代逻辑的知识体系，对于他认识他所处的时代有什么用呢？！这个学生的提问启迪了卡亨，让他意识到关注日常生活的推理和培养学生批判性思维的重要性，而该著作正是卡亨思考成果的系统呈现。在这本书里，卡亨关注了大众媒体、广告、政治演讲等日常生活的重要场景，分析了其所使用的语言和修辞方法，以及其潜在的可能的逻辑谬误。这不仅对于培养人们的独立思考能力具有重要的意义，而且对于我们认识和反思我们所处的时代也具有独特的价值。该书第一版出版于1971年，是该研究领域真正意义上的第一本著作，其风靡于整个欧美世界并深深影响了一代又一代的年轻人。如今，该著作已经再版11次，而本书是基于最新的第12版进行翻译的。

　　正是意识到这种重要性，我放下手头的其他工作，全力以赴，历时一年有余，翻译出这本书。翻译的过程是多么艰难——没有节假日，没有休息，常常会为了一个术语的精准翻译，查阅大量文献，一天的时间不知不觉就溜去不见；但翻译的过程又是多么有趣——一旦能够把某一个术语精准地翻译出来，则会欣喜若狂，反复把玩，其状如范进中举，不忍卒读！就是这样反复推敲和一次次地推石上山，这本书才有了现在的样子。付梓之际，谢谢我的家人和学生们，正是你们所给予我的支持和帮助，才让我全力以赴！

　　最后，我想说的是，作为一部译著，本书的思想归于原作者南希·凯文德（Nancy Cavender）和霍华德·卡亨，而文字归于我。对于本书可能出现的失误或偏差，我承担全部的责任！恳请诸位专家学者和同人批评指正！也希望广大读者在阅读本书时，能享受阅读的过程，并获得思维的乐趣！

杨红玉

2016年5月

于河南大学寓所

前　言

我并不假装知道那些无知的人们所津津乐道的东西。
　　　　　　　——美国辩护律师　克莱伦斯·丹诺

能够区分哪些知识是我们确知我们知道，哪些知识是我们不确知我们不知道，这本身就是一种真知。
　　　　　　　——美国作家、哲学家　亨利·戴维·梭罗

我们最大的敌人其实就是我们自己。
　　　　　　　——美国漫画家　沃尔特·凯利

教育的功能不仅仅是获取知识。
　　　　　　　——英格兰作家　阿道司·赫胥黎

许多人宁愿死也不愿思考。事实上，他们的确是这么做的。
　　　　　　　——英国哲学家、数学家　伯特兰·罗素

你真的可以做到在很多场合愚弄很多人。
　　　　　　　——美国作家、漫画家　詹姆斯·瑟伯

在当下，我们更迫切地需要对我们生长于斯的世界和我们每天的决定做出审慎的思考，因为每一天，我们会为经济的衰退而忧心忡忡，被各种媒体和广告宣传"狂轰滥炸"，被现代发达的科技手段所统治。如果我们想最大限度地进行理性思考，并认识我们所处的社会和环境，那么，时机到了，就在此时，就在此地。

为了达到这个目标，本书第 12 版特别针对人们每天在生活中所遇到的困惑以及在社会、政治中所遇到的难题而量身设计，以帮助人们提高其理性推理的能力和素养（本书的目的并不是鼓励人们在左派和右派的政治中做出选择，而是帮助人们提高理性思维的能力和技巧）。

本书中的事例是通过很多途径从大量的资源中选取的，它们来自网络、电视节目、广告、文学作品、政治演讲、新闻摘要，等等。人们可以通过对网络中的伦理规范、政治形势预测、媒介中的性别歧视、经济衰退、类固醇的滥用、政府的双关发言等话题的讨论和反思，来锻炼和提高自己的理性思维能力。

本书参照和引用了下列人物的著作和评论：亚里士多德、伯特兰·罗素、贝拉克·奥巴马、杰瑞·宋飞、玛雅·安吉罗、温斯顿·丘吉尔、安·库尔特、简·奥斯汀、拉什·林博、艾丽斯·沃克、陀思妥耶夫斯基、老普林尼、萨拉·佩林、威廉·莎士比亚、查尔斯·达尔文等。实例大都来自广告、奥巴马和罗姆尼的政治活动、报纸专栏文章、文学作品和各种著作等。

本书所有的努力，都是为了帮助人们缜密地思考，以免他们被媒体、广告和政治组织以及许多行骗高手蛊惑，从而让他们在这个日益复杂并充满竞争的社会里能够独立思考，积极应对。

这个版本还在网络上设计了相关的辅助学习网页，包括互动环节、学习导航以及小视频，用以帮助人们学习和理解课本上的知识和内容。本书的电子版在这个网页也可以获得，网址是 www.CengageBrain.com。

第12版的创新之处

这本书主要的创新之处体现在以下几方面：

1. 在本书中，大量的旧事例被更新的资讯和事例所替代。比如，从奥巴马和罗姆尼团队中所选取的政治事例取代了一些已经过时的事例。（令人不安的是，相对于政治的这种飞速变化，经济形势却不容乐观，以前版本中那些描述经济大衰退的例子用在本书中依然不过时。）

2. 加入了很多话题的背景信息，以拓展人们新的视角。比如，在第十章，当讨论政治竞争中相互攻击的广告时，本书新增加了一个简短的章节，回顾了美国政治竞争中攻击广告的由来和历史。

3. 在保持主体内容和风格与以前版本一致性的前提下，出于改进整本书的组织结构、风格以及与时俱进的需要，对于某些章节，我们做了一些调整。

因为总统竞选相比于主题内容，更看重修辞学，所以本版本在关于谬误的章节中增添了更多的事例，以帮助我们反思和警惕选举中常用的错误推理伎俩。

在第九章关于论文写作的部分，我们增加了一篇关于年轻人是否应该上大学的范文。鉴于当下高等教育的代价越来越高，而工作前景却日趋暗淡，年轻人都会思考这个问题，因此这是一个值得深思熟虑而极具吸引力的主题。

第十一章论述了新闻的运作和管理，我们再次重新撰写了主体内容，以应对和反思新媒体的各种新的运作形式及其对日常生活产生的影响，过去那种单纯依靠电视传播的时代一去不复返了。在这一章，我们讨论了传统媒体所带来的问题，也讨论了新的网络时代提供给人们的便利和好处。

本书的结构

1971年出版的该书的最早版本，在结构安排上围绕一个核心理念而设计，即通过了解好的论证的基本原则和日常推理的谬误这两个基本途径，帮助人们提高在日常生活中的推理能力。但相关的调查结果表明，这些错误推理和谬误的产生首先是因为人们缺乏相关的背景性知识；其次是因为一些心理因素阻碍了人们进行有效论证，比如，一厢情愿、合理化、思维定式、盲目迷信以及地方主义等；最后是因为对各种信息资源的性质和质量缺乏必要的了解和鉴别。

综合考虑上述因素，本书在结构上做如下安排：

1. 好的推理与不好的推理：第一章介绍了好的推理和不好的推理的基本原则和理论，以及拥有良好的背景性信念特别是良好世界观的重要性。第二章则介绍了推理的两种基本方式：演绎和归纳。第三、四、五章分别关注的是三类常见的推理谬误。

2. 演绎和归纳：第二章详细阐述了什么是有效的演绎推理和无效的演绎推理，以及什么是有效的归纳推理和无效的归纳推理。

3. 推理谬误：第三、四、五章分别关注的是三类常见的推理谬误，其目的是通过了解日常生活中常见的推理谬误从而去避免它们。这几章讨论了日常生活中最常见的推理谬误，以帮助人们正确地识别它们，并提高理性思维的能力。

4. 妨碍有效推理的心理机制：第六章关注的是一厢情愿、合理化、地方主义、拒绝承认等妨碍我们有效推理的心理机制，以帮助我们去克服它们。这一章解释了迷信以及伪科学的吸引力和危害性。从一定意义上讲，这是本书最重要的一章，因为如今这些心理机制已经极大地影响并阻碍了我们进行有效的推理。(有些老师倾向于把这一章的内容放在心理学课程里讲，而不是放在批判性思维这门课程里讲。但问题是，很多学校并没有给学生提供这样的与推理相关的心理学课程，一些纯粹的理论探讨课程也没有专门设计一些教学环节，来帮助学生认识日常推理的误区并加以克服。)

5. 语言：第七章讨论语言是如何被用来表达意义的，如模棱两可的谈话和冗长的说话风格等。(这一章设计了一个特殊的环节，以帮助我们了解语言学的变革，即在日常的谈话中，如何富有成效地减少和避免性别歧视、种族主义立场等让人不快的轻蔑论调。本章还分析了政治讨论中的正确风格。)

6. 评估和撰写有信服力的文章：第八章关注的是如何评估各种议论性质的文章，如说明文、社论、政治演讲等。第九章关注的是如何撰写上述类型的议论性的文章。（建议老师们不要忽略第九章，并且要让学生在讨论课上至少写出两篇议论性的文章。写作是锻炼我们理性思维的最好途径，它也能帮助我们反思日常的思维习惯，进而改进思维能力。）

7. 几种重要的信息源：第十章关注的是获取信息重要来源的广告（重点分析了政治广告）；第十一章关注的是各种媒介（包括电视、报纸、广播、网络、书籍、杂志），特别是大众传播媒介；第十二章关注的是公立学校的教材。（对很多人而言，这三个方面是我们获取资讯的最重要的途径，建议老师们在讲授第十一章的时候不要过于匆忙，毕竟当下发生的很多事件都与媒体的报道，特别是大众媒体的报道息息相关。）

8. 其他相关的推理理论：本书的附录部分提供了关于推理的更多内容，包括演绎和归纳（包括三段论的一些基础知识）、原因和结果、科学方法等。

本书的特色

在关于批判性思维的众多教材中，本书保持着如下特色，并因而旗帜鲜明：本书有效地把各种因素整合在一起，比如，它强调建立有效论证过程中需要克服各种心理障碍；它分析了在应对日常问题时建立良好的背景性信念的重要性；它详细地论证和分析了人们获取信息的重要途径。在当今这个分工日趋精细和复杂的时代，面对生活中的很多问题时，我们都是门外汉，但正是由于我们能够有效地利用和整合从媒体、教科书、网络、期刊中所获取的各种专家的知识和建议，因而不管是普通人还是政治人物，都能够在日常生活中有效地论证并正确地决策。

尽管本书阐发了很多关于推理的理论，但它并不是一本关于推理的理论专著，而是力求帮助人们避免推理谬误和建立有效论证，因此，本书中撷取了日常生活中的众多实例，以帮助人们建立一个宏观的关于世界的观念。推理能力以及评估别人的论证是一种技能，它需要时时操练，因此本书中的实例都来源于日常生活。

一门真正的批判性思维课程，很难在一个封闭的专制的社会氛围或者文化中完成。本书的作者也深知，这样的批判性思维根植于一种自由的社会氛围。公民独立地思考，而不是按照别人灌输给他们的思维方式去思考，是保障一个社会自由的基石。

致 谢

（略）

南希·凯文德
于加利福尼亚州米尔谷

> 如果哲学不能教会我们谈论深奥的逻辑问题，也不能提高我们思考日常生活中重要问题的能力，那么，学习它又有什么用呢？
> ——哲学家 路德维希·维特根斯坦

目　录

第 一 章　好的推理与不好的推理 / 1

　　推理和论证 / 4

　　说明和论证 / 5

　　令人信服的推理 / 6

　　有效论证的两种基本类型 / 10

　　一些关于令人信服的推理的错误看法 / 13

　　背景性信念 / 15

　　背景性信念的分类 / 16

　　世界观或哲学 / 17

　　基础不充分的信念 / 20

　　两种至关重要的背景性信念 / 23

　　用以拯救我们的背景性信念的科学 / 24

　　小结 / 27

第 二 章　演绎和归纳 / 31

　　有效的演绎 / 33

　　无效的演绎 / 37

　　三段论 / 38

　　间接证明 / 39

　　重言式、矛盾式和或然式 / 40

有效与无效的归纳 / 41

演绎和归纳的一个常见误解 / 45

论证有力与事实正确 / 46

小结 / 47

第三章　推理谬误（一）/ 51

诉诸权威 / 55

前后不一 / 60

稻草人 / 65

虚假的二难困境和非此即彼谬误 / 66

乞题 / 69

陈述虚假 / 71

隐藏证据 / 72

象征主义 / 75

小结 / 76

第四章　推理谬误（二）/ 79

诉诸人身 / 81

以错制错 / 83

理由不相干 / 88

模棱两可 / 90

诉诸无知 / 93

组合谬误和分解谬误 / 94

滑坡论证 / 95

小结 / 97

第五章　推理谬误（三）/ 99

轻率概括 / 101

以偏概全 / 102

样本不具有代表性 / 103

原因虚假 / 104

错误类比 / 107

可疑统计 / 111

好的统计数据的错误运用 / 114

民意调查：一种重要的范本 / 116

误用谬误 / 119

小结 / 121

第六章　妨碍有效推理的心理机制 / 125

忠诚、地方主义和从众心理 / 127

偏见、刻板印象、寻找替罪羊和党派心态 / 130

迷信 / 135

一厢情愿和自我欺骗 / 136

合理化和拖延症 / 139

其他心理防御机制 / 143

一厢情愿、自我欺骗和拒绝承认的一些有益之处 / 146

伪科学和超自然的影响力 / 149

缺乏良好的平衡感 / 152

小结 / 154

第七章　语言 / 157

认知意义和情感意义 / 159

语言的情感意义和说服性使用 / 160

其他常用修辞方法 / 168

语言的操控 / 175

语言的修正 / 182

小结 / 186

第 八 章　扩展型论证的评估 / 189
　　文章评估的基本任务 / 192
　　做批注和摘要的方法 / 197
　　对论证的延伸性评估 / 198
　　对价值诉求的处理 / 198
　　对讽刺作品的评估 / 201
　　小结 / 202

第 九 章　撰写令人信服的文章 / 205
　　写作计划 / 207
　　写作准备 / 208
　　撰写文章 / 210
　　有效地组织推理 / 214
　　小结 / 219

第 十 章　用于销售产品的广告 / 221
　　承诺型广告与识别型广告 / 224
　　看广告时的注意事项 / 225
　　广告的积极方面 / 233
　　广告的市场调查 / 234
　　政治的宣传造势 / 243
　　小结 / 253

第十一章　新闻的运作 / 257
　　媒体与金钱的力量 / 260
　　新闻采集的要义是省钱 / 276

新闻报道：理论与实践 / 278

新闻倾斜的手段 / 287

电视与网络 / 293

非大众媒体 / 297

近来的发展 / 300

小结 / 304

第十二章　掌控世界观的教科书 / 309

高中历史教科书 / 312

教科书与教化 / 321

教科书与政治 / 322

审查制度 / 327

教科书无法给予学生真实的理解 / 337

关于大学教科书的补充说明 / 338

小结 / 341

附　　录　再论令人信服的推理 / 343

原因和结果 / 343

科学方法 / 345

概率计算和公平赔率 / 348

术语表 / 353

第一章

好的推理与不好的推理

▷▷

深入思考比认真做事甚至死亡更难。
——英国圣公会牧师、诗人　G. A. 斯塔德特·肯尼迪

读书不是为了争论不休，不是为了盲从，而是为了思考。
——英国哲学家　弗朗西斯·培根

你可以引导一个人考上大学，但却不能引导他如何去思考。
——美国作家　芬利·彼得·邓恩

你可以引导我考上大学，但你不可以强迫我思考。
——近日在杜克大学的运动衣上看到的标语

如果你逃避现实，你就得不到现实的庇护。
——哈罗德·戈登

推理是一种逻辑，也是一种目标，更是一种生活方式。
——英国谍报小说作家　约翰·勒·卡雷

正如古语所言，生命本身就是一个问题不断的过程，因此，解决问题就成为我们生命中重要的主题，而推理是解决问题的主要手段。当面对一个问题时，我们已知的知识和良好的信念可以为问题的解决提供有力的帮助，其中的诀窍就是有效推理。本书的主题就是有效推理，这种诀窍对于我们个人问题或者社会、政治问题的解决，都大有裨益。

我们都认为，人类是一种理性的存在，但不可否认的事实是，我们的大多数知识都是道听途说的。比如，我们现在知道地球是圆的，是因为我们是被这样告知的，尽管如此，但从直觉上而言，我们还是认为它是平的，因为我们每天行走在一个平面而非圆球上。事实上，以前全世界的人们一直相信地球是平的，直到科学的证据推翻了这一直觉。我们每天所获取的知识大部分都来自信念，它们大部分都没有经过严格的检验，从孩提时代就被灌输给我们。而这些信念进而会转化成我们的本能反应，比如，在对待枪械的控制、同性婚姻的合法性以及毒品的合法化等问题上。本能反应并不等同于理性反应，更不等同于信念，除非它经过相反的理论或者证据的严格检验。从这个意义上来说，批判性思维不仅需要正确的推理，也需要正确的信息。

幸运的是，每个人都不是孤岛。我们不用亲知所有的知识，有很多途径和机会可以使我们从别人那里获取精确的知识和良好的建议；不幸的是，并非所有的知识和信息都是平等的。骗子和愚蠢者可以像圣人或诺贝尔奖获得者一样声音洪亮、滔滔不绝，个人的私心甚至可以蒙蔽一个最聪明的人。对此，我们的策略就是，正如面对大山一般的谷堆，我们要学会分辨什么是有营养的谷物，什么是必须抛弃的糠壳，我们要学会分辨什么是好的（有力的）论证，什么是不好的（谬误的）论证。

推理和论证

先列举一个关于先天获得与后天习得的话题的推理：

同胞孪生的两个孩子有时候会具有不同的智商，但他们遗传了相同的基因。因此，后天的环境在决定一个人的智商方面发挥着一定的作用。

逻辑学家把这样的推理叫作论证。在这个例子中，论证是由三个陈述构成的：

1. 同胞孪生的两个孩子有时候会具有不同的智商。
2. 他们遗传了相同的基因。
3. 后天的环境在决定一个人的智商方面发挥着一定的作用。

前两个陈述在逻辑学中被称为前提，因为它们为第三个陈述的得出提供了理由；第三个陈述被称为结论，它是整个论证所要达到的要求或目的。

在日常生活中，我们很少去关注什么是前提，什么是结论，我们甚至很少去区别我们论证的主题。但我们的日常语言还是给出了一些线索，"因为""既然""由于"这些词语通常表明我们接下来要说的话是一个论证的前提；而"所以""那么""结果""因此"等词语则表明，我们要说的话是相关论证的结论。同样的，"观察结果表明……""为了证明……""相关数据表明……"等短语是为了引出一个前提，而"所有这一切的重点是……""这一切表明……""结果显示……"等短语则是结论的前奏。这里有一个简单的例子：

既然杀人是错误的（前提），死刑也是错误的（结论），因为死刑是剥夺一个人的生命（杀死一个人）（前提）。

可以把这个推理整理成标准的形式：

1. 杀人是错误的。

2. 死刑是剥夺一个人的生命（杀死一个人）。
∴ 3. 死刑也是错误的。

当然，一个论证的前提的数量可以不止这些，也有可能整个论证是嵌入到其他论证之中的。

除了运用承转词语，如"既然""因为""因此"等，有时候句子的先后顺序也显示了论证的结构：一般而言，一组句子中的最后一个句子总是这个论证的结论；极少数情况下，论证的结论是以问句的方式给出的。当洛杉矶银河队与国际足球巨星大卫·贝克汉姆签约的时候，一个热情的粉丝断言，此举不仅对于银河队而言，甚至对于整个美国职业足球大联盟而言，都是一个正确的选择。她认为，贝克汉姆是全世界最好的足球运动员之一，并且贝克汉姆可以促进该项运动的普及。接着，她用问句的方式给出自己的结论："贝克汉姆能够促进足球在美国的普及，这还不够有意义吗？"

当然，我们也应该注意到，一个论证的前提或者结论由于是大家共知的而被省略。人生短暂，我们没有必要每一次都讲出那些交谈双方都知道的东西。比如，在关于智商的那个例子中，"智商的差别或者是因为遗传或者是因为环境因素"这个前提，就因此被省略了。而当审视论证时，我们需要把相关的省略部分都补充完整。

说明和论证

从以上论述中，我们可以知道，对于一组语句而言，只有给结论或者信念提供理由的，才构成论证。相比之下，传闻不是论证，大多数的说明也不是。但在这些情况下，论证常常以隐含的方式给出。比如，一个销售员在谈论奥林巴斯和柯达两种数码相机之间的区别时，他说："奥林巴斯的像素是410万，而柯达的像素只有220万；它们的品质都非常卓越，在截取和放大图片方面，奥林巴斯更胜一筹，柯达虽然没有如此强的功能，但它的价格要比奥林巴斯便宜300美元。"在这段话里，尽管这个销售员并没有论证什么，也没有提供结论，但结论是以隐含的方式给出的，那就是如果你想购买一款高性能的相机，你应该选择奥林巴斯，否则你应该选择柯达。

日常生活中的对话总是有目的性的。很多对话，甚至是谈论绯闻，也是试图影响别人的看法或者行为，并由此构成一个论证。在销售数码相机的那个例子中，销售员说的那些话就是引导顾客得出如下结论："我应该买奥林巴斯相机，因为它更高的性能值得我多花 300 美元"，或者"我应该买柯达相机，因为那些更高的性能并不值得我多花 300 美元"。总之，销售员看似闲谈的对话也是有目的的，那就是销售相机。类似的情况是，大多数广告也没有明确的论证形式，只是提供了产品的相关信息，但它们总是隐含着结论，那就是你应该买这些广告产品。

不只如此，掌握修辞学和辩论之间的区别也非常重要。一般而言，修辞学主要是说明性的，而辩论则主要是论证性的。一个论证总是明确或者隐含地提出自己的观点，并为这些观点提供相关理由，它至少表明，观点的提出受论据的支撑。相比之下，一篇说明性的文章则没有为我们提供相关理由来支撑相关的事实，就像一个朋友告诉我们，她曾经在海滩上享受过一段好时光，这只体现了说话人的主观感受。

令人信服的推理

推理可以是令人信服的（好的），也可以是错误的（不好的）。当我们遵循以下原则时，我们的推理就会令人信服：

1. 推理的前提是可信的，假如它们是我们已知或者是相信的东西。
2. 我们考虑到了所有相关的知识[1]。
3. 我们的推理是有效的，换言之，推理是正确的，这意味着前提为结论的得

---

[1] 实际上，我们很难满足这个极其严格的条件。这个条件的要义是指，一个好的推理者要尽可能地正确推理并考虑到推理的相关信息（并且，天才的一个重要标志就是他们能识别什么是相关的信息，而一般人很难做到这一点）。

出打下了良好的基础[1]。

当这三个原则都不被满足时，推理就是错误的。顺便一提，在日常交流中，我们经常说，一些论证是令人信服的，一些论证是错误的，这种说法不准确。实际上，严格地说，是推理者的推理是令人信服或者错误的。为了方便交流，在语境清楚的情况下，我们通常不再对此做严格说明。

前提可信

这是建立令人信服的推理的第一原则。它要求我们运用已知的知识和信念来检验一个推理的前提，以决定我们是否该接受它。比如，在前面关于死刑的讨论中，第一个前提是"剥夺一个人的生命是错误的"，而实际上，我们大部分人都不是和平主义者，我们也不认为剥夺一个人的生命总是错误的。从这样的观念出发，会促使我们审视这个论证的第一个前提，并认为要使得我们接受这个结论，这个论证应该提出其他更有力、更可信的前提。（当然了，和平主义者的推理角度与我们的不太一样。）

作为对比，我们来看另一个论证：

罗杰·费德勒一定是一个杰出的网球运动员。他曾在2012年赢得了温布尔登网球赛的冠军。（隐含的前提是：任何赢得了温布尔登网球赛冠军的运动员都是杰出的。）

网球球迷们都知道，温布尔登网球锦标赛是世界网球界最重要的赛事之一，并且费德勒赢得了该赛事的冠军，结合这些背景知识，推理的前提就变得非常可信。

值得注意的是，当我们用已有的背景知识来评估一个论证的前提时，实际上已经建立了另一个论证，这个论证是以我们的背景知识作为前提，来推知和评估

---

[1] 假设我们并不知道与结论相关的信息，推理的一个前提是错误的，但如果它使用了其他正确的前提并且这个前提可以推出结论，其推理过程仍然可以是令人信服的。另外，需要注意的是，"有效的"这个词语有时候适用的范围要比我们这里所说的宽泛得多。

上一个论证的前提。比如，在讨论死刑的论证中，一个非和平主义者可能会这样论证："我相信在某些情形下杀人并不是错误的，如出于自卫、在战场上，或者是处置杀人犯等，所以我应该反驳这个前提，即'剥夺一个人的生命总是错误的'。"

在日常生活中，我们会遇到一些情形，如被告知或者声明一些情况，却并没有给我们提供理由或者原因。在这种情形下，不假思索地接受这些声明或者要求是不理智的，换言之，我们应该像评估论证的前提一样，运用我们的背景知识来建立论证，以评估这些声明或者要求的可信度。

不要忽略相关信息

这是建立令人信服的推理的第二原则。它要求我们不要忽略相关信息，特别是那些有可能会推翻结论的反例信息。

比如，一个年轻的女孩在2006年秋季用贷款买了一套公寓，她的观点如下：

是该给自己买一套公寓的时候了。我使用的这个贷款甚至不需要我支付首付款，利息也很低，两年之内的利息不超过5%，并且随着我的逐月偿还，利息还会更低。另外，我已经非常厌倦租房的生活了，我真的很需要一个自己的空间，并且每个月还钱的数目也低于租房的租金。过去的两年里，房价一直在飙升，所以今后我就是卖掉这套公寓也会赚钱。现在我确实有点捉襟见肘，但我可以通过信用卡支付来渡过这个难关。

这段话隐含着这样的推理：
1. 这是购买公寓的好时机。
2. 从经济上而言，我不需要支付首付款，并且短期贷款的利率也比较低。
3. 房产在继续升温，我今后卖掉这套公寓也会赚钱。

如果房产泡沫全面爆发而房子的价格持续走低，并且短期贷款的利息远远超过一般人的支付能力，那么这个名叫阿拉斯的女孩，以及数以万计的与她有同样际遇的人，也可能会破产。阿拉斯的思维显示出，她忽略了自己的财务状况，并且对市场缺乏应有的调查。

1. 房地产行业在过去的时间里可能是一直走高，但市场因此可能会进行自我调节。过去的经验显示，房产的好时光正在消逝并且房价在走低。

2. 短期贷款的低利息也许只是金融行业吸引更多人贷款的手段和方法，他们预期的受众是那些靠信用卡支付勉强维持生计的低收入人群，这些人并不真正具备购置房产的能力。这种短期贷款的利率在两年之后会攀升3个百分点。

3. 那些收入可观的人，经常支付房产的首付款并能在市场波动时按时支付贷款。对于低收入并靠信用卡支付的人们而言，这一切很难做到。当货币紧缩时，比如，在2007年，很多放贷公司就拒绝给这些高风险的人群放贷，结果就使得他们不得不亏本廉价出售房产或者房产被银行抵押，甚至可能破产。

这些事后的认识，的确胜过事前的预见。不过，尽管我们能够理解一个年轻女孩对于家的渴望，但在购买房产之前，还是应该考虑清楚自己的经济实力，调查一下房产市场的规律，并关注贷款行业的实际做法。这对于理智的人而言，都是必须思考的事情，千万不要让幻想阻碍了我们的正常思考。

有效推理

这是建立令人信服的推理的第三条原则。它要求论证的前提能够支持结论，也就是逻辑学家所说的论证是有效的，或者说是正确的。有一点非常重要，那就是论证的有效性与前提或者结论的真假无关，它只与前提和结论之间的联结方式的性质相关。一个论证是有效的，意味着如果这个论证的前提是真的或者可信的，则其结论也是真的或者可信的。论证的有效性与前提或结论是否为真无关，一个有效的论证的前提有可能是假的，或者结论可能是假的。比如：

1. 匹兹堡海盗队与其他美国职业棒球大联盟联赛队相比，在更多的世界职业棒球锦标赛中获胜。（前提是错误的！）

∴ 2. 相比于纽约扬基队，匹兹堡海盗队在更多的世界职业棒球锦标赛中获胜。（结论是错误的。）

这个论证是有效的。因为，如果匹兹堡海盗队与其他美国职业棒球大联盟联赛队相比，在更多的世界职业棒球锦标赛中获胜，那么毫无疑问的是，匹兹堡海盗队相比于纽约扬基队，他们在更多的世界职业棒球锦标赛中获胜。即便这个论证的前提和结论都是错误的，它也仍然是有效的。它的有效性就在于，如果一个人相信它的前提为真，就一定会相信它的结论为真。

有效论证的两种基本类型

前提支持结论的方式有两种基本类型：第一种是演绎有效的论证；第二种是归纳有效的论证。

演绎有效的论证

演绎有效论证最基本的特点是：如果这个论证的所有前提为真，它的结论必然为真，因为结论的真已经在前提中被断定了，虽然是以一种隐含的方式。

让我们来看一个比较简单的演绎有效的论证的例子：

1. 如果电线是铜制的，那么它会导电（前提）。
2. 这根电线是铜制的（前提）。
∴ 3. 这根电线会导电（结论）。

在这个论证里，任一前提都不足以证成结论，但这两个前提结合在一起，就可以证成结论。在这样的论证中，不可能两个前提都为真而结论却是假的；我们也不能先肯定这个论证的两个前提都为真，然后再断言其结论为假。

关于这一点，让我们重点关注这个论证的形式：

1. 如果（第一个句子），那么（第二个句子）。
2. 第一个句子。
∴ 3. 第二个句子。

正是这个推理的形式使得整个论证是演绎有效的，而不是句子的真值使得论证有效。为了更清楚地说明这一点，让我们以 A 代表第一个句子，以 B 代表第二个句子，则这个论证的形式可以进一步表示为：

1. 如果 A，那么 B。

2. A。

∴ 3. B。

很明显，任何具有这种推理结构的论证都是演绎有效的。又如：

1. 如果索尼娅阅读《世界时尚》（Vogue）杂志，她会发现自己代表了最新的时尚。

2. 索尼娅阅读《世界时尚》杂志。

3. 她发现自己代表了最新的时尚。

逻辑学家把这种推理结构叫作肯定前件式。

正是演绎推理的结构保证了一个论证的前提如果为真，其结论必然为真，但演绎推理的结构本身并不能保证论证的前提或者结论必然是真的。

关于这一点，我们来看另一个例子。在这个例子里，整个论证还是肯定前件式。但它的两个前提中一个为真，另一个为假，这使得结论不一定是真的：

1. 如果更多的人喜欢读阿加莎·克里斯蒂的推理小说，而不是莎士比亚的戏剧，那么阿加莎·克里斯蒂的小说写得比莎士比亚的戏剧要好。（前提为假？）

2. 更多的人喜欢读阿加莎·克里斯蒂的推理小说，而不是莎士比亚的戏剧。（前提为真。）

∴ 3. 阿加莎·克里斯蒂的小说写得比莎士比亚的戏剧要好。（结论为假？）

当然，有时一个演绎有效的论证包含了一个假的前提，但其结论是真的。即便如此，这也只是碰巧的缘故，而不是有效的推理。

在一个演绎有效的论证中，前提的真保证了结论的真，这是演绎有效的论证的主要特点。但演绎论证也有其局限性，如果前提中的信息没有隐含结论的信息，则其无法得出结论。而在这个方面，归纳推理发挥着重要的作用。

归纳有效的论证

与演绎有效的论证不同的是，归纳有效的论证，其结论断定的范围可以超过前提断定的范围，而这种推理隐含的思想就是，我们可以从经验中获得知识。在日常生活中，我们经常观察到一些有规律的现象，在这些现象中，有的比较简单（糖会使咖啡变甜），有的比较复杂（事物的运动遵循牛顿定律——啊哈！无论如何，牛顿注意到这些！），而归纳法则是把我们已经获得的规律性经验投射到其他类似的相关经验中。

归纳有效的论证，有时也被称为举例论证。例如，佛罗里达州杰克逊维尔市的一个小男孩在解释自己为什么怀疑圣诞老人真的存在时，是这样说的：

牙仙不是真的；复活节的邦尼也不是真的；所以，我开始怀疑圣诞老人也不是真的。

当然，这个例子对于我们成年人而言，是显而易见的，但对于一个4岁的孩子来说，这真的不是那么容易。

在日常生活中，我们经常使用归纳推理，但我们很少反思这种推理的性质，以至我们认为它稀松平常。事实上，我们的确是在五六岁的时候就可以运用归纳的方式获取我们日常行为规范的很多知识。比如，有些事物是美味的，有些不是；太阳每天都升起并且落下；热的东西烫手；有些人值得信任，有些人不值得信任；等等。

归纳推理的最大特点是，它能够给我们提供新知识，而不像演绎推理那样，结论已经隐含在前提中。但归纳推理也因此比演绎推理的出错概率更高。对于演绎推理而言，其前提的真保证了结论的真；而对于归纳推理而言，即便所有的前提都为真，其结论也有可能是假的。即便是最好的归纳总结，也可以让我们误入歧途，因为世界发展的模式有可能不是我们已经观察到的那种模式。这种情况在日常生活中很常见。比如，一个经常能提供美食的饭店，也有可能在我们下一次光临时让我们失望。理论科学中也发生过类似的情况，比如，在很长一段时间里，物理学家都认为石棉不会导电。这个信念是人们在长期的大量的观察中归纳得到的。但这一信念被后来的实验结果证伪：当冷却至零摄氏度的时候，所有的物质，包括石棉，都会导电。

即便如此，无论是在日常生活中，还是在科学实验中，归纳推理还是被大量地运用，就像丘吉尔对民主制的评价一样，相比于猜测、一厢情愿地幻想和占星术等思维方法而言，归纳推理最大限度地扩展了我们的知识，而代价最小。

一些关于令人信服的推理的错误看法

在解释过令人信服的推理的三个原则以及两种有效的论证方式后，我们接着要谈谈，最近几个关于逻辑和好的推理的很有影响力的观点。根据这些观点，人们认为，好的推理应该具有文化相对性，或者性别相对性，甚至具有个体相对性（这个观点在学生中间非常流行）；甚至，他们还在逻辑学的课堂上提出了"女性的逻辑"，以区别于"男性的逻辑"（这些概念经常是一些女性逻辑学家提出来的，但对此我们不再深究）；他们还提出了"黑人的智商"这个概念，以区别于白种人所衍生出来的群体的智商，尽管我们都知道的一个事实是，一个群体与另一个群体、一个种族与另一个种族、一种性别与另一种性别的推理能力都不尽相同；我们还经常听到学生说，"那些对你来说是真的，对我来说却不是"；我们也经常听学者谈及"亚里士多德式的推理"，以区别于那些靠直觉的推理类型等。

> 聪明的人会举一反三。
>
> ——犹太谚语

> **字 里 行 间**
>
> "reading between the lines"这个短语有好几种含义。其含义之一是捕捉那些没有被明确表达的想法；其二是从一段陈述或一个论证中获取更多隐含

的信息;其三则是从一种修辞中留意那些被有意或无意释放的信息。这种方式是我们理解日常生活中的对话,特别是政治表达和广告的重要方式。

例如,百服宁药的广告是这么说的:"常规的阿司匹林不会比百服宁的退烧效果更好!"通过这则广告,我们读到的言外之意是,百服宁在退烧方面,并没有做到比其他的同类药品更强。因为,如果它做到了这一点,它的广告的语气会更强(那将变成"百服宁的退烧效果比阿司匹林药效更好"),而不会是现在这个比较弱的语气。根据以往的知识背景,我们很期望广告在宣传产品的时候语气强到毋庸置疑。但这样一来,这个广告会有虚假宣传的可能和嫌疑。

"字里行间"也是我们经常用来评价一个人的重要方式,即通过观察一个人的行为和说话方式来推测他们心里的想法和行动趋向。比如,在打扑克牌的时候,有的人就是通过观察对手的一些行为,如毫无察觉地喋喋不休、行动局促不安,或者故作平静,从而发现对方是在虚张声势。同样,在政治选举中,一些理智的选举人也是通过观察候选人的各种表现和读取他们的竞选宣言的言外之意,来评估这些候选人的。(在第七章和第十章,我们将更详尽地讨论该问题。)

而这些关于好的推理的观点,都是不正确的。比如,说肯定前件式的论证是无效的,这是非常愚蠢的看法。比如,一个人声称每个人都有生活的权利,紧接着,他又声称史密斯没有生活的权利,想想吧,这意味着什么!又如,一个人断言,如果乔尼斯去过中国,那么他一定去过亚洲,接着他又断言,乔尼斯的确去过中国,但他没有去过亚洲,这样的断言有何意义?正是从这个意义上而言,违反了有效推理构成的要件,就意味着要接受这些自相矛盾的推理和论证,因为有效推理(包括数学中的基本规则)的要义和重点就是要求我们在推理过程中避免自相矛盾。

类似的,从这些经验中可以看到,我们没有任何理由违反有效论证的标准。诚然,在物理学、化学和生物学等研究领域,大部分奠基性的工作和理论是由男性白人科学家完成的，但这一现象与这些奠基性工作和理论没有一点关系。这个世界的运行方式与试图发现它的人的种族、性别没有任何联系。这就是为什么不要在顺势疗法上破费，因为医学已经通过归纳多次的实验结果，得出这种顺势疗法并没有任何生物学的依据，换言之，顺势疗法并没有疗效。总之，怎么强调都不为过，那就是有效推理的标准是固定的，并不会因种族、性别和个体而发生改变。

当然，我们也要看到以下事实。首先是个人的自我利益、偏见或一些狭隘心理，的确会影响人们做出有效推理。有效推理的规则是固定的，但人们的个人兴趣和偏好会驱使他们忽略别人的价值或者利益，甚至，即便分享了一些相同的价值理念，但组织和很多人的利益也经常被忽略。比如，一些富人总是认为，公平意味着人们生而机会平等，但他们在要求免除遗产税的时候会忘记这一点；在很多父母双方都需要出去工作的家庭里，父亲们总是将他们工作的失利归结为承担了太多的家务和照顾孩子的重任；在工作中，很多高级管理者都声称他们崇尚机会平等，但女性、拉丁裔和黑人的求职申请总是被他们淘汰。所有这些事件都和有效推理的标准没有太大关系，但在错误推理中，这些因素都可能出现。

那些对标准的"逻辑"提出异议的人们其实误解了自己的目标，他们攻击有效推理的标准，而不是对手对这一标准的错误使用，他们甚至要求从道德价值和其他的一些价值理念出发来进行推理，这是行不通的。

以后的章节将详细地论述这些错误的推理方式，特别是从道德价值及其他价值出发的推理方式。现在，要紧的是，我们要知道，有效推理的标准是统一的，无论是关于推理方式还是关于前提的选择，这些标准对任何推理都是适用的。

背景性信念

在前面的章节里，我们提出了令人信服的推理的三个要件：前提和结论之间的联结方式（论证方式）是有效的，前提是可信的，发现并运用相关的有用信息。可以看出，满足后两个要件需要我们具备相关的背景知识，这就是为什么在评估一个论证的有效性时，挖掘其背景性信念是非常重要的衡量指标。

比如，在20世纪80年代早期，我们经常会听到这样的论调：艾滋病是同性恋的瘟疫，用来惩罚他们之间的同性性行为——这样的论调现在也会听到。这个论证的重要前提就是：艾滋病的传播渠道就是同性之间的性行为。而支持这个前提的事实之一是，在美国，大部分被报道出来的艾滋病患者都是同性恋。但具有良好的背景性知识的人是不会相信这个论证的。因为他们知道，在世界的其他一些地方，比如，海地和非洲的一些地区，艾滋病是通过异性之间的性行为传播的。另外，具有科学常识的人也会知道，艾滋病的传播途径不只是同性性行为，还有异性性行为，如梅毒、乙肝和疱疹等。

现在，大多数美国人已经知道，艾滋病的传播途径不仅有同性性行为，还有异性性行为，但很多人误以为艾滋病已经可以治愈，因为已经有药物可以对抗HIV。实际上，这些药物只能抑制病毒的感染速度，迄今为止，都不能真正地治愈艾滋病。悲哀的是，很多年轻人都认为艾滋病可以治愈，因而不会采取足够的措施来防止感染。

举这些例子的要点是要说明，并不像古语说的，无知是一种幸福，它只会驱使我们不能睿智地评估诉求、前提、论证，以及其他日常生活中我们要面对的修辞方式。当评估一个论证或事件时，如果不具有相关的背景性知识，我们就不能恰当地运用它们，因此也不会做出正确的判断。

背景性信念的分类

> 不会很快地更新，知识就变成了无知。
> ——现代管理学之父 彼得·德鲁克

> 那些忘记历史的人只会一遍遍地重复历史。
> ——西班牙自然主义哲学家、美学家 乔治·桑塔亚纳

关于背景性信念，我们可以使用很多分类方式，其中，比较重要的是，把信念按照内容分为事实类信念和价值类信念。比如，关于死刑是否被每个国家所实行的提问（当然不是），是对事实的提问；而当我们关注死刑在道义上是否正义的时候，我们关注的是价值问题。处理社会和政治问题时，我们需要区分事实类的诉求和价值类的诉求。因为这两种诉求应当以不同的方式来捍卫或者证成。比如，"美国的某个州在实施死刑制度"，这句话的真假可以通过该州的政府文件得到验证，而关于对某些犯下可恶罪行的犯人实施死刑在道义上是否正当，证成这个问题则需要一种可接受的道德规范和客观的直觉[1]。

背景性信念也可以从对错的角度来分类。比如，有人相信世界上所有的国家都实施死刑，这就是错误的信念；而有人相信处置凶手的方式每个国家各不相同，这就是正确的信念。我们要经常运用生活的经验和所学到的知识来检测我们的信念，其重要的目的就是消除那些被证明是错误的信念。对我们而言，教育不仅是学习真理，它还包括破除陋见。

信念也有程度之分。有的信念，我们会坚定不移地相信，比如，太阳明天会照常升起；有的信念，我们相信的程度会稍许降低，比如，到2050年美国依然存在；有的信念，我们只适度地相信，比如，我们不会于某天突然在汽车事故中丧生。区分的关键就是，对于被证据充分证实的信念，我们要坚信；而没有被证据充分证实的信念，我们就要降低信任程度。

所有这一切都与我们日常生活中的决策密切相关。聪明的人能够考虑到事情发展的各种联系和可能性，探索出自己应该坚守哪些信念并决定自己的行动，这就像那句古语所言："双鸟在林，不如一鸟在手。"

世界观或哲学

我们从咿呀学语的幼儿成长为年轻人的过程，就是不断学习和汲取社会规范

---

[1] 关于客观的道德规则是否存在，以及每一个头脑清晰的理性个体是否都能清晰地认识到这种道德规则，哲学家们以及相关人士之间存在着巨大的分歧。另外，道德的对错，到底是一个客观的问题，还只是一种主观的感觉，大概是因人而异的事情。

及信念的过程。这些规范和信念的内容涉及家庭、朋友以及所处的文化等。因此，我们会发现，我们和父母持有相同的宗教信仰，或者同样不信仰某种宗教。这绝不是偶然现象，我们就是这样一步步接受社会的规范和规则的。

而这些信念是我们的世界观和哲学[1]的重要组成部分，它们甚至深深根植在我们的背景性信念中，并顽固地抵抗着我们背景性信念的一切调整和改变。它们甚至成为我们自身的一部分，以至我们不知不觉地经常加以运用。它们相互之间还结成一个信念之网，以至我们根本无法把任何一个信念拿出来单独考量和检验。当我们真的来检验它们的时候，我们又倾向于迅速驳回那些不利的证据，而用有利的证据和理论重新加固这些信念。

而这些信念大部分都是普适的，比如，屠杀在道义上是错误的，所有人都有向善的本性，我们迟早会死等，诸如此类。但也有一些别的信念，比如，主张一神论的信念，或者反对这样的信念，就是某一特定的信念。

尽管如此，一般而言，那些更普适的信念比那些特定的信念更为重要。因为前者的适用范围更广，因此在我们的日常生活中更有用。比如以下两个信念：相信七月的洛杉矶基本不会下雨；相信2014年7月16日洛杉矶一定不会下雨，前者就比后者更有用。这就是为什么我们关于世界的观点中，有很多重要的信念都比较普适。类似的是，科学中大部分重要的理论也都是普适的（如牛顿定律，它告诉我们的不仅仅是苹果会落地，或者其他的可能落向地球的事物，而是描述了地球围绕太阳运动的规律，所有行星围绕太阳运动的规律，潮汐运动的规律，以及所有事物运动的规律）。这也就是为什么我们要强调，要在关于世界的观点中扩展置入一些良好的信念和一些重要的科学理论如进化论，因为它们太重要、太有用了。

---

[1] 这里的哲学包括那些有宗教信仰的人所持的宗教信念。

政党组织的世界观隐含于他们在演说中反复使用的词语和短语里。加利福尼亚大学的语言学家乔治·莱考夫通过长期的跟踪调查，列出了保守党和自由党在演讲和文章中高频率出现的词语*。这些词语和语言对于捕捉他们各自占主导地位的世界观具有很重要的价值。

保守党的高频率词汇

个性，美德，纪律，坚持到底，变得强硬，偏执的爱，强大，自力更生，个体责任，脊梁，标准，权威，遗产，竞争，挣得，艰苦奋斗，企业，财产权，报酬，自由，侵略，干扰，干涉，惩罚，人性，传统，常识，依赖，自我放纵，精英，定额，排除故障，腐败，腐化，腐蚀，退化，异常，生活方式。

自由党的高频率词汇

社会力量，社会责任，自由表达，人权，平等权，关心，关爱，扶助，健康，安全，营养，基本的人格尊严，压迫，多元化，剥夺，疏离，大企业，企业福利，生态学，生态系统，生物多样性，污染。

你比较赞同哪种世界观？

*摘自：莱考夫.道德政治——保守党和自由党的思维方式[M].芝加哥：芝加哥大学出版社，2002.

这是从20世纪50年代的妇女杂志上摘取的一篇佳作，试着分析它所表达的世界观，并比较与你的世界观的异同。

完美妻子指南

● 精心准备。在他回家前，休息15分钟，你就会容光焕发。精心化妆，在发间扎上丝带会使你看起来焕然一新，毕竟他在工作时间已经应付了太多穿着工作装的人们。

● 学会倾听。也许你有很多重要的事情要告诉下班回来的丈夫，但在他刚到家的那一刻，先不要说，而是要先让他说。要知道，他的谈话主题总是比你的更为重要。

● 让夜晚真正属于他。如果他回家晚了，或者出去应酬甚至娱乐都没有带上你，不要抱怨；相反地，要理解他，毕竟他的世界充满了琐事和压力，而他下班只是需要在家里放松休息。

● 不要抱怨。即便他晚餐迟到或者整夜不回家，与他白天辛苦工作相比，这不算什么。

● 不要打听他的行动，也不要质疑他的判断或品质。记住，他是这个家的主宰者，并且他总会用公平和正确的方式来做所有的事情，你没有权利质疑他……

● 一个完美的妻子总是知道自己的位置。

——《家居月刊》，1955 年 5 月 13 日

也许一个认真的读者会翻阅这个杂志的旧刊，并质疑这篇文章是否真的被刊登过。他的质疑也许是对的，但一个经历过 20 世纪 50 年代的人会认出，这些都是那时时代再熟悉不过的价值理念。

基础不充分的信念

关于一些有争议的问题，我们大多数人都持有自己强烈的信念，所以在面对这些问题时，往往谈论自如。我们确信，我们清楚地知道，是否应该让大麻和可卡因合法化，是否应该实施社会保障私有化，哪个候选人当选更能平等地对待民众等。持有这些信念时，我们是如此的坚定，以至很多时候我们都没有认真地审视这些信念所赖以成立的背景性知识，很少去思考如何证成这些信念，也不会关

注如何驳斥那些与我们的信念相反的观点。例如，对于那些竞选美国众议院的候选人，我们究竟了解他们多少呢？（在 2012 年，相当多的选民甚至不知道他们选区里竞争国会席位的两个主要政党的候选人的名字，只有很少的选民能够拼写出自己选区里竞选州议会的两个候选人的名字。你是否也是如此呢？）更多的时候，我们只是根据自己的政党派别（也就是说，我们的政治信仰）来投票，而根本不关注每个候选人的特长和政绩。正基于此，如果我们要提高自己在重大问题上的决策能力，去除基础不充分的背景性信念就显得尤为重要。（因此，在投票之前，先好好了解一下每一个候选人，是非常有必要的。）

背景性信念是构成我们的世界观的基石，因此建立良好的背景性信念十分重要。世界观就像镜头一样，它决定了我们看待世界的特定方式；同时，它也像一个过滤器，决定我们如何产生新的想法和处理新的信息。如果基于特别不准确或浅薄的世界观来进行推理，那么不管我们是何等的聪明，除非极其幸运，我们往往会得到非常不准确、不恰当甚至是弄巧成拙的结论。有时候，这种危害相对微小，比如，一个人通过买乐透下注某些"幸运"数字，即便不成功，他为此也只不过付出几美元的代价；一个占星术专栏的忠实读者按照占星术的提示来安排自己的假期等。但在其他时候，后果将非常严重，比如，对人性持过度乐观态度的人会被别人操纵，愤世嫉俗者将会错过良好的人际关系所带来的快乐和益处。

因此，显而易见的，我们需要检查和修正自己的背景性信念，特别是那些构筑我们世界观的背景性信念，从而使它们相互融合并且真实可信，也使我们可以更好地接纳新的信息。问题是，建立好的背景性信念，并不是往我们的脑子里注入大量的各种各样的事实那样简单，它需要同时对我们已有的信念进行审视，剔除那些已经被经验证伪的信念，让模糊的信念清晰化，去除粗野的观念，代之以智慧的观点，后者能使我们对人生和世界更有洞见。

持有不同世界观的人，通常会在个人层面发生冲突，但当文化之间或国家之间关于世界的看法不一，则可能会造成国际局势的紧张和对抗。最近，对于一个阿富汗人如果从伊斯兰教转信基督教，他是否该判死刑，人们产生了很大的争议。根据伊斯兰教教规，一个穆斯林如果反对伊斯兰教，他应当被审判并处死。因此，当得知一个男性穆斯林皈依了基督教，阿富汗政府将其关在监狱，他们国家的宪法允许伊斯兰教按照其教规对他提起诉讼。当穆斯林神职人员要求判他死刑时，西方国家的重要领导人都敦促阿富汗政府尊重人权的基本原则，并要求释放该名男子。双方在世界观上的冲突引起了世界的广泛关注。对此，阿富汗政府希冀压下此事以缓解国际舆论压力，而该国伊斯兰教神职人员则警告全世界，即便这个男人被教会释放，阿富汗人民也将会杀了他。（最终这件事情的处理方式是，阿富汗政府援引"调查差异"，宣布这个男人心理失常。）这样的冲突如果加剧或升级，会引发大规模的暴力行为。可以毫不夸张地说，引发战争最主要的原因是世界观方面的冲突。

据说，苏格拉底声称，未经反省的生活不值得过。虽然这句话看起来有些夸张，但很有道理。同样，根据这个道理，一个未经检验的世界观不值得持有，因为它将会包含太多别人的想法甚至是偏见。反思自己的世界观意味着我们要厘定出我们自己的基础性信念，通过相反的观点或信息来测试它们，并对其进行必要的修正，这最终会使得我们学会控制自己的生活，并成为我们自己，而不再是一个盲从的追随者。

值得关注的是，客观地审视自己的世界观，对我们来说并不是一件易事。心理学研究表明，人们倾向于在生活中固守自己的信念：若遇到反例或不利的证据，就加以忽略或弱化；同时还极力地挖掘有利于自己的证据，而不管这种证据的支持力度是多么微弱。这种理性思维的障碍被我们的自然天性强化了，那就是喜欢走捷径：尽可能减少我们的脑力工作，轻描淡写或忽略不受欢迎的证据，并运用有利的部分证据轻率地概括。最终这一切使得理性的自我分析变得异常艰难——但这并非不可能。为了理性地进行推理，我们必须克服我们天性中的惰性（第六章将深入讨论这个问题）。

值得注意的是，正是因为未能修正自己的世界观，导致了严重的政治和社会动荡与不公正，这种现象已经屡见不鲜。20世纪英国小说家爱德华·摩根·福斯特深刻地捕捉到这一点，并在他的小说中予以辛辣的揭露。其小说《印度之行》描绘了英国殖民统治者和印度土著之间的激烈冲突。由于相信

> 自己在社会和种族方面具有双重的优越性，英国殖民主义者把印度人民置于奴役的从属地位，从不让他们平等地生活在英国的统治之下。对印度人的冷漠和无视致使这些英国殖民者遭到了印度人民的愤怒、不信任、反抗，甚至是暴力威胁。（更糟的是，按照宗教和文化信仰的不同，印度人被分为不同的等级。）在福斯特的描述中，无论是英国人还是印度人，他们都固守偏见，不愿改变，即便情况已经发生变化。比如，虽然有明显的证据证明某些印度人的杰出能力，以及某些英国统治者的开明，但他们双方均不予以认可。这部小说以此警示我们，如果人类想要在同一个星球上和平、非剥削地和谐共处，就需要重新审视我们自己的世界观和相关的背景性信念。

两种至关重要的背景性信念

背景性信念在重要性方面差别明显。在这里，我们要关注两种非常重要的背景性信念：关于人性本质的背景性信念和信息来源可靠的背景性信念。

人性本质

良好的关于人性的信念是我们每个人的世界观的重要部分，它们的作用至关重要。日常生活问题的解决，无论是关于我们个人的还是关于社会的，关于人性的信念都发挥着至关重要的作用。我们什么时候才可以信任我们的朋友？如果一个老师说，他不会根据学生是否赞同他的观点，而只是按照学生的考试成绩来考查学生，这个老师值得信赖吗？在社会主义制度下，人们是否还会有足够的动力来努力工作？正是为了个人私利，许多官员才经常忽略他们对选民的责任和承诺吗？

幸运的是，我们不必从头开始构建关于人性的理论，因为历史上很多伟大的作家和哲学家（如莎士比亚、亚里士多德、达尔文、弗洛伊德等）都曾把观测人性作为自己的责任并颇有建树。（当然，利用这些资源有其风险。比如，弗洛伊德的思想虽然整体而言极其深刻，但也存在着某些瑕疵和不完善。）即使是日常谚语也包含丰富的智慧,比如,血浓于水、权力导致腐败、女性比男性更自负等。

信息来源可靠

关于信息来源的准确性、充分性和真实性的思考,构成另一种重要的背景性信念。与电脑工作机制一样,人脑也会"吸收垃圾,产生垃圾"。因此,我们需要经常重新评估生活中信息的重要来源,即电视、报纸、杂志、朋友、互联网、教师、教材等的可信度。在什么条件下,这些来源可能提供真实的或者至少是明智的信息或意见呢?在什么情况下,那些所谓的专家可能对我们隐藏了他们真实的想法?在什么情况下,这些专家运用他们常用的判断方式,却得出错误的结论?除非持有证据,否则我们不能想当然地认为所有的信息源都是可靠的。在不久之前,很多人还想当然地认为,如果一条信息被刊登在印刷品上,或者出现在电视的晚间新闻里,那么它一定是真实的。对于一个智者而言,他会意识到这些信息源并不像他们所声称的那样"揭露真相,只有真相,全部的真相",他们并不一定为我们提供"适合刊登的所有的新闻"(《纽约时报》的座右铭),相反,有时候出于无知或私利,他们甚至会篡改事实。聪明的做法是,分析在什么情况下,这些信息源是可靠的,什么时候不是。因此,本书的第十章、第十一章和第十二章分别以整章的篇幅来依次讨论三种重要的信息来源的可靠性:广告、媒体和教科书。

用以拯救我们的背景性信念的科学

前文中提及的达尔文和弗洛伊德,向我们解释了科学在现代社会和构筑我们的背景性信念方面,发挥着核心作用。在构建合理的世界观方面,科学更是如此。尽管没有信息源是绝对可靠的,也没有任何理论可以免除所有的质疑,但物理学、化学、生物学等非常严密的科学,以及心理学、社会科学、应用型科学(如工程学)等比较严密的科学,还是能够给我们提供最准确、最可信的信息。整个科学是一座大厦,全世界的人们在此持续不断地有组织地分头努力,让整座大厦初具规模且日新月异。科学的方法不过是有说服力的推理方法,包括演绎和各种归纳,甚至是数学方法的严格的、系统化的、持之以恒的综合运用。迄今为止,我们经过很多世纪所认识到的宇宙和事物运行的规律，无一不是运用这些方法所得。被经验证伪的理论就要无情地抛弃，不管提出这些理论的是谁。没有一个人，在其有限的一生中，可以从零开始发现任何一个现代科学的复杂而又精确的理论，即使那个人是伽利略、牛顿、达尔文、爱因斯坦的合体。因此，如果不经认真思考，也没有充分的理由，就对现代科学的某些理论嗤之以鼻，这是相当愚蠢的行为[1]！

事实上，我们要求所有的高中生都要学习物理学或生物学，原因也在于此。其目的就是通过这类学习，让大家了解科学原则是如何被严谨地检验和证实的。另一个更简单的方法也有助于我们理解科学的力量。可以想一下，我们身边数以万计的用品，它们300年前还不存在，而它们的出现则得益于现代科学从伽利略到牛顿的持续进步，如汽车、飞机、宇宙飞船、电话、电灯泡、空调以及其他的电力设备（包括计算机），没有科学，就没有它们。另外，没有科学的进步，我们也不会有电池、阿司匹林或其他常见的止痛药，不会有麻醉剂（那时候酒精被用于截肢时止痛）和抗生素（甚至没有关于微生物的知识，这在伤口清洁方面极具重要性），没有方法来净化饮用水，没有室内管道，没有眼镜，没有医治糖尿病的胰岛素……这样的例子不胜枚举。相反，在夏天，在我们周围，蚊子和苍蝇到处乱飞，到处贴着灭蝇纸，人们只能将就度日。在那样的日子里，医生只能治疗有限的几种疾病，马粪和它的气味飘散在每个城市和小镇，天黑后只能用蜡烛或油灯照明，等等。在科学化和工业化社会建立之前，人们的平均寿命不到50岁，在很多地方，甚至更短。

当然，在处理生活中的问题时，为了避免自己的信念与科学理论或某些应用科学的科学原则相悖，我们必须对科学在各个领域的发展有一个大概的了解。而事实上，很多人根本不知道什么是科学，也不知道关于世界的本质，以及科学到底给我们提供了哪些事实。这种科学知识的匮乏可能导致非常不幸的后果。例如，越来越多的父母拒绝给他们的孩子接种百日咳疫苗，他们认为，这种疫苗无助于预防百日咳，甚至可能对孩子的身体造成危害。他们还认为，健康的饮食和良好

---

[1] 但是请注意，心理学最近才成长起来，它还不完善；医学研究相对于科学的其他研究领域，存在着更多的欺骗（因为利润的驱动？）。

的生活就足以预防这种疾病,他们进而认为,拒绝使用疫苗只事关自己的孩子,与他人无关。然而,所有的这些看法都是不准确的。事实上,已经有研究显示,最近在拒绝接种百日咳疫苗的人群中,百日咳的患者持续增加。科罗拉多州博尔德地区(该地区在科罗拉多州的疫苗接种率最低)的研究数据显示,未接种百日咳疫苗的孩子患百日咳的概率是接种疫苗的孩子的23倍[1]。他们不仅自己感染了病毒,还会传染给其他孩子,尤其是传染给那些年龄太小而无法接种疫苗的孩子,以及那些虽然接种了疫苗但还没有形成足够免疫力的孩子。为了保证免疫接种的效果,大部分儿童需要接种疫苗,以保护整个人群。正是对现代科学的无知,导致了百日咳的重新爆发。实际上,这种疾病已经根除几十年了。

不幸的是,不只是普通人(甚至包括很多大学毕业生)对科学很无知,甚至不少需要了解具体的科学研究成果才能完成他们工作的人,也经常如此。在加利福尼亚州的一次严重的干旱灾情期间,一位政府官员为他的不作为做如此辩解:"至于是否应该采取分区供水措施,我们只有110年的降水记录。关于这次干旱,我们的统计数据不是很好。"然而,在此之前,美国地质勘探局研究巨杉树的年轮时,已将数据延伸到2000年前。

有时,一些大学生会为自己对科学的无知辩护:他们不是不懂科学,而是他们只需要了解那些与其大学毕业后将要从事的工作相关的科学。但这是一个非常错误的观点。

首先,你不可能现在就知道你以后将从事怎样的工作,也无从谈起和那个工作相关的科学理论。(除了在不常见的情况下,你知道自己将从事哪一种类型的工作,但哪些科学理论与之相关,你会知之甚少。)在这个科技飞速发展的时代,越来越多的工作需要我们了解科学的各个研究领域的一般性理论。

其次,也是更重要的,在处理我们的日常生活问题而不仅仅是工作时,科学的基本常识也发挥着不可估量的作用。消费者每年花费数百万美元,用以购买非处方的秘方,殊不知,这些秘方不会有用,甚至可能对身体造成危害,因为他们不知道

---

[1] 这个2009年的研究结果——"父母拒绝让孩子接种百日咳疫苗导致疾病的风险增加",是丹佛凯撒医疗机构健康计划小组,基于对每一个在1996—2007年入学的孩子进行调查研究得出的。

一个简单的科学事实——没有任何措施可以治愈冬天的流感，虽然这种病在冬天极其常见。每一天，人们都会无视最基本的经济学原理，把钱浪费在快速致富的伎俩上。大量的精力和金钱被用于算命、灵媒和其他不懂装懂的骗子身上，现代科学已经一次又一次地证明他们的美好愿望不能兑现。（第六章将更详细地讨论这一点。）

学生往往因为科学主题的复杂性而对科学望而却步。比如，关于生物学，他们会认为这是一门极其复杂的科学，因为人体包含数万亿细胞，而每个细胞又包含数以百万计的原子和亚原子粒子。坏消息是，门外汉正是因此而放弃了所有的科学。但好消息是，聪慧的人以谦卑的态度，来掌握科学的基础知识，他们也因此极大地提高了自己的推理能力，并在生活中获取了更多成功的机会。（很明显，类似的观点也适用于数学，尤其是算术和初等代数的学习；观察一下，当超市偶尔停电，超市的员工需要自己计算顾客的消费金额时，是怎样的混乱不堪。）

小结

在生活中，推理是解决问题的核心因素。这一章讨论了好的推理的基本要素，并概述了后面章节所关注的主题的总体概况。

1. 我们可以用讨论论证的方式来研究推理。一个论证是由一个或几个前提和一个结论构成，在这个论证中，前提用以支持结论。和教科书不同，在实际生活中，我们并不会根据论证的内容来对论证进行分类研究，并且论证的前提和结论也不会被精确地界定和标注，但我们可以从一些词语中得到线索和启示，"因为""既然""由于"通常表明其后所跟的语句是原因，而"因此""所以"则是结论的标志。

2. 并不是所有的段落都构成了论证，有的段落只构成了说明或者解释。

3. 论证可以分为两类：令人信服的（好的）论证和错误的（不好的）论证。令人信服的论证必须符合三个标准：（1）前提正确（有保证的，或者是可信的）；（2）考虑了所有的相关信息；（3）推理过程有效。

4. 有效的推理基本可以分为两类：演绎推理和归纳推理。演绎有效的论证的基本特征是：如果它的前提为真，其结论必然为真。而演绎有效的论证之所以会这样，是因为它的结论已经包含在前提中，当然其包含的方式是暗含的，而不是明确指出的。对于演绎有效的论证，我们要警惕的一种情况是，有的论证其前提是错误的，但它仍然有效，其有效性也在于：如果它的前提为真，结论必然为真。与演绎有效的论证不同，归纳有效的（归纳正确的，归纳可靠的）论证，是把前提总结的模式映射到更多的事例中，其结论断定的范围超过了前提断定的范围。

5. 把逻辑区分为"女性的逻辑"和"男性的逻辑"是没有任何道理的，因为逻辑并不具有性别相对性。同样的，把白人男性老师提出的"黑人的逻辑"，与他们认同的"欧洲的逻辑"相区别，这种做法也是没有道理可言的。好的推理的标准并不会随性别或种族的差异而发生改变，更不会带有种族歧视。进一步来讲，还有学生经常说起的"那些对你来说是真的，对我来说却不是"的推理以及我们经常听学者谈及以区别于那些靠直觉的推理类型的"亚里士多德式的推理"等。还需要说明的是价值类信念。不管价值类信念是如何得来的，使用价值类信念进行推理的逻辑原则与事实类信念相同。

6. 对背景性信念可以进行多种分类，其中比较重要的分类是，把背景性信念分为事实类信念（雪是白的）和价值判断类信念（简·奥斯汀的小说比斯蒂芬·金的好）。（需要注意的是，我们这里所谈论的信念，是广义上的，它包括所有我们认为真的知识，或者可能真的知识，以及所有的价值判断和信念。）

7. 当然，信念也可从真假方面区分。还可以根据信念被人们坚持的程度，以及关注的对象是特定事件（琼斯上周三去参加了演出）还是普遍事件（铜导电），来对信念进行分类。

8. 我们所坚持的最重要的信念之和，就构成了我们的世界观和哲学。世界观对我们而言非常重要，因为它们影响我们所有的日常生活中的决策，比如，我们该做什么，我们该相信什么。我们经常持有的世界观包括：我们总有一死，背叛朋友是不对的，探索事物运行规律的最佳方法是归纳和演绎。需要注意的是，尽管我们的世界观大部分是由非常普遍的信念构成，但也有一些不是，比如，我们不知道上帝是否真的存在（这是不可知论者的一种世界观）。

9. 不幸的是，有时候尽管没有充足理由，但我们还是倾向于相信某些观点。当讨论复杂的社会问题或政治问题时，我们更是如此。甚至我们某些关于世界的信念，情况也不容乐观。但实际上，无论是一般的信念，还是关于世界的信念，都应当认真地审视：有实例来确证它们吗？我们真的应该这么看重这个信念吗？建立准确的背景性信念不只是意味着我们要定期接受更多的知识，还意味着要不断地修正那些我们已经持有的信念。

10. 我们倾向于从我们成长的环境和氛围中汲取知识和信念，尤其是我们的世界观，它就萌生于我们成长于斯的家庭价值观、宗教信仰、对待同辈群体的态度以及文化习性等观念之中。我们经常不加甄别地持有这些事关我们生活的重要信念，它们是如此的自然而然，以至我们经常意识不到我们的这些倾向性。与此相对应的是，具有良好批判性思维素养的人，总是反思他们所持有的信念，并注意检验或修正这些信念。在世界观问题上，他们更是如此。

11. 关于人性的判断，在我们日常生活的决策中至关重要，因为我们的日常互动能否成功，就取决于它们。比如，我们是否可以信任某种类型的人，这也是为什么阅读文学名著和关于知名科学家的著作是如此有用（除了其娱乐的价值）。

12. 信息来源的准确性和真实性对于建构信念也是非常重要的，这一点正如谚语所言："吸收垃圾，就会产生垃圾。"我们不可能从非常有限或虚假信息中正确推理。这也是为什么这本书的很多章节，都在关注和审视生活中几种重要的信息来源。

13. 正是由于科学在我们的生活中如此重要，我们应该熟知科学所带给大众的关于世界的观念，以及科学家的工作方法和手段。在当今世界，没有一个人可以单凭自己的力量来发掘科学家们用数百年的孜孜追求才探知的世界运行的规律。（那些没有意识到科学在自己的生活中发挥巨大价值的人们，应当好好观察一下我们的生活是多么倚重现代科学的成果，比如，电气设备、止痛药和其他药物，甚至是厕纸，这些和现代科学都密切相关。）不幸的是，我们中的许多人甚至都搞不清楚科学到底是什么。

第二章

演绎和归纳

▶▶

事实往往比小说更离奇。

——美国作家　马克·吐温

因为人们喜欢系统化和抽象化的偏好和天性，以至他们宁愿歪曲事实，并拒绝自己的感觉所提供的确切证据，只为证明他们的逻辑是正确的。

——俄国作家　陀思妥耶夫斯基

纯粹和简单的事实绝不仅仅是纯粹的，也绝不是简单的。

——英国作家　奥斯卡·王尔德

每个人都愿意被自己想持有的信念环绕着，就像苍蝇希冀夏天的环绕一样。

——英国哲学家　伯特兰·罗素

有效的演绎

在第一章中,我们区分了演绎有效的论证和归纳有效的论证。这一节我们将讨论演绎推理的基本原则。

如第一章所言,不同的论证可能拥有相同的形式或结构。下面的两个论证虽然关注的主题和内容不同,但具有相同的推理形式,即肯定前件式:

1. 如果这是春天,那么鸟儿欢唱。
2. 现在是春天。
∴ 3. 鸟儿欢唱。

1. 如果一个世界政府不能尽快形成,那么战争将会继续发生。
2. 一个世界政府不能尽快形成。
∴ 3. 战争将会继续发生。

在第一章中,我们已经指出,肯定前件式的形式为:

1. 如果 A,那么 B。
2. A。
∴ 3. B。

第二种常见的演绎有效的推理形式，称为否定后件式：

形式：1. 如果 A，那么 B。

   2. 非 B。

  ∴ 3. 非 A。

例子：1. 如果是春天，那么鸟儿欢唱。

   2. 鸟儿没有欢唱。

  ∴ 3. 这不是春天。

第三种常见的演绎有效的论证，通常被称为假言三段论：

形式：1. 如果 A，那么 B。

   2. 如果 B，那么 C。

  ∴ 3. 如果 A，那么 C。

例子：1. 如果我们成功开发核聚变能源，那么能源将变得廉价而丰富。

   2. 如果能源变得廉价而丰富，那么经济就会繁荣。

  ∴ 3. 如果我们成功地开发核聚变能源，那么经济就会繁荣。

第四种演绎有效的论证，叫作析取三段论[1]：

形式：1. A 或 B。

   2. 不是 A。

  ∴ 3. B。

例子：1. 在 2012 年，罗姆尼赢得大选，或奥巴马赢得大选。

   2. 奥巴马没有赢。

  ∴ 3. 罗姆尼赢了。

需要注意的是，当第一个前提为真而第二个前提为假时，结论为假。然而，

---

[1] 严格来说，"假言三段论"和"析取三段论"虽然从字面上看都属于三段论，但实际上，它们都不是。

这个论证的有效性在于：如果其所有前提都为真，那么它的结论也会为真。

最后，这里还有几种演绎有效的论证类型（除了前两个，其余的都是三段论的有效形式）[1]：

形式：1. 所有的 F 都不是 G。

∴ 2. 有 F 是 G 是假的。

例子：1. 没有警察接受贿赂。

∴ 2. 有警察接受贿赂是假的。

形式：1. 所有的 F 都是 G。

∴ 2. 如果一个事物是 F，那么它也是 G。

例子：1. 所有的萨拉米都是好吃的。

∴ 2. 如果这是萨拉米，那么它是好吃的。

形式：1. 所有的 F 都是 G。

2. 所有的 G 都是 H。

∴ 3. 所有的 F 都是 H。

例子：1. 所有电视里的福音布道者都有很高的道德水准。

2. 凡有很高的道德水准者都能达到这些标准。

∴ 3. 所有电视里的福音布道者都能达到这样的标准。

形式：1. 所有的 F 都是 G。

2. 这是一个 F。

∴ 3. 这是一个 G。（注意这并不是肯定前件式）

例子：1. 所有民选的官员总是讲真话。

2. 贝拉克·奥巴马是民选官员。

---

[1] 如果想更多地了解演绎和归纳的有关知识，参见本书的附录，或者参见：霍华德·卡享，等. 逻辑与哲学［M］. 第 12 版. 波士顿：沃兹沃思，圣智学习出版社，2013.

∴ 3. 贝拉克·奥巴马总是讲真话。

形式：1. 所有的 F 都是 G。

2. 所有的 G 都不是 H。

∴ 3. 所有的 F 都不是 H。

例子：1. 所有的男性都是沙文主义者。

2. 沙文主义者都不可爱。

∴ 3. 所有的男性都不可爱。

形式：1. 所有的 F 都不是 G。

2. 有 H 是 F。

∴ 3. 有 H 不是 G。

例子：1. 外国人都不可信任。

2. 一些新生儿是外国人。

∴ 3. 一些新生儿不可信任。

在生活中，我们有时会以连锁论证的方式，来论证一个复杂或宏观的观点。下面的例子就是这样：第一个论证的结论成为第二个论证的前提；而第二个论证的结论成为第三个论证的前提。（左边展现的是这个推理的结构）

1. 如果 A，那么 B。　　1. 如果世界政府不能很快建立，那么战争将继续发生。

2. 如果 B，那么 C。　　2. 如果战争继续发生，那么核武器将激增。

∴ 3. 如果 A，那么 C。　　3. 因此，如果世界政府不能很快建立，那么核武器将激增。

4. 如果 C，那么 D。　　4. 如果核武器激增，核战争迟早不可避免。

∴ 5. 如果 A，那么 D。　　5. 如果世界政府不能很快建立，核战争迟早不可避免。

6. 非 D。　　6. 但实际上认为我们会有一场核战争，是荒谬的。

∴ 7. 非 A。　　7. 所以世界政府会很快建立起来（也就是说，世界政府不会很快建立的看法是错误的）。

无效的演绎

凡是不具备有效的演绎形式的论证，被称为无效的演绎论证。演绎无效的论证形式数量众多，但只有几个经常出现，这几个是我们关注的重点。这里有两个例子：

否定前件的谬误：

形式：1. 如果 A，那么 B。

   2. 非 A。

∴ 3. 非 B。

例子：1. 如果堕胎是谋杀，那么它是错误的。

   2. 但堕胎不是谋杀。

∴ 3. 堕胎没有错。

结论不能由此得出，因为，即使堕胎不是谋杀，也可能存在其他原因导致它是错的。

肯定后件的谬误：

形式：1. 如果 A，那么 B。

   2. B。

∴ 3. A。

例子：1. 如果奥巴马是总统，那么一个自由主义者是现任总统。

   2. 自由主义者是现任总统。

∴ 3. 奥巴马是总统。

结论不能由此得出，因为其他自由主义者也可能成为总统。

三段论

关于无效的推理,更多内容将在以后的章节介绍。特别是第三、四、五章,将会对其他类型的推理谬误进行讨论。现在,我们将讨论三段论这种演绎有效的推理。

之前,我们讨论过一种论证形式——假言三段论:

1. 如果 A,那么 B。
2. 如果 B,那么 C。
∴ 3. 如果 A,那么 C。

这不是真正的三段论,对于真正的三段论而言,其推理形式是:

1. 所有 A 都是 B。
2. 所有 B 都是 C。
∴ 3. 所有 A 都是 C。

是什么决定了这是真正的三段论,而其他的不是呢?这是因为传统逻辑对三段论的本质有明晰的界定。

在传统逻辑的三段论理论中,所谓直言命题,就是一种主谓命题,它肯定或否定了主项所表达的对象和谓项所表达的属性之间的关系。更确切地讲,有四类直言命题:全称肯定命题(A命题),它的形式是"所有 S 是 P"(比如:"所有罪人都是叛徒。");全称否定命题(E命题),它的形式是"所有 S 不是 P"(比如:"所有棋手都不愚蠢。");特称肯定命题(I命题),它的形式是"有 S 是 P"(比如:"有男性是沙文主义者。");特称否定命题(O命题),它的形式是"有 S 不是 P"(比如:"有逻辑学家不是吹毛求疵的人。")。直言命题还包含一种特例,如"苏格拉底是一个男人",这类命题的主项是一个特定的对象而不是一个类,这种命题常常被归入 A 命题加以研究。

三段论是一个包含三个直言命题的论证,其中,两个直言命题是前提,一个直言命题是结论。这里有一个经典的例子：

三段论	推理形式
所有的人都是会死的。	MAP
所有的希腊人都是人。	SAM
∴ 所有的希腊人都是会死的。	∴ SAP

词项 P，作为结论直言命题的谓项，是三段论的大项；词项 S，作为结论直言命题的主项，是三段论的小项；词项 M，出现在两个前提中，但没在结论中出现，是三段论的中项。每一个三段论正好有三个项。每一个项在三段论中出现两次，但是在不同的命题中。有许多种不同的三段论形式（理论上讲，共有 256 种），但只有一些是有效的。上面给出的例子是有效的。至于三段论"所有的希腊人都是人，所有的人都是会死的，因此，所有会死的人都是希腊人"，则不是有效的。

关于"希腊人是会死的"这个有效的三段论，被记作 AAA 式。当然还有其他的式（和格）。下面的论证是三段论第三格的 AII 式：

三段论	推理形式
所有以草为原料的制品都是绿色的。	MAG
有些以草为原料的制品是香烟。	MIC
∴ 有些香烟是绿色的。	∴ CIG

间接证明

另一个常见的推理类型，被称为间接证明或归谬法。所谓间接证明是指这样的证明方式，即为了证明其结论为真，我们先假定结论为假，从这个预设出发，通过有效的推理，推导出一个明显错误的结论，或者推导出一个荒谬的结论，或者推导出的结论与我们的常识明显矛盾。这样一来，如果推理过程有效，而结论却为假，那么必定是因为我们的假设是假的。以此，我们反过来证得了原来的结论。这里有一个例子：

据说，比尔·克林顿在任总统期间，为了答谢竞选捐助者们，为他们提供在白宫林肯卧室住一晚的特殊待遇。然而，这么做肯定不太光彩，即使不是非法的，克林顿也做了一件不违法但不光彩的事。但是，克林顿是一个高尚的人，所以我们可以肯定，他不会做任何不光彩或非法的事。因此，克林顿提供给竞选捐助者在白宫林肯卧室住一晚以换取竞选资金的说法一定是假的。（据大多数参观过现场的观众说，克林顿确实出租了林肯卧室。但这一事实并不妨碍这个间接推理是演绎有效的，这只意味着这个论证的一个前提必定为假。）

一个间接证明可以通过两种方式进行：一种是揭示推理过程或推理形式错误。（在我们所给出的这个示例中，推理没有错误。论证是演绎有效的，这就意味着，如果前提为真，那么结论肯定为真。）另一种是揭示论证中至少有一个前提是错误的。（在我们的示例中，可能错误的前提是……）

重言式、矛盾式和或然式

重言式是指逻辑上的真陈述，或必定为真的陈述[1]。（重言式因为结构而不是因为内容，必然为真。）比如："巴里·邦兹使用了类固醇，或者他没有使用。"这个陈述的结构是"A 或者非 A"，必然为真。矛盾式是指必然为假的陈述（因为它本身包含矛盾）。比如："巴里·邦兹的确使用了类固醇，同时，他的确没使用这些类固醇。"或然式是指可能为真也可能为假的陈述。比如："巴里·邦兹没有使用类固醇。"这句话就可真可假。

只需用逻辑上的演绎法，我们就可以确定一个矛盾式或重言式的真值，而不需要诉诸任何实证调查和归纳推理。但在确定或然式的真值时，却需要我们通过自己或他人进行经验观察或归纳推理。比如：品尝几次煮熟的蔬菜以后都觉得反感，使许多人归纳出结论，他们不喜欢煮熟的蔬菜。（注意：过去不喜欢煮熟的蔬菜，和未来喜欢煮熟的蔬菜，两句陈述之间并不矛盾。过去不喜欢并不保证他们

---

[1] 需要注意的是，逻辑学家们经常用重言式这个严格定义的概念，来指称命题逻辑中的那些逻辑真公式。

将来不喜欢。)

有效与无效的归纳

枚举归纳推理

如前文所述，归纳可以被看作一种思维模式。最简单的归纳方法是枚举归纳法。在这样的归纳推理中，基于我们已经知道的事实，我们目之所及的 A 是 B，推出结论，所有 A 是 B。比如，一项对 100 名国会议员的研究表明，他们都接受过说客们企图影响立法的竞选捐助资金，基于此的归纳结论是，国会全部的 535 名议员都可能接受了这样的捐助资金。

显然，相对而言，枚举归纳法的结论可信度很高。以下几条关于枚举归纳推理概率的规则，有助于我们提高枚举归纳推理结论的可靠度。

样本越大，概率越大

样本所包含的对象和实例越多，基于这些样本的归纳结论为真的概率就越大。一个包含 100 名接受说客竞选捐款的国会议员的样本，比一个更小的样本（比如说，50 个成员）提供了更高程度的概率。这里的关键问题是，同样实例的重复出现和搜集，并不是要改变归纳的结论；它改变的是结论为真的概率，并进而改变人们对该归纳推理结论的信任度。

典型样本比非典型样本的概率高

样本的质量比数量更重要。（实际上，在概率一定的情况下，样本的质量越高，所需的样本越少。）比如，抽样观察桶里的苹果。一般而言，我们不会简单地从顶部取样，毕竟，底部的苹果更容易腐烂。如果忽视了桶底的腐烂苹果，而只抽取顶部的苹果，这样采集的样本被称为"有偏样本"或"非典型样本"。显而易见，样本越典型，基于该样本的归纳推理，其结论为真的概率也就越高。

一个确定的反例可以推翻整个枚举归纳推理

归纳推理优于其他类型的推理（比如，稍后讨论的迷信和伪科学），最重要的原因是，它不允许我们忽略反例。比如，如果一个女人使用了避孕药却怀孕了，那么，关于避孕药的药效就不能由枚举归纳法得出。（当然，仍然可能有其他类型的有效归纳方式来支持结论，比如，基于统计结果。）

然而，很难确定的往往是，什么是一个枚举归纳推理的真正反例。比如，一个使用避孕药却怀孕的女人，也可能是因为她没有正确地使用避孕药，并且我们可能永远不知道这个事实。除非我们非常确定至少有一个是真正的反例，否则基于一个或两个似是而非的反例就去推翻整个枚举归纳推理，是一种非常鲁莽的行为。但是，一旦我们确定这是一个真正的反例，相关的枚举归纳推理就要被毫不犹豫地推翻。

类比归纳推理

类比归纳推理与枚举归纳推理非常相似。在这种归纳推理中，我们根据两个事物在几个方面的相似性，推出它们在另一个相关方面也具有相似之处。比如，如果我们已经知道，有两人在阅读书籍、艺术、食物、音乐和电视节目方面有相似的品味和看法，现在我们又知道其中的一个人喜欢看美国公共电视台（PBS）的《经典剧场》。然后，我们基于他们有众多已知品味的相似性，推知出另一个人也喜欢这个电视节目。

关于类比归纳推理，理论的难点是：每两件事彼此相似的方面无限多，也可以无限地列举。而在这无限多的相似性中，只有基于相关的相似性，我们才能得到正确的类比。但是，什么是相关的相似性呢？答案是：使得事物彼此相似的本质联系。比如，如果将过去几年里股市的沉浮与罗斯福马鹿数量的增减联系起来，并基于这种相似性得出结论：两者将来也会一起涨跌。这真是很愚蠢的做法，因为两者之间并没有本质的联系，这一推理也与我们的背景性信念相冲突。另一方面，如果几年内的股市沉浮与零售额的涨跌相似，我们可以通过类比归纳推理得出，下次其中一个产生变化将导致另一个产生类似的变化。（当然，鉴于股票市场价格受多重因素影响，这样的归纳推理仅仅提供一个适当程度的概率。）

另一种类型的类比归纳推理，是基于两类事物的相似性：对于特定的样本群而言，如果已经检验的部分样本都具有某种属性，我们可以类比得到，剩余未检验的样本也会有这种性质。比如，已知100名国会议员接受了游说者的竞选资金，据此，我们可以推导出，其他国会议员也可能这样做。

正如上面例子所显示的，类比归纳推理的结论更可靠。与枚举归纳推理相比，类比归纳推理结论为真的概率更高，因为类比归纳推理结论的强度远远弱于枚举归纳推理。比如，类比归纳推理的结论"一定数目的国会议员从说客那里接受钱"，相对于枚举归纳推理的结论"所有的国会议员都从说客那里接受钱"，是比较弱的，因而被驳斥的可能性大为降低，也就是说，更安全。

统计归纳推理

当从一个样本群里抽取样本时，我们常常发现，并不是所有被检查的样本都具有某种属性。所以，这个时候，我们运用枚举归纳法来进行有效的推理。但是，根据已发现的某现象的百分比，通过概率统计，我们可以归纳得出这一现象在所有场合出现的百分比，这就是统计归纳概率。比如，如果投掷1000次硬币，硬币正面向上出现了480次，我们可以得出结论：投掷硬币出现正面向上的概率是48%。（顺便说一句，这个硬币反面出现的概率更高一些，许多硬币都是这样，正反两面并不是完全对称的。）

当然，前面我们所列举的提高枚举归纳推理结论为真的规则也适用于统计归纳推理：样本越大，越具代表性，统计归纳推理的结论为真的概率就越高。

高水平归纳推理

一般而言，高水平归纳推理是用来评估不太普遍的事情的。比如，已知一辆汽车已经行驶了16万公里，引擎运行良好。现在的问题是：这辆车的引擎是否需要保养或修理？根据一般的推理方法，由于汽车迄今为止运行良好，因此不用修理和保养。但当我们诉诸高水平归纳推理时，我们最终得出相反的结论：这辆汽车的引擎需要修理，即使它完好运行了16万公里。一个高水平归纳推理的过程是这样的：迄今为止，运行了如此远距离的所有机械设备的活动部件，经过检查，最终都会磨损或需要修理，所以很有可能这个特殊的机械设备（汽车引擎）最终也会磨损或需要修理。

这种更普遍的推理，因为基于更多的样本群，通常而言，其结论为真的概率更高。这就是为什么关于特定汽车的枚举归纳推理（它不需要保养或修理），被关于更多机械设备的高水平归纳推理（它需要保养或修理）所推翻的原因。

因果关系推理

当我们进行归纳推理时，经常寻找这些现象之间相互联系的原因，或想对其做出解释。比如，很早以前，研究人员就开始调查吸烟与肺癌、肺气肿以及心脏病之间的联系，其目的就是想通过统计数据，来确定吸烟是引起这些危及生命的疾病的原因。他们发现，吸烟者比不吸烟者感染这些疾病的概率更高，并且重度吸烟者大于轻度吸烟者。也就是说，他们发现了吸烟和感染这些疾病之间的联系，并且没有反例，因此他们得出的结论是，吸烟确实会导致这些危及生命的疾病。（需要说明的是，有些人吸烟很多却从未染上这些疾病，但他们并不能构成这个推理的真正反例。不过，这确实表明，这些疾病也可能是由其他原因引起的，比如遗传等因素[1]。）

本章所讨论的各种归纳推理模式，相对而言，都比较明确和简单。枚举归纳推理就是一个例子。但在生活中，特别是在科学理论中，归纳推理往往更为复杂，甚至可能涉及数学推理（演绎推理的一种）。比如，我们相信吸烟会导致肺癌，这不仅仅是因为一定比例的吸烟者会感染这种致命的疾病，还因为那些不吸烟者得肺癌的概率远低于这些吸烟者。两组相比较，证明了这一点。（事实上，确定吸烟与肺癌之间的联系的推理比我们这里所揭示的更加复杂。比如，我们还没有提到，研究者通过仔细选择的个体样本并排除其他可能的致癌物的影响，进而排除其他因果可能性的各种相关工作和努力。）

混合归纳推理

这个吸烟致癌的例子揭示的是，大多数科学研究所使用的推理是那种可以被称为混合归纳的推理模式：这种推理把归纳和演绎结合起来，用来寻找和确定某种模式。在科学研究中，归纳推理用于根据已有的观察结果提出某种预设或推测。比如，为了研究史前人类的饮食类型及其价值，碳-14被用来测定这些史前人类

---

[1] 相关内容可以参见附录中关于必要条件和充分条件的讨论。

生活的时间,其方式是对存放于考古洞中的动物粪便演化而成的化石进行测定;化学分析则用来揭示是什么样的食物(谷物、肉类等)被人类吃掉,还要确保这是被人类吃掉而不是其他动物吃掉的;人类学则对这种食物如何融入史前人类的日常饮食进行研究。所有这些研究所获取的知识,被用作证据的一部分,以推测和归纳史前人类的迁移、繁衍、日常饮食以及对动物的驯养等方面的规律和模式。

演绎和归纳的一个常见误解

关于有效演绎和有效归纳之间的区别,人们普遍存在着一种误解,那就是:演绎有效的推理,其思维进程是从普遍到特殊;而归纳有效的推理,则是从特殊到普遍。但事实并非都是如此。比如,在一个演绎有效的论证中:

1. 所有的共和党人都支持贝拉克·奥巴马。
∴ 2. 所有不支持贝拉克·奥巴马的都不是共和党人。

这个论证的特点是从普遍到普遍,而非人们所说的从普遍到特殊。

而一个归纳有效的论证则是从特殊到特殊:

1. 小布什并没有履行他在2000年竞选宣言中的承诺。
2. 小布什并没有履行他在2004年竞选宣言中的承诺。
3. 奥巴马并没有履行他在2008年竞选宣言中的承诺。
∴ 4. 奥巴马很可能不履行他在2012年竞选宣言中的承诺。

另一个有效的归纳论证则是从普遍到特殊,而不是人们所强调的从特殊到普遍:

1. 到目前为止,所有的共和党总统候选人都是男性。
∴ 2. 下一个共和党总统候选人将是男性。

所以,认为演绎推理都是从普遍到特殊的看法,是不对的;归纳推理的情况也是如此。更准确地说，当我们进行演绎推理时，结论的理由已经包含（隐性或显性）在前提中；当我们进行归纳推理时，通过模式的扩展或基于事物之间的相似性推知结论。

至于人们所认为的演绎推理是从普遍到特殊，这种说法对于某些三段论的论式是正确的。比如，在这样的三段论推理中："所有人都是会死的，苏格拉底是人，因此，苏格拉底是会死的。"这的确是从普遍到特殊。但是，即便如此，这种观点也并不适合其他的很多有效的三段论式。比如，我们前面所提及的一个三段论："所有人都是会死的，希腊人是人，因此，希腊人是会死的。"这个三段论是从普遍到普遍。

论证有力与事实正确

正确推理和结论为真是不同的。我们可以正确地推理，但却得到结论为假；我们可以错误地推理，但却得到结论为真[1]。比如，科学家从当时的科学常识出发，进行正确的推理，得到的结论是：只有在温度非常接近绝对零度的时候，才会出现超导现象。我们现在已经知道，这个推理虽然正确，但结论是错误的。占星术爱好者根据报纸专栏预言他们将有美好的一天，或者根据星星处于星空的某个位置，进行错误的推理，推知他们将会拥有美好的一天。幸运的是，他们真的拥有了美好的一天。这个推理是错误的，而结论却是真的。事实是，天气的好坏，与占星术或星星碰巧处于某一位置完全没有联系。

总的来说，错误推理得出正确的结论比正确推理得出错误的结论要好得多[2]。但从长远来看，正确地推理更可能正确！那些按照占星术专栏的预言安排自己的行动而恰好取得成功的人们，他们只是极其幸运，并不聪明。（实际上，他们也是投机者中的一种。）然而，在生活中，人们常常把成功等同于聪明，仿佛一旦成功，

---

[1] 用哲学的术语，就是说，我们可能在认识论上是正确的，但在本体论上是错误的；我们也可能在认识论上是错误的，但在本体论上是正确的。
[2] 哲学上的一个著名口号："我宁愿认识论错误但本体论正确，而不是相反，当然，最好是认识论和本体论都正确。"

就能证明推理是正确的。不，完全不是这样！失败也不一定能证明推理就是错误的，这才是真正的生活。聪明的人，正如人们通常所说的那样："创造机会！"尽管这个社会和时代是如此的不确定，他们还是尽可能地正确推理，理性地看待这个世界和时代，并从中创造机会。从长远来看，在大多数情况下，他们比那些错误推理的人做得更好。

小结

1. 不同的论证可以具有相同的形式或结构。肯定前件式、否定后件式、假言三段论等，都是演绎有效的论证形式。在日常交流中，论证经常串在一起，用以论证一个宏观的结论或主题。

2. 有很多演绎的推理形式是无效的。肯定后件式和否定前件式就是演绎无效的论证形式。

3. 所谓直言命题，就是断定或否认主语所表达的对象和谓词所表达的类之间具有某种关系的命题。更确切地讲，有四类直言命题：全称肯定命题（A 命题），它的形式是"所有 S 是 P"（比如："所有罪人都是叛徒。"）；全称否定命题（E 命题），它的形式是"所有 S 不是 P"（比如："所有棋手都不愚蠢。"）；特称肯定命题（I 命题），它的形式是"有 S 是 P"（比如："有男性是沙文主义者。"）；特称否定命题（O 命题），它的形式是"有 S 不是 P"（比如："有逻辑学家不是吹毛求疵的人。"）。直言命题还包含一种特例，如"苏格拉底是一个男人"，这类命题的主项是一个特定的对象而不是一个类，这种命题常常被归入 A 命题加以研究。

三段论是一个包含三个直言命题的论证，其中，两个直言命题是前提，一个直言命题是结论。比如："所有外国人都是不可信任的。一些新生儿是外国人。因此，一些新生儿是不可信任的。"结论直言命题的谓项，是三段论的大项；结论直言命题的主项，是三段论的小项；出现在两个前提中但在结论中没出现的项，是三段论的中项。每一个三段论正好有三个项。每一个项在三段论中出现两次，但在不同命题中。有许多种不同的三段论形式（理论上讲，共有 256 种），但是，只有一些是有效的。比如，"所有的希腊人都是人，所有的人都是会死的，因此，所有会死的都是希腊人",这个三段论就不是有效的。

三段论的式指的是构成三段论的三个命题(依次是大前提、小前提和结论)的不同类型的组合方式。上面这个例子属于三段论的 AAA 式。

4. 间接证明或归谬法。为了证明结论为真,我们先假定结论为假,从这个预设出发,通过有效的推理,推导出一个明显错误的结论,或者推导出一个荒谬的结论,或者推导出的结论与我们的常识明显矛盾。这样一来,如果推理过程有效,结论却为假,那么必定是因为我们的假设是假的。以此,我们反过来证得了原来的结论。

5. 重言式是指逻辑上的真陈述,或必定为真的陈述。重言式因为结构而不是因为内容必然为真。比如:"麦当娜是举世闻名的,或者她不是。"这个陈述的结构是"A 或者非 A",必然为真。矛盾式是指必然为假的陈述(因为它本身包含矛盾)。比如:"麦当娜是举世闻名的,同时,她又不是举世闻名的。"或然式是指可能为真也可能为假的陈述。比如:"麦当娜是有才华的,并举世闻名。"这句话就可真可假。只需用逻辑上的演绎法,我们就可以确定一个矛盾式或重言式的真值,而不需要诉诸任何实证调查和归纳推理。但在确定或然式的真值时,却需要我们通过自己或他人进行经验观察或归纳推理。

6. 有效(正确)归纳的主要类型。一种是枚举归纳推理。在这种归纳推理中,基于我们已经知道的事实,我们目之所及的 A 是 B,推出结论,所有 A 是 B。

通常,对于枚举归纳推理,样本越多,越有代表性,结论为真的概率就越大。但是,一个真正的反例却可以推翻整个枚举归纳推理。(但我们必须确保它是一个真正的反例。)

类比归纳推理与枚举归纳推理非常类似,但它有别于枚举归纳推理,主要在于,类比归纳推理的结论只是关注某个事物,而枚举归纳推理的结论通常关注很多,这也是为什么类比归纳推理结论为真的概率要高于相应的枚举归纳推理。

统计归纳推理也与枚举归纳推理非常类似,但统计归纳推理是基于已知样本中某种现象出现的概率,来推知所有的样本都具有这样的概率。

高水平归纳推理被用来否决或克服低级的归纳推理的错误。如果经验数据已经表明,所有机械设备在运行 16 万公里后都会磨损或需要修理,那么推导出某个汽车引擎不需要修理，即使它完好运行了16万公里，就是不明智的了。

归纳推理通常被用来发现原因。比如，统计归纳相关数据，将吸烟与各种危及生命的疾病联系起来。

混合归纳推理通常把归纳推理和演绎推理结合起来使用，用于给已有的归纳结论增加新证据，科学研究中经常使用这种混合归纳推理。比如，人类学家或进化论者经常运用物理学和化学的基本原理和手段，从新证据中归纳推出新知识。

7. 很多人认为，有效的演绎推理的思维进程是从普遍到特殊，而有效的归纳推理则是从特殊到普遍，但这是不正确的。比如："如果你跳下布鲁克林大桥，那么你就会死。所以，如果你没死，你就没有跳下布鲁克林大桥。"这个有效的演绎推理就是从特殊到特殊。（顺便说一句，这个推理的形式——"如果A，那么B，因此，如果非B，那么非A"——有时被称为假言易位推理。）而有效的归纳推理"如果丹·拉瑟获得了权力，那么他已经堕落了。丹·拉瑟已经获得了权力。因此，他堕落了"同样是从特殊到特殊（顺便说一下，这个推理采用的是肯定前件式）。

8. 生活就是这样，正确推理有时会得到错误的结论，即使前提为真。比如，一个人以前多次借钱给朋友，这个朋友都偿还了，但这次借钱给这个朋友，却被骗了。此外，在生活中也会这样：错误推理有时却得出了正确的结论，有时甚至从错误的前提得出正确的结论。比如，一个人冒着输掉毕生积蓄的风险，在拉斯维加斯使用"加倍下注"方法（在附录中讨论）玩骰子，却赢得一笔巨款。

但是，生活就是如此，从长远来看，在大多数情况下，推理正确的人比推理错误的人做得更好。

第三章

推理谬误（一）

▷▷

如果每个错误都能被冠以一个简短明了的名称,那该是多好的事情啊!某个人一旦犯错,他就会被轻而易举地识别。

——德国哲学家 叔本华

论证,像人一样,经常伪装自己。

——古希腊哲学家 柏拉图

一个人的聪明在于,知道自己无知。

——美国科幻小说作家 大卫·杰洛德

在第一章，我们已经知道令人信服的论证需要满足三个条件，一旦缺少其中之一，我们的论证就开始走向错误：缺乏对前提命题的审视，会使我们犯"前提虚假"的逻辑谬误；忽略相关证据，会使我们犯"隐藏证据"的逻辑谬误；忽略证据对结论的支持力度，会使我们犯"无效推理"的逻辑谬误。

当然，我们也必须意识到，日常生活中的推理往往边界模糊，含义隐晦。出于交流的简便和快捷，推理的前提甚至是结论经常被忽略掉。因此，日常生活中的推理往往可以用不同的方式解读。下面这句话来自电视播放的啤酒广告：

在美国，喝百威啤酒的人比喝其他啤酒的人都多。

从字面上看，这不是一个论证，但显然，它在暗示观众也应该喝百威啤酒。所以它的思路是这样的：

1. 在美国，喝百威啤酒的人比喝其他啤酒的人都多。（前提）
∴ 2. 你也应该喝百威啤酒。（隐含的结论）

以这种方式解释，这个广告的确包含着一个论证，但这个论证是有问题的，因为它包含一个无效的推理：这种啤酒虽然最受欢迎，但并不意味着你就应该喝它；最受欢迎的啤酒也可能不是最好的啤酒。而且，对你而言，为了省钱，你也许应该喝便宜些的啤酒；甚至你根本就不喝啤酒。然而，我们可以重构这个论证：

1. 在美国，喝百威啤酒的人比喝其他啤酒的人都多。（前提）
2. 最受欢迎的啤酒就是最好的啤酒。（隐含的前提）

3. 你应该喝最好的啤酒。（隐含的前提）

∴ 4. 你应该喝百威啤酒。（隐含的结论）

现在，论证有效，但整个论证过程至少包含两个可疑的前提：最受欢迎的啤酒就是最好的啤酒；你应该喝最好的啤酒。

就像百威啤酒这个例子一样，很多错误的论证可以有多种表达方式，所以，对于每一个错误的论证而言，它通常都不止包含一种谬误。这种状况并不意味着无法穷尽所有的推理谬误，当然，也并不意味着针对每个错误的推理，我们只要找到一个合理的标签就足够了。问题的关键是，我们要知道一个论证为什么是错误的，为什么某种特定的推理谬误类型可以更好地概括它。在百威啤酒这个广告里，我们应该关注的重点是，最受欢迎的啤酒这一论据本身不足以得出结论，即人们都应该去买它。推理谬误研究的重要价值就在于，让我们学会识别日常生活中错误的推理，并知道它们错误的根源在哪里。

需要提及的是，在谈及谬误时，我们总是针对推理本身，而没有谈及或针对推理者本人。对于这个问题，我们在第一章已经有所涉及。准确地说，推理谬误的出现，与推理者本人的错误脱不了干系。

从广义上而言，尽管所有的推理谬误都可以划归为本章开头所谓的三类谬误中，然而，多年来，许多特定的谬误与这三类谬误相互交织[1]，对它们进行深入的研究更有助于我们识别日常生活中的推理谬误。

因此，这一章，我们关注如下内容：首先，我们要讨论生活中常见的几种推理谬误。在此基础上，我们再讨论什么是广义上的"前提虚假"。

---

[1] 也就是说，这些狭义的逻辑错误可以分别归类到相应的广义的逻辑错误中来考察。广义的逻辑错误一共可以分为三类：前提虚假、隐藏证据和无效推理，这种分类穷尽了所有的可能性。相对而言，文献中所记载和可考证的狭义的逻辑错误却有上百种。在本书中，我们只考察了那些重要的而且经常出现的典型逻辑错误，而没有列举所有的逻辑错误。

诉诸权威

推理过程中，我们最容易犯的也是最严重的错误，就是不假思索地接受别人的观点，尤其是那些所谓的权威们的观点。在这个科技高速发展的时代，我们不可能成为所有领域的专家，因此，我们必须接受专家的观点才能应对日常的生活。这已经是整个社会的一种普遍做法，除非我们是傻子。然而，并非所有的接受专家的建议或听从专家的理论的行为，都是诉诸权威。

理性地听从专家的建议与诉诸权威之间如何区分呢？有一点很显然，不假思索想当然地认为所有专家或权威都值得信赖，这本身就是一种错误的看法。事实上，一些所谓的权威和专家并不具备相当的专业知识，他们只是徒有虚名；也有一些专家利用自己的知识生搬硬套。因此，无论是何种情况，我们都需要自己加以思考和考察。

当需要寻求专家建议时，如果想避免犯诉诸权威的逻辑谬误，我们要关注三个基本问题：

1. 这种方式能否给我们提供想要的信息，进而有助于我们做出正确的判断？
2. 如果是这样的话，我们可以信任权威或专家直接告诉我们的建议和方法吗？
3. 我们是否有足够的时间、决心和能力，来自己做出决策（或者，掌握专家的推理方式，我们就不用盲从权威或专家的观点）？

事实上，我们可以马上确认是否有足够的时间和决心，但对于前两个问题往往难以回答。在这里，我们提供以下几条有用的规则。

哪些专家的建议更值得信赖

实际上，那些被视为权威或专家的人鱼龙混杂，他们的情况各不相同。有些人的确很聪明，也有些人很愚蠢；有些人在自己的研究领域很有造诣，有些却不是；有些人很诚实，有些则不是。

尽管每个领域都存在不太符合道德规范的人，但在有些领域里，这样的从业人员的确要比其他领域多。比如，众所周知，法律、投资理财、政治等领域显然比其他领域更能吸引投机钻营之人。当然，即便是从事神职，也会出现埃尔默·甘特里这样的牧师。谋取私利的医生也不乏其人。

新闻媒体的从业者也是如此。比如，鲁伯特·默多克，作为美国新闻集团和新闻国际公司（英国的子公司）的持有者，可以说是历史上最强大的媒体大亨。但当英国议会议员质询他的公司广泛非法窃听电话记录和利用电脑黑客盗取信息时，他声称对此一无所知，并将其归咎于某些员工的背叛。他说："我认为这几个员工已经做出了可耻的行为！我看穿了他们的整个阴谋！"真的如此吗？真不敢相信这样的话居然从他的口中说出！这个男人操纵着一个媒体帝国，在这里，成千上万的电话被监听，电脑黑客行为已经见怪不怪；警察局的警官、国防军事的首脑、政府的官员都被其贿赂，以获取更多的信息和情报；甚至他的前雇员也在被贿赂之列，其目的是让他们闭嘴噤声。真不知道为什么当局还授权给他，让他收拾这场残局。

即使是更审慎的专业人士，也面临着自己担负的职责与自己利益相冲突的困境。毕竟，就像我们一样，专业人员也是人。当选为美国国会议员，他们的工作注定会伴随着特殊的福利，以及各种声誉、权力和兴奋，这会使他们很难拒绝财团的"竞选捐款"（贿赂？）以获得连任。正因如此，让他们告诉选民一些重要事件的真相，真的很难做到。（记住，政治是妥协的艺术，特别是，候选人只有赢得选举，才可能实现他们对民众的承诺，因此，他们通常需要掩盖一些真相。关于这一点，第十章中的政治言论部分将进一步探讨。）

当面对专家所提出的观点或声明时，我们总是需要对其可信度做出判断。专家会不会别有所图，或者这里面是否涉及专家的个人私利？律师公然痛斥无过错汽车保险条目，对于这件事，我们必须看到这一点，设置无过错保险的目的就是为了降低诉讼费用。一个国会议员投票反对枪支管制的法律，却无视广大民众为了避免波德奥罗拉剧院枪击悲剧事件的再次发生，而强烈呼吁实行枪支管制的呼声。我们不得不怀疑，在议会竞选中受相关利益财团资金支持或出于对某些小集团利益的保护，这些议员才会如此违背自己的初衷。

对于军事专家的提议和建议，我们也可以发出同样的质疑。在伊拉克战争期间，电视新闻充斥着对已退休高级军官的采访和报道，这些军事专家向我们一再保证，发起战争是有正当理由的，叛乱分子已被控制，自杀性爆炸事件破坏性不大，增援工作正在有条不紊地进行等。后来，人们才发现，这些军事专家都是五角大楼募集而来的，他们帮助五角大楼论证战争的正当性，而五角大楼则以利润丰厚的业务作为回报。这就是我们所谓的专家建议，这就是事情的真相。

另一方面，我们的确应该接受牙医的建议，他要求患者定期刷牙和使用牙线。我们也应该听从医生劝我们放弃吸烟的告诫。这是因为：对于牙医而言，当病人患有龋齿，他们更有机会赚钱；而当人们患癌症、心脏病或肺气肿时，医生更有利可图。正因如此，医生建议定期刷牙或劝我们戒烟时，他不是出于私利考虑，而是出于职业的责任，为公众负责。

专家意味着他熟知某个特定领域，而非熟知所有的领域

在当今社会，电视上充斥着知名运动员和电影明星代言各种产品的广告。事实上，他们这么做的时候，已经超出了自己擅长的领域，而这不过是我们整个社会的缩影。我们很难想象，一个人既擅长表演，又擅长本垒打，同时他还比别人更了解洗衣机和剃须膏。实际上，休·杰克曼代言立顿冰红茶以及艾米纳姆兜售克莱斯勒，并不能证明这些产品的质量就很好；我们也不能因为艾什顿·库奇为尼康代言，就觉得尼康的拍摄质量高于徕卡或松下。然而，我们是如此的不理性，这些名人代言的广告成为时下赚钱的吸盘！

如何更好地理解专家

通常，我们很容易知道向哪类专家请教。生病的人需要咨询医生；想起诉离婚的人要找律师咨询。难的是，如何找到一个既在自己的研究领域很有造诣，同时又值得信赖的专家。即使找到这样的专家，我们也需要变得善于请教他们。专家经常使用我们不太懂的专业术语，这为我们了解他们平添了很多障碍。向非专业人士解释复杂的理论，对他们而言，真是相当费劲的事情。也许从内心来讲，他们也不愿意解释，更觉得没必要解释。

事实上，非专业人士往往也无法理解训练有素的专业人员的复杂推导过程，医学专家就是一个很好的例子。但如果我们能耐心恳请这些专家，把专业术语向我们稍加解释或进行普及，我们至少可以对专家的工作有一个大概的了解。通常而言，我们很难不被专家的专业术语或专家的权威光环吓倒，但真的值得一试。

哪类专家能不辜负我们的期望

所有专家不可一概而论。一些所谓的专家只是夸夸其谈，实际上，他们对专业知识知之甚少；还有一些专家并不值得我们完全信赖。与此相对应的是，也有很多专家真的在某一领域造诣很深，他们给我们所提供的信息也弥足珍贵。因此，真正的专家总是更值得信赖。

在日趋专业化的现代社会，我们不得不求助于专业人士来获取帮助。我们都有向医生、律师、汽车维修人员和其他专业人士咨询的经历。但我们不能也不要期望，就相同的问题求助于各类专家时，我们能得到一致明确的答案。比如，尽管医学根植于生物学理论，但它本身仍是一门因人而异的艺术：对于患者的病情，医生并不能百分之百地确诊，甚至在治疗常见病方面也是如此，最好的医生也不可能避免所有的错误；律师不能百分之百地确定陪审团或法官将如何面对他所提供的证据；对于牧师而言，他们自己也没有直达上帝的好办法；等等。

在存在争议的重要问题上，自己要成为专家

当专家们在某一个重要问题上意见不一时，我们自己要成为专家：我们从专家那里寻求证据、理由和论证，然后自己来做出结论。在社会和政治问题方面，这种情况尤为突出，专家们在这些问题上从来都是意见不一的，而我们又必须当心他们的判断和意见里掺杂着私念或私利：政治家们可能是受惠于特殊利益集团（正如我们之前提到的），或只是想误导舆论浪潮。而保守派的评论员看待问题的观点往往与自由派大不相同[1]。

---

[1] 虽然标签（如"保守""自由主义""自由""右翼"和"左翼"）一般是含混不清、模棱两可的，但它们仍然有一些实质性的内容：这些术语往往有不同的观点，批判性推理者需要考虑这些差异。

我们应该关注专家的推理方式和推理所持的理由,政治绝不是唯一一个这样的领域。其他的领域,如司法审判,法官和陪审团也往往不加批判地接受心理学家们关于嫌疑犯心智的评估意见,而不再去深入思考心理学家们所持的理由。毕竟,一个重要的事实是,对于同样的问题,如果咨询其他的心理学家,他们可能提出完全不同的看法[1]。这种态度也适用于医学。例如,某个医生建议一个女性切除子宫,这位女性如果足够聪明,应该再找一个医生来咨询。(具备相关知识的女性应该知道,很多子宫切除手术并不是必要的,有些可以通过微创手段来治疗。)

衡量所谓专家专业水准的方法之一是,检查他们已往的记录。职业体育人士经常说的一句话是:"如果有疑问,最好的办法是模仿胜者。"同样,当你必须咨询专家时,最好是找一个胜者,也就是那些已往记录很好的专家。同等条件下,这些专家在过去做出了正确的判断,那么他们更有可能在未来做出正确的判断。但要谨记的是,"同等条件"这个条件很难操作和实现。一个有良好记录的汽车维修工,面对汽车的最新技术时也可能束手无策;一个业绩良好的律师现在可能已经懒惰不堪;一个优秀的教科书作者也可能江郎才尽。

顺便提及的是,诉诸权威这种推理谬误,大都可归属于"前提虚假"这个大类中。也就是说,正是对权威话语不加分析地接受,才会使得权威的话成为一个隐含的前提。换句话说,诉诸权威的谬误就是不加批判地接受专家的建议或信息。这是一种很不明智的做法,因为这些权威或许并不具备我们想知道的信息,也可能与我们的兴趣相去甚远。

在本节结束前,也许我们应该注意并防范事情的另一种极端:为了避免诉诸权威,我们对所有专家的建议和意见都置之不理。不管怎样,销售员经常能够直接给我们提供很多相关的信息;电视里的新闻节目也为我们提供了大量有用的信息,即使他们没有为我们提供"全部的事实,只有事实";政治家有时也会抛开个人私利,公开痛斥强大的利益集团。小心地评估信息来源并不意味着我们变得完全愤世嫉俗。

---

[1] 这个观察符合 B. 杜根的专家证词定律:"对于每一个博士的意见而言,我们既可以找到一个持相同观点的博士,也可以找到一个持相反观点的博士。"

前后不一

当有人劝说我们接受一个论点时,如果推导这个论点的论证包含着相互矛盾的陈述或论据,我们所面对的就是一个前后不一的论证[1]。很明显,如果两个语句矛盾,那么其中一个必然是假的。

例如,我们可以回忆一下,很多竞选言论就存在前后不一的观点。(竞选言论是大多数政客大部分时间的声明。)一个候选人没有明确地(只是隐含地)说 A,然后立即断言不是 A。但经常的,他们言论的不一致性和矛盾性会以各种方式加以掩盖。比如,在演讲中,某个候选人向选民承诺:各类政府服务和政府支付都将会大大提高(用以获取那些以此获利的选民们的支持),大幅度地降低税收(用以获取被高税收压得透不过气来的选民们的支持),并将大幅削减国家债务(吸引那些信仰政府节俭即美德的选民们)[2]。

这是绝大多数国家的高层候选人在竞选时都使用过的伎俩,其中也包括美国总统布什在 2000 年和 2004 年的竞选、奥巴马在 2008 年的竞选和 2012 年两场总统候选人的角逐。但实际情况是,政府提供的服务和福利需要以钱为支撑,并且,很多政府费用是固定的(最显著的就是为上任政府的债务支付利息),这样一个把增加政府服务和福利,与大幅减少税收和国家债务放在一起的承诺,是根本找不出任何方法来实施的。因此,这个承诺显然是前后不一的。(近年来,巨大的军事投入和金融救助开支使得同时实现这些承诺更是难上加难。)后续增加的数据是我们判断候选人是否前后一致的可行办法,借此,我们也可以判断这个候选人是否值得信任。当他给我们承诺月亮时,后续的数据会表明他到底给了我们月亮,抑或只是水中之月。

所有的总统都发生过前后不一的状况。例如,奥巴马在过去十年里对伊拉克战争的立场就发生过数次反复和转变。2002 年,在竞选州参议员时,他坚决反对

---

[1] 回顾一下在第二章讨论过的重言式、矛盾式和或然式。
[2] 他的这个论证可以这样表述:如果我当选,我会让政府给你们提供你们想要的服务和福利,我将显著降低税收,我将减少国家债务。因此,你们应该为我投票。

任何形式的战争。但到了2004年,他说,"这一时期,我的立场和乔治·布什总统是一致的",那就是美国在伊拉克继续驻军,直到伊拉克战乱消除、重建秩序。他的立场在2006年再次转变,当时布什总统决定在伊拉克增兵,奥巴马公开表示反对,他要求从伊拉克全面撤军,他说:"在即将来临的2007年,战争使我们美国本土更不安全。"然而,2010年,作为总司令,奥巴马在表彰美国情报系统时,称赞军方的工作"让美国更安全"。

奥巴马在伊拉克战争问题上如此反复的立场,到底说明了什么?这意味着他是在不断重新评估战争的形势,还是反映了他精明的政治算计?值得注意的是,同一时期美国民众对伊拉克战争的态度:2004年,美国民意支持伊拉克战争;而到了2006年7月,美国民众开始公开反对伊拉克战争,而奥巴马宣布竞选总统,并提出从伊拉克全面撤军。奥巴马的态度与民意保持着惊人的一致。而一旦当选,为了不得罪军方,他声称军方的行为保证了美国国土的安全,这一次他又改变了立场。自由党和保守派都看到了奥巴马这些前后不一的态度,并质疑过奥巴马的动机。

政客们之所以能够侥幸地逃避这些前后不一应付出的代价,其重要原因之一就在于选民们趋利避害的天性。作为芸芸众生,很多选民倾向于把政治问题当作个人问题来对待,就像他们看待自己与朋友或者家人发生的争执和冲突。对个人利益的争取和坚持,往往会使他们对公平竞争和有效推理的规则视而不见。比如,许多吸烟者都反对禁止出售香烟的法规出台,他们认为,如果他们愿意摄取有害的物质,他们就拥有如此这般天赋的权利。但也正是这些人在面对毒品问题时,又反对毒品的合法化,而他们所持的理由是毒品有害健康。极端的非洲裔美国青年对黑人所遭受的歧视义愤填膺,与此同时,他们自己却在散布和挑起对白人的仇恨。

需要补充的是,当评估日常生活的言论和修辞方法时,面对那些多义、讽刺或幽默的言辞,我们不要误判。例如,某品牌保险杠的标签上写着"足够好是远远不够的(Good enough isn't good enough)",我们不要从字面上去断定这是前后不一的言辞,因为它本来就不是要采用字面上的含义。它是以一种幽默的方式说他们做的远比说的更好。

注意，有一些隐含的前后不一的逻辑谬误，比起那些在单一的某个论证中就前后不一的逻辑谬误，更难识别。比如，上面所提及的例子，一个政治家在同一个演讲中，既承诺要提高政府服务，又承诺要降低税收和减少国家债务。还有那些吸烟者，他们反对禁止香烟买卖的法规，却又反对海洛因贩卖的合法化。

另一种前后不一的逻辑谬误发生在观点因人因事而异的时候。当然，我们并不是反对在实践中修正我们的信念：刚开始相信 A，后来改变了看法，进而相信非 A。毕竟，从实践经验中成长，这是我们面对人生的正确态度。这里所指的是，出于自身的需要，我们在一件事情上持 A 态度，在另一件事情上持非 A 立场。这样的话，我们实际上同时肯定了 A 和非 A。同时持有这种相互矛盾的态度，我们就在犯前后不一的逻辑错误。

在政治领域，随着场合和听众的不同而观点前后不一，这种情况被称为"墙头草"。在某一时某一地受选民欢迎的观点，一旦转换时间和地点，就有可能不受欢迎。为了跟进最新的舆论趋势，安抚某些特定的民众，政治家们不得不根据环境的变化做出调整，从而使得前后不一的情况时有发生。竞选公职的候选人只有尽可能地说选民们想听的东西，他们才能赢得选举，而不同的公众希望听到的东西也不尽相同，所以这些候选人就不得不在某些问题上不断转换立场，以获取民众的支持。奥巴马在伊拉克战争问题上前后不一的态度和立场即是如此。而米特·罗姆尼在多个问题上的立场不一已经被媒体广泛报道，在电视上的新闻调查节目和"真相核查（factcheck）"这类网站上也随处可见。在处理全球预警、移民法、"奥巴马的医改法案"（事实上，这个方案与他在马萨诸塞州所实施的健康保障方案非常类似）等诸多问题上，罗姆尼的立场都出现过一百八十度的大转弯。在处理经济复苏计划、不再征收新税收和禁止侵略性武器等问题上，他的立场多次前后不一。在堕胎问题上，他先是支持女性自由选择，接着又反对女性做如此选择，或者如有人所言，他让这个问题复杂化（这一点非常契合泰德·肯尼迪在1994年参议院选举辩论中对他的评价）。还有，他关于穷人的观点，也引发了大规模的批评和争议。他说："我并不为真正的穷人担忧。在那里，我们已经建立了一个安全的网络。"当被问及这个安全网络是否需要修复时，他答道："我会修好它。"因为第一句话，罗姆尼遭到了很多人的谴责（这将在第十章进一步讨论），但很明显，他所声称的他将修复破碎的安全网，与其之前提出的意在为穷人削减预算的做法是矛盾的。可以说，罗姆尼的矛盾反映了他的态度的真实转变，或许他真的在这样做，更有可能的是他随风倒。你可以辩解说，罗姆尼的前后不一反映了他的态度的真实改变，你也许是对的，但这在我看来，罗姆尼就是在做"墙头草"。

> 我们用很大的篇幅详细地描述了前后不一，并认为这是一个非常严重的逻辑错误。然而，也有人对此有所抱怨，他们会搬出拉尔夫·沃尔多·爱默生的那句名言："愚蠢的一致性是头脑狭隘人士的心魔，只有小政治家、哲学家和神学家才如此看重它。"
>
> 但是，假如一致性是一个模糊的概念，那么一枚硬币的正面和背面将不再有任何区别。从某种意义上来说，要求我们在任何给定的时间内观点一致，前后无矛盾，这大概是本章节的主要目的。至于另一种一致性，即要求我们的观点始终保持一致，即便任何相反的证据能证伪我们的观点，我们也还是要固执己见，这才是爱默生旨在贬低的对象。

在某种程度上，我们每一个人都面临着观点前后不一的困境，而不只是政治家，只不过政治家比我们更擅长罢了。有时候，我们会有意这么做，来达成某种目标；但更多的时候，我们不仅试图欺骗他人，还包括我们自己。例如，几乎所有人都反对欺骗别人，认为欺骗是不好的行为。但有时，为了某种利益，我们又抵挡不住诱惑来这么做，这时候我们往往会给自己寻找诸多理由，为自己的行为辩解。例如，我们会说，其他人在这种情况下也会这么做，所以我这么做也没什么错。（第六章在讨论妨碍有效推理的心理机制时，会更详细地分析这个问题。）

必须提及的是，对于大型组织来说，前后不一的情况也时有发生，只不过很难被察觉，这一点非常有意思：他们通常会派出一个代表，代表一方说话，同时又会派出另一个代表，代表另一方说话。如果把这些大型组织看作模拟的人，我们把这类欺骗叫作"组织性前后不一"。（把这一类错误也叫作"前后不一"，或许会使得我们看起来过于严厉，但请理解我们的出发点，即呼吁人们重视推理的一致性。)

另外,还有一种组织性的前后不一,它时常发生在有意忽视公司政策的时候。让我们回到鲁伯特·默多克的那个例子中。尽管默多克的公司规定,所有新闻的采集应在法律允许的范围内进行,但许多记者还是发现利用手机窃听和电脑黑客,能获取更精彩的故事。这种做法持续多年,直到被控告窃密,这些问题才浮出水面。的确,默多克一再声称,他的律师已向他保证,除了一个流氓记者,公司所有的行为都在法律允许的范围内进行。然而,无论默多克对这些违法行为是真不知情还是他本人也参与其中,我们都无从知晓。但不管怎样,默多克公司员工的实际行为和公司的规定之间存在着不一致。

另一种前后不一发生在我们言行不一的时候。(这是"前后不一"这个概念在日常生活中的延伸。严格地说,言行不一不是一种逻辑错误,因为它不是发生在言辞之间,也不是发生在思想或论争之间。我们这里重点关注的是言语和行为的不一致。)

艾伯特·戈尔就曾经被如此指控。媒体揭露,他在个人方面对能源的消耗与他在公众中致力推行的遏制全球变暖计划大不相符。2006年,他所参与拍摄的纪录片《难以忽视的真相》获得了奥斯卡最佳纪录片奖。在这部纪录片里,他呼吁美国人减少能源消耗,阻止全球进一步变暖。而就在其获奖后的第二天,田纳西政策研究中心对戈尔的能源消耗发表了以下看法:"纳什维尔电网的统计数据显示,戈尔大厦一个月的用电量超过一个美国普通家庭一年的用电量,他的大厦一年的用电量是普通家庭的20倍左右。据统计,在2006年,戈尔为天然气和电力消耗,共支付了近3万美元。"鉴于戈尔在遏制全球变暖问题上的卓越贡献,也许人们会原谅他在个人能源消耗方面的挥霍。尽管如此,如果他能言行一致,我们会更觉欣慰。

当然,一再引用这些政治家的例子,并不意味着只有他们才会言行不一,我们也不要忽视审视我们自己。一些女权主义者反对社会对男性和女性的不同角色定位,然而,如果她们接受了贵重的订婚戒指同时却没有与对方互换戒指并为此心安理得时,或者如果她们把开车的任务总是交给自己的丈夫,或者把惩罚孩子捣乱的任务分配给丈夫时，她们肯定是言行不一的[1]。

前后不一这种逻辑错误往往与人们的伪善心理密切相关：我们假装相信一些事情，实际上我们根本不信；我们假装信任一些人，实际上根本不是。在过去的40年间，绝大多数候选人在讲台上辩论时都反对毒品的合法化，而事实上，他们中的有些人自己却吸食毒品。比尔·克林顿也承认自己抽大麻，但他辩解说自己并没有吸入肺中。面对这样的言行不一，我们该怎么办？称呼他们为伪君子吗？在这一点上，至少奥巴马比较坦诚，他承认自己十来岁的时候吸食过毒品，但早已改正。相对而言，美国人更愿意原谅人们年轻时犯下的错误。

大家可能会注意到，专门讨论推理谬误的三章中，我们在前两种谬误（诉诸权威和前后不一）花费的精力是最多的，原因就在于这两种谬误的重要性。诉诸权威这种谬误的重要性是显而易见的：日常生活中，我们不可能在每一方面都很精通，因此我们经常需要诉诸专家，以获取必要的信息和建议。前后不一这种谬误的重要性则在于：一致性是有说服力的推理的基础。如果前提中出现了不一致，其中肯定有命题为假，并且推理也因此不再具有说服力。

这也是为什么我们要改造我们的基础信念，使其保持内在的一致性（这一点，以后的章节会继续讨论）。如果运用某种推理方式得出一个结论，一致性要求我们扪心自问，我们是否愿意把这种推理方式应用到其他的推理过程中。如果不愿意，我们就必须放弃这种推理方式，并承认自己犯了前后不一的逻辑错误。

稻草人

在经典逻辑书里，人们很少谈及广义上的一种逻辑错误——隐藏证据，而对这种逻辑错误的几个变种却关注有加，其中之一就是"稻草人"谬误。当我们曲解了对手的立场、竞争对手的作品，或只是追逐一个较弱的竞争对手而忽略了更

---

[1] 参见：辛西娅·塔克. 精英们的神话［N］. 旧金山纪事报，1996-03-30.

强的那一个时,我们就在犯"稻草人"的逻辑谬误[1]。

"稻草人"假象一直是广告商和政治诽谤的惯常做法。2008年,100多万南卡罗来纳州选民收到一个自称是常识问题研究组织的自动电话。他们声称,麦凯恩支持医学研究用未出生的胎儿做实验。这个观点严重歪曲了麦凯恩的立场,实际上,他只是支持从人类胚胎中提取细胞,用以做干细胞研究。

相互竞争的政治人物也经常使用"稻草人"这种伎俩来歪曲和攻击对方的立场。在共和党初选前夕,对于奥巴马提高对高收入者征税的提议(美国针对高收入的税率自1990年以来从未改变过),米特·罗姆尼说:"在奥巴马总统看来,政府应该维护结果的平等。这样一来,在这个政府主导福利的国家里,每个人不管教育程度、努力程度以及承担风险的意愿有何差异,他们得到的回报都是一样的。也就是说,一些社会成员挣钱,政府通过征税,把这些钱重新分配给其他人。"这种故意歪曲使得奥巴马总统看起来像是一个激进的社会主义者,而事实上,他一再倡导自由企业制度,并强调致富没有什么不妥。

虚假的二难困境和非此即彼谬误

在传统逻辑中,二难困境是一种论证。在这种论证中,首先给出了事物的两种选择(以选言命题的形式表达出来),而这两种选择都会带来不利的后果(以两个条件命题分别表示),从而让人左右为难。(附录将对此类悖论做进一步讨论。)

二难困境的形式一般可以这样表述:

P,或者 Q。

如果 P,那么 R。

如果 Q,那么 S。

因此,或者 R,或者 S。

---

[1] 但是请注意,在某些特定情况下,"稻草人"谬误不属于隐藏证据之列。还有,"稻草人(straw man)"这个用词是否会引发性别论者的歧义,只被认为是"男性稻草人"?我们是否需要把它表述为"稻草人(straw person)",或者干脆是"假面人(false characterization)"?

有时，作为不受欢迎的结果，R 和 S 可以表达相同的内容，有时则不同。比如："我们的同胞或者是好人，或者是坏人。如果他们是好人，则不需要制定法律来阻止他们犯罪。如果他们是坏人，法律也阻止不了他们犯罪。所以，用以阻止他们犯罪的法律或者是不需要的，或者不会成功。"在这个例子中，R 和 S 所表达的内容就是不一样的。

虚假的二难困境

针对虚假的二难困境，我们可以通过以下方法证明其虚假性。方法之一是，指出前提中的选言命题"P 或者 Q"为假，即我们还能找到 P 和 Q 之外的其他可能性。这叫作"在进退维谷中寻找间隙"（"going between the horns" of the dilemma）。在上面所提到的例子中，第三种可能就是，我们的同胞或许既是好人（在某些方面）又是坏人（在其他方面）。

另一种方法是质疑这个二难困境中的其他两个前提，也就是质疑其前提中的条件命题，这叫作"直逼困境"（"grasping the horns" of the dilemma）。还是以上面的论证为例，我们可以摆脱困境的另一个办法是，指出"即使我们的一些同胞是坏人，通过法律制定严厉的惩罚措施依然可以阻止他们犯罪"，也就是第三个前提"如果他们是坏人，法律也阻止不了他们犯罪"为假，从而可以驳斥整个论证。

虚假的二难困境也可以归入广义的"前提虚假"中加以讨论。通常来说，如果一个论证给我们制造了虚假的二难困境，那么它的前提一定是虚假的，或者至少是有问题的。（请注意，我们在这里只是讲到了虚假的二难困境，在实际生活中，我们可能会遇到虚假的三难困境、虚假的四难困境等更复杂的情况，而驳斥它们的方法相同，不再赘述。）

非此即彼谬误

非此即彼谬误，有时也被称为"非黑即白"，它与我们上面所说的"虚假的二难困境"颇为类似。当我们面对两种选项（以一个选言命题表示），如果错误地认为其中的一个选项不好（应该避免的），而必须选择了另一个选项时，我们就犯了"非此即彼"的逻辑谬误。

这种谬误推理的形式通常可以表示为：

或者 P，或者 Q。

非 P。

所以，Q。

在这个论证里，我们可以质疑它的前提，也许除了 P 和 Q，还有第三种可能；或者 P 也并非是不好的选择。例如，"你必须为共和党候选人投票，或者为民主党候选人投票。但是，你不应该为共和党候选人投票。所以，你应该为民主党候选人投票。"针对这个论证，我们反驳的方式可以是：提出第三种选项。比如，你要为绿党候选人投票。你也可以质疑第二个前提，即否认给共和党候选人投票是错误的行为。

关于非此即彼谬误，有一个著名的实例，来自小布什总统在"9·11"事件后提出的战斗口号："你要么和我们一道打击恐怖主义，要么就是在阻止我们打击恐怖主义。"事实上，在对待恐怖主义的问题上，人们有更多的立场可以选择，而不只是小布什总统所谓的两种立场。这种将复杂问题简单化的做事方法与其说是在诉诸理性，还不如说是一种非理性的修辞学伎俩。最近发生的一个相关实例，来自关于减少美国国家债务方法的争论。2011 年，当美国的债务达到了上限时，一场全国性的灾难即将降临。而此时持不同政见的政治家们都陷入了非此即彼推理的泥淖之中。美国税制改革协会负责人格罗佛·诺奎斯特声称，只有两个方法能够解决债务赤字问题："少花钱，或者提高税收。"他的解决方案实际上是"只有一个方法可以解决国家的开支问题，那就是少花钱"[1]。在他的论证中，首先，面对多种选项，他把它们减少为两个：或者少花钱，或者提高税收。接着从他的角度出发，他进行了二选一的选择：一个是好的（少花钱），另一个是坏的（提高税收）。就是从这样的论证出发，他最终得出了自己的结论，即要少花钱。即使没有非常深入地研究这个复杂问题，我们也可以看出这个论证的荒谬性，也就是我们至少还有第三种选项——既少花钱，又提高税收。

---

[1] 参见：格罗佛·诺奎斯特. 读懂我的暗语：不会增加新的税收 [N]. 纽约时报，2011-07-22.

乞题

通常，与人争论时，我们不可能为我们的每个断言提供理由，然后根据这个或这些理由再合情推理。有时候，我们的一些断言并没有被实践所验证，或者至少是目前还没有被实践证实。但当把这样一个有待证明的前提看作确定的观点，并用以论证这个观点时，我们就在犯"乞题"的逻辑谬误[1]。在这个意义上，"乞题"的真正含义是"避免乞题"。当前提已经包含了结论，或者只是结论的另一种说辞时，真正的证据问题被回避掉了，换句话说，这个论证实际上缺少论据。（"乞题"这种逻辑谬误通常被归类为广义的"前提虚假"，因为一个陈述在结论中可疑常常意味着其前提是可疑的。）

在现实生活中，这种谬误并不多见。如果有，它的推理方式是：

A。

所以，A。

很少有论证会如此明显。多数情况下，前提是以等价的方式包含结论，或者前提是结论的另一种说辞或说法，这样一来，论证过程不是那么明显的"乞题"。关于乞题，我们选取了经典教科书里的一个典型案例（这个案例发生在19世纪——奇怪的是，人类轻信的本性到现在还没有太大变化！）："让每个人的言论无限制地自由，其最终的受益者是国家，因为每个人都应该享有没有限制地自由表达自己观点的权利，这会对社会非常有利。"[2]

---

[1] 从某种意义上而言，所有演绎有效的论证都是乞题，因为演绎论证的结论都已经隐含在前提中。在典型的情况下（如三段论），其结论已经分别暗含在两个前提中，而这正是演绎有效的论证的关键所在，那就是，如果你认为一个有效论证的前提为真，你就必须承认它的结论也为真，否则你就会犯"前后不一"的逻辑错误。而乞题这种逻辑错误区别于演绎有效的论证的重要特征是，在这个论证中，前提包含了结论，以至如果我们不同意结论的观点，就必须认为前提也是同等可疑的。

[2] 引自理查德·惠特利的经典逻辑著作《逻辑原理》（伦敦，1826）。本书中关于谬误的分类主要借鉴了惠特利的做法，因而与现在流行的谬误分类方法明显不同。

虽然传统的乞题谬误主要涉及的是前提有问题，但随着时间的推移，它涵盖的范围也得到了极大的扩展。比如，在被问及为什么氯仿会使人意识模糊这个问题时，如果我们给出的答案是，氯仿之所以有此功效，是因为它能催眠，那么，我们实际上就在犯"乞题"的逻辑错误。

医生和很多专业人士常常会用乞题的方式回答我们的问题，但也并不只是他们在"乞题"。实际上，很多时候，我们都在无意识地犯"乞题"这种逻辑错误。下面这个例子摘自关于旧金山男人专属俱乐部的一篇文章。当被问及为什么这么多人想申请加入这些俱乐部时，作为这类俱乐部的资深会员，作家保罗·B.费伊给出的解释是："之所以有这么大的需求，是因为每个人都想加入。"[1] 换句话说，费伊说的是：之所以需求量很大，是因为需求量很大。费伊漫不经心地在前提中引用了结论，这样就避免了需要寻找其他论据的任何努力。

需要补充的是，"乞题"这种逻辑谬误所指称的范围，随着时间的推移在日益拓展。现在，在一个论证中，其前提虽然与结论不同，但如果前提有争议，或者有问题，就会使得我们对结论产生怀疑，这种情况也属于"乞题"。

回避问题

回避"乞题"的有效方法就是完全避免使用它，但这样做会使我们犯另一种逻辑谬误——"回避问题"。这种方法只有在这个有问题的前提没有被注意到的时候才可行。也许，在"乞题"这个问题上，最好的欺骗对手的方法，或躲避这个问题的方法是：让它看起来正在被解决。在面对非常复杂的问题时，如关于流浪人口、国家债务之类的问题，政治家们经常强调解决这些问题的迫切性，来逃避直面这些问题。聪明的公众千万不要被这种强词夺理的腔调蒙蔽了双眼。

2007年，在YouTube和美国有线电视新闻网（CNN）共同举办的共和党候选人政策辩论会上，当被问及耶稣本人是否会支持死刑这个问题时，麦克·赫卡比做了一个相当聪明的回避，他打趣说："耶稣太聪明了，他根本不会出面参加这样的竞选！"他用这样的方式，巧妙地回避了自己作为基督徒不赞成死刑，而作为阿

---

[1] 参见：阿代尔·劳拉. 被选中的少数 [N]. 旧金山纪事报，2004-07-18.

肯色州州长却赞成死刑的矛盾立场。

政治人物常常是回避问题的高手。当采访中被问及一些难题，他们会闪烁其词，回答道："这是一个相当复杂的问题……"然后回避掉对这个问题的真正回答。或者，他们声称事情是相互关联的，接着就把话题转移到那些他们更愿意谈及的相关主题。或者，他们会说："这的确是个好问题，但在真正讨论这个问题之前，我想先讨论……"把话题转向了自己所关注的重点。回避问题对于政治家们是如此的重要，以至他们会雇用媒体从业者，来帮助自己完美地实现这种艺术[1]。

陈述虚假

正如我们前面反复提及的，迄今为止，我们所讨论的各种谬误，都可归入广义的"前提虚假"。但前提虚假所包含的谬误种类很多，并非所有这类谬误都已经被人们命名和一一分门别类。因此，当我们发现一个论证中的前提不可信，而人们已发现的各种谬误名称也不太适用于此情况时，我们就要把它归入广义的前提虚假谬误加以讨论。在前面所列举的关于百威啤酒的例子中，我们就是这样做的。

知道一个陈述为假，这就为我们质疑或者驳斥它提供了很好的理由。因此，当我们的一位同事被指控是酒鬼而不能继续担任她的教职时，我基于对她的了解，指出这一指控是错误的。有时，针对同一个前提，可能有人认为它可信，而别人会认为它可疑甚至是错误的。比如，国情咨文里，奥巴马计划把企业高管的薪水限制在 50 万美元之内。对此，华尔街的薪酬顾问专家詹姆斯·雷德达提出了质疑，他认为，奥巴马的这一措施将会消耗大量的联邦救助资金："毕竟，50 万美元的薪水并不多，特别是在没有奖金的条件下。"也许，对于超级富豪，50 万美元并不是很多，但对于我们普通大众而言，这真的是一笔巨资。因此，雷德的观点所持的前提是非常值得怀疑的。

记住，一个值得信赖的专家所提供的信息应该被认为是真实的。例如，绝大

---

[1] 如果想更多地了解媒体应对训练，可以参见一篇有趣的文章：特鲁迪·利伯曼. 如何回答问题 [J]. 哥伦比亚新闻评论，2004 年 1/2 月.

多数科学家都认为，燃烧石化燃料（如石油和煤）会污染空气，并导致全球气温上升。对这样的论点，我们应该予以信任。

最后，值得注意的是，在日常谈论中，通常一个论证所持的前提或结论并不会被明确指出，甚至这个论证本身也不会以一种规范的方式给出。所以，在日常生活中，会隐藏很多"前提虚假"的情形；也许，"前提虚假"并不能概括所有的情形，用"陈述虚假"来概括，可能会更好些。

隐藏证据

在前面广义地阐述谬误类别时，我们已经介绍过"隐藏证据"这种谬误。但对于"隐藏证据"这种谬误，学界并没有给予太多的关注，原因可能是这样的：尽管学者们认为它是推理过程中可能会出现的错误，但他们拒绝承认它是一种逻辑谬误。然而，无论学者和学界如何对"隐藏证据"进行界定和分类，对我们而言，重要的是，要学会如何把相关证据搜集起来，用以支撑论点，同时，还要学会如何识别他人隐藏证据的行为。

当然，隐藏证据的人并非都是有意为之。因此，我们可以用一个更宽泛意义的概念"忽视证据"或"轻视证据"。这种谬误很容易鉴别：当我们非常坚定地支持某一个观点或一种立场，并对不利的证据和理由都置之不理时，我们就在忽视证据。近年来，关于是否废止死刑，是否允许堕胎合法化和大麻合法化，是否允许电视播放暴力画面，以及是否允许卖淫合法化等问题，持不同立场的人经常都在犯忽视相反证据的逻辑谬误。比如，那些反对"三振出局法（three strikes and you're out）"的人们，往往忽视这种法律方式会保护我们不受惯犯的一再侵害；而那些赞成这个法案的人们，则避免谈论长期监禁罪犯给政府所带来的高额支出，以及对某些惯犯的终身监禁是无意义的，因为他们的年龄太大，以至不可能再暴力犯罪而危害社会了，或者他们已经改正了暴力犯罪的倾向，还有，很多被判终身监禁的累犯，实际上并没有再实施暴力或犯下其他严重的罪行。

当然，许多时候，我们不仅仅是由于粗心才忽视证据，比如，对利益的追逐也会促使我们有意地忽视不利证据。又如，在测试抗抑郁药百忧解和帕罗西汀的疗效时，制药公司就以这样的方式操纵药物试验数据。公布的试验结果表明，60%的被测试者其抑郁病症取得了极好的治疗效果；对于剩余40%的被测试者而言，其病情得到了很大的缓解。这些有力的证据足以说服医生和病人使用这些药品，因为它们是有疗效的。但2008年1月，《美国医学会杂志》上刊发的一篇报道，公布并对比了这些抗抑郁药公开发表的测试数据和未发表的测试数据。结果显示，94%有积极疗效的正面病例被报道出来，相比之下，只有14%的负面实例被报道。实际上，制药公司正是隐藏了这些负面数据，才赢得了政府的信任，并获取了美国食品药品监督管理局的批准。一旦把这些负面实例都考虑在内，抗抑郁药的疗效只不过和安慰剂差不多。难怪医生们都很困惑，药物在临床上似乎对他们的病人没有起到其所公开声称的效果。

要对"隐藏证据"这种逻辑谬误有一个全面的把握，就要求我们提高自己的认知能力，以便识别出论证过程中，哪些相关的证据被别人甚至我们自己忽略掉了。更重要的是，我们如何全面地搜集相关证据，来正确地推理。

2010年5月10日，《纽约时报》刊登了一篇文章，它出自一些对冲基金经理之手，意在呼吁立法者创立"环境友好的"特许学校。这看起来非常像是这些基金经理的善意之举。他们所持的理由是，他们希望"特许学校按照商业化的模式运行"，以及"他们认为一个学校的智慧之根源自教育的自由市场竞争模式"。从这些言辞里，我们并不能知道他们真正的目的。但《纽约每日新闻》经过更深入的挖掘，发现了惊人的幕后真相：一个联邦项目答应给这些银行高管连续七年高达39%的联邦税收抵免，以鼓励这些银行为特许学校提供贷款，而这个税收减免比例几乎是银行正常投资的两倍。这种隐藏证据的行为根本不在乎特许学校是否有足够的收入来偿还贷款，但它一定会导致一些资金短缺的学校为了还贷不得不减少对学生的正常投入。正是这些隐藏证据的曝光，才引发了民众对那些按商业模式运作的学校的广泛质疑[1]。

对于我们很多人来说，善于挖掘被隐藏或被忽视的相关信息，已经成为正确推理所要求的最难的技巧。有时，我们对所面临的问题缺乏足够的了解会增加这

---

[1] 参见胡安·冈岑利兹在《纽约每日新闻》2010年5月7日发表的专栏文章。

种困难。例如，美国国家环境保护局2002年决定省去在全球变暖问题上的年度联邦预算，这种情况是六年来仅有的一次。2002年9月15日的《纽约时报》刊登了相关报道，工业说客们都"非常赞成这一决定，二氧化碳过去被认为是导致全球变暖的罪魁祸首，如今它不再被认定为污染物。他们为此感到特别满意"。在某种意义上，这些说客也是正确的，因为二氧化碳的确不是一种污染物，它是一种天然的气体。但科学家们提出抗议，他们认为，二氧化碳的副作用是捕捉热量并因而导致大气温度上升。要理解这些工业说客的观点，以及其中隐藏证据的谬误，需要我们花些精力进行深入研究。

> "诲女知之乎！知之为知之，不知为不知，是知也。"
>
> ——孔子
>
> 在指责别人乞题这个问题上，我们实在不应该太草率，太挑剔。虽然上面孔子所说的这段话字面上是在乞题，但他的实际意思是说，如果你能区分清楚什么是确知的，什么是不确知的，这本身就是很大的智慧。通过这句话，孔子提醒我们，不要相信那些我们没有用充足理由证成的知识。这真是非常好的建议。

> 许多人很难区分两种情形：没有证据能够证明某一观点，有证据证明某一观点错误。这两者之间实际上区别很大。比如，没有证据证明维生素C可以帮助我们对抗感冒，这与有证据证明维生素C不能对抗感冒，是极为不同的。同样，缺乏相关的临床证据证明大麻有医药疗效，与临床证明大麻没有医药疗效，是大不相同的。顺便说一下，缺乏临床证据证明大麻有医药疗效，与到目前为止没有充分的证据证明大麻的医药疗效，也是完全不同的。事实上，存在着很多这种不那么充分的证据。

> 在意大利电影《邮差》中，大政治家再次承诺将建造管道，以方便人们在室内取水。并且在大选前，他确实动工了。选民们再次投票，他因此再次当选。令人惊讶的是，他当选后，管道工程立即停工。选民再次被这个象征性的姿态所蒙蔽，只是要改正这个错误，为时已晚。

象征主义

象征主义（做表面文章）是另一种常见的谬误：误把一个象征性的姿态当作真的，或者把一个象征性的姿态当作更具体的行为。

正如人们所能够预见的，象征主义是政治家最好的朋友之一。2008年，随着天然气价格的飙升，很多选民对此抱怨不已。希拉里·克林顿和约翰·麦凯恩决定执行一个计划，那就是为了支持夏季旅游旺季，暂停收取联邦汽油消费税（0.3元/升）。这不过是一个象征性的姿态，从长远来看，一个短期的解决方案不会让消费者节省下开支。但在激烈的竞选中，这个策略却使他们赢得了中产阶级的支持，因为这些中产阶级的选民已经被严重的经济衰退以及飞速飙升的汽油和食品成本所重创。

还有另一个例子：一个有说服力的法案总是在其早期征求意见阶段尝试包括"民众选择"这个选项，甚至包括政府所推动的医疗保险计划以及奥巴马总统的医疗改革法案。其实，这只是一个象征性的姿态，用以安抚政党中的激进主义者。奥巴马从来没有为它而战，就连这些计划的支持者似乎也意识到，这只不过是健康保障谈判的一个讨价还价的筹码。

实际上，这种象征主义不过是言行不一的另一种变体，即压力较大时，行为或说话是一种姿态，而一旦压力减轻，行为或说话会变成另一种样子。如果给予足够长的时间，布什能够满足他的得克萨斯州选民及其财团的需求，他们一直要求"严惩罪犯"，然而，一旦更多的竞选者参与进来讨好这些选民，形势就发生了变化。同样的情形在20世纪60年代的得克萨斯州与前总统林登·约翰逊之间也发生过。

小结

所有的推理谬误，在广义上可以分为三大类：前提虚假，隐藏证据，无效推理。但在日常生活中，经常发生一些狭义的推理谬误，它们与广义的推理谬误相互交织。

1. 诉诸权威：在生活中，当我们没有充分的证据，就想当然地认为所谓的权威会给我们提供所有我们想要得到的信息，或者认为这些权威一定值得信赖，他们没有任何的私利，也非常乐意给我们提供一切信息，或者本来应该是我们自己动手解决的问题，我们却依然想去求助于所谓的权威，那我们就在犯"诉诸权威"的逻辑谬误。比如，盲目轻信能源行业执行官的言辞，认为核电站无比安全。

当必须求助于专家意见的时候，我们应该记住以下几点：专家的情况也大不相同，有些专家的可信度更高一些，我们特别要警惕那些别有意图的专家，也要关注所求助专家的已往行业记录。

2. 前后不一：如果一个论证中包含着自相矛盾的前提或陈述，那么这个论证就犯有"前后不一"的逻辑谬误。而相互矛盾的前提或陈述，主要是指以下情形：（1）在同一个时间和地点，一个人说了相互矛盾的两个陈述；（2）在不同的时间或地点，一个人说了相互矛盾的观点（没有证据显示这种矛盾来自他内心真正的转变）；（3）同一机构的不同发言人说的相互矛盾的观点。在更宽泛的意义上，前后不一还包括一个人言行不一的情形。比如，戈尔口头上支持节约能源，而实际上，他却在居家生活中挥霍无度地使用各种能源。

3. 稻草人：歪曲对手的立场，或者歪曲竞争对手的产品，从而使之更容易遭受攻击，或者使自己的产品显得更为优质；或者只顾攻击一个较弱的对手而忽略更强的对手。比如，有组织指责麦凯恩赞成医学研究中使用未出生的胎儿。

4. 虚假的二难困境和非此即彼谬误：对于这种谬误，我们驳斥的方法有两种：或者指出其前提的选项并非非此即彼；或者指出这些选项所带来的结果言过其实。比如，对于制定法律不会遏制犯罪的那个论证所带来的困境，我们驳斥的方法就是，指出还有第三种可能，即很多同胞并非或者是好人或者是坏人，还有第三种可能——他们可能既是好人又是坏人。

"非此即彼"这种逻辑谬误的一个变体是：一个论点的得出，是基于在一个方案中只有两种可行的办法，其中一个选项是不好的（因此我们必须选择另一个）。而事实上，针对这个方案，至少还有第三种可行的选项。例如，有人提出，你要么为共和党候选人投票，要么为民主党候选人投票。你反驳的方法是指出第三种可能性，比如，为绿党候选人投票。

5. 乞题：没有证实这个前提就开始使用它；回答一个问题时，所提供的答案不过是前提的另一种说辞。比如，在解释男人专属的俱乐部为什么有这么多的人在等待时，费伊说："之所以有这么大的需求，是因为每个人都想加入。"乞题的另一种方式是避免提及，从而回避回答这个问题。例如，一个政府官员回避某一问题的方式是转移话题。

6. 陈述虚假：接受那些不可信的前提或陈述。例如，接受广告中的断言：百威啤酒是最好的啤酒，并决定以后只买百威啤酒。（需要说明的是，前面所列举的五种谬误都属于广义的"前提虚假"；但"前提虚假"这种逻辑谬误所包含的范围很广，不止包含这五种谬误。）

7. 隐藏证据：在论证一个观点时，未能搜集所有的相关证据。例如，关于"三振出局法"这条法规，有人支持，有人反对。但双方在坚持己见的同时，都忽略了考虑对方那些合理的思考。

8. 象征主义：对一个象征性的姿态信以为真。例如，对政客们的竞选主张信以为真，而忽略了他们并不打算真正实施的可能性。

第四章

推理谬误（二）

▷▷

占星师是多么幸福！他们一百句谎言中有一句真话，就能得到人们的信任。然而，对于我们其他人而言，一百句真话中有一句谎言，就会失去信任。

——意大利历史学家　弗朗切斯科·圭恰迪尼

给我们带来麻烦的，往往不是那些我们不知道的事情，而是那些我们已经知道的事情。

——美国作家　阿蒂默斯·沃德

前面章节所讨论的谬误大多属于广义的前提虚假或隐藏证据。这一章以及下一章所讨论的谬误大多属于广义的无效推理。

诉诸人身

有一个可能是杜撰的著名故事，但律师们很喜欢讲，它能很好地体现这个谬误的精髓。在英国，律师被分为两类：为审讯做准备的事务律师和在法庭做辩护的出庭律师。这个故事是关于出庭律师的，他的案件取决于事务律师的前期准备。在不了解案件的情况下，出庭律师到达法庭后，拿到事务律师的一个简短提示纸条："罪名不成立。辱骂原告代理人。"如果这个出庭律师按照该提示来做，他就会犯"诉诸人身"的逻辑谬误——攻击对手本人而不是攻击对手的证据和论证。（"诉诸人身"，从字面意义上来讲，是"针对人本身"的论证。）

事务律师关于辱骂原告代理人的提示，与奥巴马 2008 年和希拉里·克林顿在民主党初选竞争时，竞选团队给他的建议有不可思议的相似性[1]。最近公布的信息显示，奥巴马的竞选团队当时建议他攻击希拉里本人——"按照她的性格缺陷构建论证"。希拉里竞选团队的政策主管几年后如此评论："他们的团队一直攻击希拉里，说她像说谎者一样不值得信赖。这已经不是在说问题，而完全演变成对个人的攻击。当然，不得不承认，这个方法非常有效。"

---

[1] 参见：瑞安·伊扎. 奥巴马的备忘录［J］. 纽约客，2012-01-30.

诉诸人身最后成为总统竞选双方共同使用的方法。奥巴马团队使得这种论证方式大放异彩，他的对手也以同样的方式全力反击。奥巴马当选为联邦参议员后，美国保守派广播脱口秀主持人拉什·林博一直称他为奥巴马·奥萨马（本·拉登）。他的对手认为他是以下人群的领袖：外国人，无神论者，资本家密友，失败者，穆斯林，纳粹，社会主义者和黑人孩子。一位时事评论员甚至将他总结为：假装虔诚，蛊惑人心，自以为是和狂妄自大。而在共和党这边，米特·罗姆尼则被同党攻击为墙头草、说谎者、摩门教狂热者、掠夺成性且贪婪的资本家。另一方面，民主党则攻击他为骗子、鹦鹉学舌者、好战者、预算杀手和经济叛徒。人们甚至将他与臭名昭著的戈登·盖柯相提并论，并将其冠之以罗姆尼·盖柯。在电影《华尔街》中，戈登·盖柯的著名口头禅是："贪婪就是美德。"天啊，很难想象，被如此诟病的人要竞选总统！

注意，不要把"诉诸人身"与"稻草人"谬误搞混。它们的不同之处在于，"稻草人"谬误是歪曲对方观点，而"诉诸人身"则是直接辱骂对方。

有时，攻击性格或信誉与攻击论证是相关的

通常而言，虽然攻击一个人本身与攻击这个人的论证和观点无关，但有时，它们之间也确实很有关联。律师通过质疑证人的专长或个人品质来攻击证人的证词，也不会因为对证人的人身攻击而心怀内疚。他们可能只是在尝试通过评估证人是否诚实来确定他的证词是否可信。

对专家证人的判断，我们常常会难以评价，因为他们表达的观点让我们这些外行人无法直接对其提出质疑。因此，当医生、律师或其他专家做证时，我们最好是评估他们的诚信与判断力。如果我们能够证实一个心理学家在法庭做证时曾经做过伪证，这比直接质疑他的证词更有利。

当然，专家的负面证据，并不能证明这个专家的判断都是错误的。性格攻击顶多能为不采信他的证词提供依据，而不能决定他的证词就是错误的。如果一个医生建议给病人做手术，但由于这个医生在同行中的声誉并不是很高，因而认为给病人做手术是不必要的，得出这个结论就太草率了。

对专家诚信的攻击，同样适用于对一些组织及其声明的审视。例如，一个研

究机构的大部分资金来自制药工业,并且这个机构定期发布报告,肯定某个医药公司药品的药效,这就是怀疑他们之间有利益往来的很好的理由。

牵连过失

"诉诸人身"谬误的一个重要变体是牵连过失。老话经常说,判断一个人只要看他的同伴就可以了。但这句话一定正确吗?以这种方式来判断一个人真的合理吗?

答案是,如果没有反证出现,那么这句话只是在某些情况下和一定程度上是真的。一个男人如果经常和几个妓女厮混在一起,那么他会被人怀疑与她们的职业有联系。同样的,一个人如果经常与一些外国政府间谍打交道,他会被怀疑也是间谍。

但是,怀疑并不等同于确信。基于周围的关系而对一个人做出判断,通常不会有很高的可靠性。怀疑他接受妓女的服务,与知道他接受妓女的服务,是极为不同的。(不管怎样,假如我们仔细考虑一件事,好的理由总是那些长远的视角。)经常出入红灯区的人也可能是进行调查研究的社会学家。一个经常与间谍打交道的人也可能是一个反间谍人员,甚至只是一个副手。

确定政客们之间的牵连也特别棘手。当年,共和党的一位说客——杰克·阿布拉莫夫在被指控贪污和受贿时,一张他与小布什总统握手的照片震撼了整个舆论界。这明显暗示小布什与阿布拉莫夫的不法活动有牵连,尽管没有证据能证明小布什与他有过白宫招待处(通常总统与客人握手的地方)之外的会面。在2006年1月的新闻发布会上,小布什也否认自己认识阿布拉莫夫。然而,阿布拉莫夫则声称自己在许多场合约见过小布什。并且,联邦经济情报局的记录显示,他至少7次到访白宫——2001年6次,2004年1次。但到目前为止,没有证据能证明小布什与阿布拉莫夫勾结在一起。除非有完整的调查证据,否则,总统不能因牵连过失而被错误指控。

以错制错

已知别人犯下类似的错误,而认为此人也犯下相似的错误,这种谬误我们称之为"以错制错"(传统名称叫作"你也一样")。例如,在2000年美国总统选举中,佛罗里达州棕榈滩郡的1900多名公民,因为给同一个职位的两名候选者同时投票,而使得他们的选票无效。民主党的发言人声称,非法的有计划的活动所带来的蛊惑,阻挠了这些选举者的真实意图。共和党的发言人则指出,在1996年的美国总统选举中,棕榈滩郡就有1.5万张选票因为这个原因而作废,以此来反驳民主党的指责。事实上,1996年此地选举出现的问题,并不能构成2000年同样错误的正当理由。

体育竞赛中,人们也很容易陷入这种谬误的误区。近年来,棒球委员会已经开始压制队员之间的报复性行为,通过处罚和停赛的方式来应对赛场上的暴力。但在杂乱无章的过去,报复是他们回击对方得分的方式。如果投手向击球员投出了触身球,当投手在守垒时,对方球队的某个队员会向一垒进行滑垒,高抬脚将其踢倒。裁判员对此会置之不理,队员们通过报复的方式自己处理这些问题[1]。尽管如此,因为一个投手击倒了击球手而猛击对方一个队员,这种行为就是以错制错。

以暴制暴

有时候,以错制错这种做法看起来非常合理,这是因为它与我们另一个貌似可信的观念非常类似,就是"以暴制暴"。正当自卫而杀死别人,并不是犯罪,就很好地说明了这一点。我们之所以制造了另一种罪恶(伤害进攻者的生命),是因为我们在对抗一种罪恶(对我们人身的不合理进攻)。所以,"以错制错"这种谬误并不总是通过一个错误来消解上一个错误。关键问题是,我们是否一定需要制造第二个错误来对抗和消解第一个错误[2]。

---

[1] 关于棒球运动中的报复性行为,更详细的内容可以参见:默里·切斯. 报复规则统领时代的终结[N]. 纽约时报,2008-03-18。

[2] 在这里,我们没有继续深究报复性司法。如果报复性行为是正确的,我们有时候就被授权回击那些不公正的伤害行为。而实际上,有时候这么做,我们并没以此消除原初的错误,并没有遏制犯罪,也没有保护他人不受类似的侵犯。

> 杰里米·边沁（1748—1832），英国著名的政治哲学家和改革家。他所著的《政治谬误手册》（*The Handbook of Political Fallacies*）一书，是政治修辞学和谬误理论的经典之作。这里摘录"引发政治谬误的原因"一章中的部分内容。
>
> ---
>
> **第一个原因：自觉隐藏的利益**
>
> 一个显而易见的事实是，每个人的内心都受两种不同利益的驱动：公共利益与个人利益……
>
> 很多实例都表明，这两种利益不仅有区别，而且相互对立和冲突。在有些情况下，如果我们只考虑其中的一种利益，另一种利益就会为之牺牲。以金钱利益为例：对个人利益来说，每个人都希望从团体税收中分享他可支配的收入，数额越多越好；同时，对于公共利益而言，用于私人或其他私人用途的数额，则希望越少越好……因此，任何层级的人，如果他希望维持或继续在这种体系中获利，他就会支持腐败，并认为这是保证体系运行的必然手段，甚至不惜以牺牲正直和真诚为代价，无一例外……
>
> 但这只是腐败的一个特点，我们只能斥之为错误。正是腐败所带来的利益共同体，滋生出各种各样的谬误……对这些人而言，利益是如此的至高无上，以至常识意义上的正确和错误，在这些人眼里都失去了意义和标准。
>
> ---
>
> 有些同学可能会抱怨，本书中太多的谬误都是来自政治领域和政治修辞。持这种想法的同学，应该好好想想边沁在这篇文章里所表达的看法，对政府和政治的关注，怎么重视都不为过，因为政府如何履行它的工作和责任，与我们的生活息息相关。

以错制错与伪善

以错制错这种做法有时看起来是合理的，其另一个原因是，用这种方式争论的人想要暗示，他的对手伪善，这种指责经常是准确的，甚至也是有价值的。一个醉汉指责说，我们是多么贪得无厌并且自己愚弄自己。即便我们真是这样，即便这个醉汉不是唯一这么说的人,但因为他经常宿醉,所以他的话也不足为信。同样,在外风流的丈夫若发现其妻子不忠,他几乎不可能向其妻子抱怨和指责。但是,当我们因对手的厚颜无耻而愤怒时,我们不应该因此丧失一种洞见,那就是,他们的伪善并不意味着我们做得就对。

诉诸惯例与诉诸传统

正如拉丁文"你也一样(tu quoque)"所表示的那样,"以错制错"最初的意图是为了掩盖自身的错误,而攻击对手犯有同样的错误。但随着时间的推进,它的含义变得宽泛,涵盖着数种谬误类型。其中一种叫作诉诸惯例:当为自己的行为辩解时,我们所持的理由是,不只是我自己这么做,而是大多数人或组织面对这样的事情时,都会这么做。这个时候,我们就在犯"诉诸惯例"的逻辑谬误。

例如,前参议员乔治·米切尔发布了一项爆炸性的报告,曝出了服用类固醇的棒球运动员的名字。随后,许多铁杆粉丝开始为罗杰·克莱门斯、巴里·邦兹和马克·麦奎尔这些巨星辩护和开脱。粉丝们辩解说,这些球员之所以服用类固醇,是因为很多其他球员也服用了。由于每个运动员服用药物后都会比以前表现出的水平高出很多,竞争因此而变得相当激烈:"这种情况下,你怎么可以责怪他们?他们只是做了自己该做的,来保持自己的竞争力。"实际上,作为球迷,你也可以责备这些巨星,他们不能因为别的球员服用兴奋剂,就把服用兴奋剂这件事情合理化,并以此作为自己服用兴奋剂的理由。

另一个很常见的诉诸惯例的实例发生在学校。很多学生考试作弊或抄袭论文的理由是:"每个人都在这么做。"的确,在当今这个时代,很多人都会抄袭网上的资源。美国诚信中心 2006 年 10 月的一项调查数据显示,只有 29% 的学生认为从网上抄袭是"严重的作弊"[1]。很多学生不加鉴别地复制和粘贴网上的文章,而从不注明引用资料的来源。尽管如此,诉诸惯例并不能成为学术欺骗的辩护理由——

---

[1] 参见:特里普·加布里埃尔. 网络时代的学生:不再以复制和粘贴为耻[N]. 纽约时报,2010-08-02.

特别是从教师的角度而言。

还有一个相似的谬误，叫作"诉诸传统"。当为自己的错误辩解时，我们所持的理由是我们只是按照传统行事，这时，我们就在犯"诉诸传统"的逻辑谬误。当然，我们应该学习前人的经验，但不能因此而假定，过去处理事情的方式在今天仍然是正确或是最好的。所有的创新都来自对过去经验的改进和对抗——从北非农民改进他们父辈或祖父辈的传统耕种方式，引进开垦更深的耕犁，到美国消除种族、宗教和性别歧视的传统，还有印度废除种姓制度，都是如此。

有些传统的做法之所以在今日不可行，是因为环境已经发生了很大的变化，或者知识的增长让我们的视野更加开阔。人们有时候之所以要诉诸传统，是因为对传统做法的固执己见，这实际上是对传统智慧本身的误解。那些固守传统的人很难接受传统有什么错误和瑕疵。例如，在英国，几个世纪以来，在法律的框架下，女性没有任何法定权利。这并不只是意味着女人被剥夺了公民权，更意味着一个父亲可以让自己的女儿嫁给他选定的任何一个人。婚后，丈夫又成为妻子财产的所有人。改变这些合法的不公正行为经历了漫长的岁月。而这些行为之所以被辩护，只是因为女性从来都没拥有过任何合法的权利。（在19世纪的英国和美国，使女性拥有选举权的观点遭到了男性的强烈反对，当时报纸和杂志上的政治卡通画，甚至将其嘲笑污蔑为"妇女参政权论者"。）

有时候，以远古时代或其他文化做参照，我们更能看出一些传统的不合理性。比如，在一些中东国家存在着一种历史悠久的传统——"荣誉杀戮"，即处死那些在婚后与别人有性关系或者被怀疑有其他不正当性行为的女孩和妇女。在阿拉伯国家，不贞洁的妇女被认为给家族带来了耻辱，她的家人会把她处死，来恢复家族的荣誉。每年，都有数以千计的女性因此而丧生。然而，当有识之士试图以法律的形式反对"荣誉杀戮"时，却遭到了民众的巨大阻力，他们认为这是对阿拉伯传统的严重破坏。按照这些传统，不贞洁的妇女必须被处死。

相同的情形也发生在印度。在印度，有一个非常不人道的传统：处死那些家道贫穷不能提供足够嫁妆的妻子。也有记录显示，在许多中东和非洲国家，流行着一种传统，即年轻女孩在青春期来临之前要进行阴蒂切除术，以减少她们在结婚前进行性行为的欲望。

当然，遵循这些传统的人会被认为是好人。但对于其他人而言，这些传统真的是荒诞至极。所以，对于传统，我们必须要重新评估和鉴别。

但是，我们不希望我们的行为矫枉过正。每一个改变都会带来意想不到的风险。例如，"三振出局法"的制定，就没有认真考虑过改变传统所带来的新的后果和风险。这个法案的要点是，确保那些屡次严重暴力犯罪的人被关押在监狱，以此来防止他们再犯更严重的危害社会的罪行。但是，迄今为止，在推行这个法案时，都没有认真区分屡次严重暴力犯罪的恶棍和其他类型的罪犯；也没有考虑以囚禁罪犯的方式来防止犯罪所付出的代价；另外，这个法案也没有考虑罪犯两次枪杀的动机，而只是简单地在他们第三次犯罪的时候，把他们抓住并终身监禁。

对此，英国作家毛姆说得非常好："传统只是一个参照，而不是画地为牢。"

理由不相干

在传统的逻辑教科书中，有一种谬误叫作"理由不相干"（non sequitur，字面意思是"推不出"）。这种谬误是指，结论不能从前提中符合逻辑地推导出来。在这个意义上，所有宽泛意义上的无效推理谬误都可以被看作"推不出"。但也有学者是在相对狭义的意义上使用"推不出"这个概念。

在本书中，我们用"理由不相干"来替换"推不出"这个概念，以增强这种谬误的针对性。"理由不相干"是指论证过程中，前提与结论是不相关的。这样一来，我们是在狭义上使用"推不出"这个概念，借此，我们希望"理由不相干"与其他的谬误类型区分开来，如"诉诸人身""以错制错"等。

2011年，在关于气候变化的国会听证会上，一位律师宣称，美国国家环境保护局不能断言具有温室效应的气体排放是对民众健康的威胁。他的理由是，在温室效应气体排放增加的这段时间，公众健康指数反而有所提升[1]。然而，事实上，公众健康指数的提升，是因为医疗和科技的进步减少了胎儿的夭折率，增加了人类

---

[1] 参见：保罗·克鲁格曼. 真相依然扑朔迷离［N］. 纽约时报，2011-04-04.

的平均寿命，提升了我们的总体健康水平，但这些因素与温室效应气体排放之间并没有联系。温室效应的后果本身需要常年的跟踪研究，到目前为止，还没有定论。

有时，这种不相干论证本身就是反逻辑的。在"9·11"事件后不久，迈克尔·凯利就说这件事是"和平主义者的噱头"：

恐怖组织有计划地袭击了美国。这些恐怖组织希望美国不要回击。美国的和平主义者也希望美国不要回击。如果美国不这样做，恐怖主义者还会再次袭击美国。并且我们已经知道，恐怖袭击会导致数千名美国人丧生。因此，美国的和平主义者的立场昭然若揭：他们希望美国再次陷入群体性杀戮。显然，在客观上，他们已经成为潜在的恐怖分子[1]。

啊，这些"狡猾的"和平主义者！这样的论证，根本没有认清恐怖主义者试图制造杀戮的目的和决心。

那么，下面这段摘自美国联合航空公司的广告，又怎样呢？

人是社会性动物。这就是为什么美国联合航空公司的航线和所能到达的目的地在世界上最多。

这个广告说美联航能飞到更多地方的原因是"人是社会性动物"。但"人是社会性动物"这个事实，与美联航比其他竞争者飞的地方多没有一点联系。短语"这就是为什么（that's why）"暗含了前面的句子表达的是一个支持结论的理由，但这完全是毫无依据的。美国人所惯用的夸张言辞，其吸睛之处总是在情感，而不是智力和推理。但需要注意的是，一个理由不能因为它是错的就一定犯有"推不出"的错误。据传，一个古老的迷信曾认为，在梯子下面走会带来坏运气，但这一点与人们要不要进行这项活动没有任何关系；假如这一观点为真，它的确为不在梯子下面走提供了好的理由。

还需要注意的是，缺乏整体性视角，只从某一个方面出发所谈及的观点也可

---

[1] 引自《号外！》，2001年11/12月。

能会犯"推不出"的逻辑错误。例如，在《科学新闻》杂志的一篇文章中，一位心理医生是这样说的："放弃旧标准的精神病分类方法，会引发人们对严重心理疾病干扰治疗的忽略和不重视。"对于这句话，从心理学理论来看，是推不出的；但从精神病的治疗实践来看，它们之间却是相关的。

模棱两可

一个论证犯有模棱两可的错误，是指它所使用的词语或概念的含义是含糊的，在一种情况下是一个意思，而在另一种情况下是另一个意思[1]。在日常生活中，我们经常受到蒙蔽：我们会接受一些看起来有效的论证，而实际上，这些论证是无效的，因为它们使用了含糊的词语，这时候，我们就在犯模棱两可的错误。

在一档电视节目中，福音布道者说，我们应该停止作恶，并像"耶稣一样"行事。一名观众怀疑自己是否能够胜任，于是他指出"毕竟耶稣是上帝的儿子"。福音布道者回答道，这位观众真的可以停止作恶，因为"你也是上帝的儿子"。但是，在这里，这位福音布道者就犯了模棱两可的谬误。因为这名观众的意思是，耶稣只是上帝名义上的儿子（根据基督教教义），并且也只是耶稣一方这么坚持认为。而福音布道者却是在比喻的意义上使用"上帝的儿子"这个概念，即根据基督教教义，我们都是上帝的孩子。

模棱两可是日常生活中常见的谬误，因为很多时候我们很难鉴别一个词语的含义已悄悄地发生了变化。正因为如此，很多别有用心的人利用这种方式愚弄他人。例如，制糖业曾经在广告中宣称"糖是人体的重要组成部分……是代谢过程中的关键元素"。而在这则广告中，被忽略掉的事实是，这里所讲的只适用于葡萄糖（血糖），而不是我们日常生活中的食用糖（蔗糖）。当然，食用糖在人体内会分解为葡萄糖，但是食用糖只是提供了葡萄糖，相比之下，水果、谷物以及其他

---

[1] 日常生活中，"模棱两可"经常被用作欺骗的伎俩。但在这里使用时，这个概念并不一定表达有主观恶意。我们需要知道的是，模棱两可这种方法在日常生活中被经常使用，它会使得一个无效的论证表面上看来是有效的。

含有蔗糖成分的食物却提供了全面的人体所必需的营养素。

这类食物以及其他保健品的广告，之所以能够成功，是因为大多数消费者对身体机能的运转知之甚少，也不知道什么样的食物对健康是有益的。在电视商业广告和电视访谈节目中，他们以为自己获取了重要的信息，并为此埋单。例如，许多食用产品被广告宣称为特别健康，因为它们是低胆固醇甚至无胆固醇。但实际上，这些食物同时包含了大量的脂肪，而脂肪在人体内是产生胆固醇的原料。这类广告同样是运用了模棱两可的伎俩，其区别仅仅是胆固醇合成的阶段不同，在食物中或者在身体中。血液中胆固醇含量低当然好，但食物中含有低胆固醇、高脂肪是绝对不好的。（应该警惕的是，一些食品广告中说无胆固醇甚至无脂肪的食品，却含有氢化油——这实际上是比脂肪更不健康的一种成分。）

有时，法律会禁止广告公司做这种误导性的广告。当年，菲利普·莫里斯公司被控告欺骗吸烟的人，因为他使大家认为低焦油的香烟（"light" cigarettes）比常规的香烟要少一些危害。公司发言人说，词语"轻（light）"只是味道轻，而不是含量轻。这显然是模棱两可的说辞！大多数吸烟的人会认为"轻"意味着香烟含有较少的焦油和尼古丁，对健康威胁小，这是唯一可以使他们的坏习惯合理化的理由。

有趣的是，对于一些词语而言，无论它们是在相对意义还是在绝对意义上运用，总会制造一些麻烦，比如词语"贫穷"和"富有"。贫穷，无论是发生在任何地方任何时候，都是令人不快的。当今美国，相对意义上的穷人所拥有的物质财富，在绝对意义上比绝大多数古人和生活在第三世界国家的人要多，但这个重要的事实被词语"贫穷"给掩盖了。在相对意义上，这些美国的穷人的确比其他阶层的人要穷；但在绝对意义上，这些美国的穷人比古人和第三世界国家的人要富有。

> 正是他，端坐在圆形的地球之上。
>
> ——《以赛亚书》40：2
>
> ---
>
> 如果我们有意为之，几乎所有的语句都可以以不同的方式来解释。对于那些希望利用自然语言歧义的人来说，《圣经》就是一个快乐的狩猎场，因为很多人如此看重《圣经》，并认为它的断言具有最高的权威性。《以赛亚书》中的这段文字曾用来证明地球是平的。但当哥白尼、开普勒和牛顿发现地球不是平的时，《以赛亚书》的注释者又用这句话证明《圣经》早就知道地球是圆形的。

模棱两可也自有其价值

很多人总是倾向于认为，含糊的表达一定是模棱两可的，总归是不好的。但并不都是这样。模糊语言的使用，尤其是隐喻性的，甚至是模棱两可的，也自有其价值和用处。例如，著名心理学家卡尔·罗杰斯，在下面段落中使用模棱两可的说话方式，却非常有效地强调了自己的观点：

当还是一个孩童时，我总是病恹恹的。我的父母告诉我，曾有人预测我将英年早逝（die young）。这一预言，在某种意义上是完全错误的，但在另一种意义上却是完全正确的，我认为它的正确性在于，指出了我将永远不会活到老的状态（总是年轻）。所以，我现在完全同意这个预言，并以此为乐[1]。

模糊语言在社交场合也被经常使用。19世纪英国首相本杰明·迪斯雷利就经常使用含义模糊的词语回复信件。这些词语的使用，使得他的语气不那么严厉，但同时仍接近于真实。他在回复一份不请自来的业余手稿时说："非常感谢，我将不会浪费时间阅读它。"（当然，在很多情况下，这种模棱两可的话一向被认为是相当狡猾的。）

---

[1] 引自：卡尔·罗杰斯. 卡尔·罗杰斯读本［M］. 纽约：霍顿·米夫林出版公司，1989.

模糊用语在文学上也有非常巨大的应用价值，特别是在一些隐喻的段落。模糊词语的运用，一方面使得文本有了多重含义，另一方面，这种模糊性使事物之间有了微妙的联系，并激发读者更多的好奇心和探知欲。例如，约瑟夫·康拉德在其代表作《黑暗的心》中，不只着眼于非洲丛林腹地的状况，也捕捉了主要人物库尔茨的微妙状态：他屈服于黑暗的殖民政策的诱惑，从而成为道义恐怖主义者的帮凶。这隐喻了我们这些所谓的来自文明世界的人们，如果一味地屈服于自己的本能，将会堕落和腐败到何种程度。它也暗示出，在世纪之交，欧洲殖民者在非洲盘剥土地和滥用酷刑造成的骇人听闻的罪恶。《黑暗的心》这部小说的标题本身也是用词含糊的，它暗示了多种主体和多重道德问题的可能性。而正是这一切，使得这部小说成为文学史上的经典。

诉诸无知

在缺乏好的理由时，对于如何能得出合理的结论，是不可知的。但当我们急切地愿意去相信某些事情时，会忽略掉对证据的搜集、对反例的关注，而只是一厢情愿地愿意证明它是真的。这样的话，我们就犯了"诉诸无知"的谬误。（这种谬误，就是传统意义上"基于无知的论证"。）例如，有人争辩道，我们银河系的其他星球上没有生命，因为没有人能够证明这些星球上有生命。事实上，证实地球之外还存在着其他的星球，也是近代以来的事情。在此之前的很长时期，许多人都相信地球是宇宙间唯一的星球。

对于这种谬误，我们其实可以反过来看。如果诉诸无知可以证明其他星球上没有生命的存在，那么它也可以用来支持相反的结论——"其他星球上有生命的存在"，毕竟，也没有人能够证明其他星球上不存在生命。缺乏充分的证据时，正确的做法是，在这个问题上不持观点：既不相信它为真也不相信它为假。无知本身无法证明什么，它只意味着我们对某个事情缺乏相关的知识。在伊拉克战争期间，小布什政府声称，由于没有发现大规模杀伤性武器，因此伊拉克在隐藏这些武器。这种说法就是诉诸无知：没有发现大规模杀伤性武器，也可能意味着伊拉克就没有这种武器。到现在为止，那些所谓的隐匿武器还没有被发现，但你永远不会知道真相到底是什么。

然而，证据搜集的失败，的确不利于相关结论的得出，特别是在相关事实的确存在过的情况下。很久以前，就有人声称，在地球和火星之间，存在着一个行星大小的物体，但这个观点在过去的1万年里都没有任何人相信，因为没有人观察到这个星球。同样的，如果在血液测试中没有发现某种病毒的存在，这就说明医生所说的病人没有感染这种病毒是合理的。这种情况下，我们就不是基于无知的推理，而是基于知识的推理，因为，如果它们真的存在，我们一定会发现。

但是，要注意适当搜集。我们已经用望远镜观察天空数百年，用肉眼观察天空数千年，也没有看到上帝的存在，这也不能证明上帝不存在，因为神不是通过这种方式认识的存在实体。

1950年，当被问及为何声称美国国务院有81名共产主义者时，约瑟夫·雷芒德·麦卡锡参议员回应说："我并没有掌握太多的信息，除了一个机构的声明文件，毕竟没有什么证据能驳斥他们不是。"

麦卡锡的许多追随者也都不能提供相关的证据，这是一个典型的诉诸无知的案例。这个例子也告诉了我们陷入谬误的危害性。麦卡锡从来没有为自己的指控提供任何相关的证据，然而，多年来他享有的盛誉、权力以及他的政治迫害毁掉了很多无辜的生命。最后，麦卡锡和"麦卡锡主义"被国会听证会所摧毁，这才真正地暴露了这个人可恨的真实面目。

组合谬误和分解谬误

组合谬误，有时也被称为推销员谬误，但更准确地说，这应该是消费者谬误。当有人向我们承诺，某一事物必定具有某种属性，是因为它的所有部分都具有某种属性时，这个人就是在运用组合谬误的方式欺骗我们。比如，汽车经销商就经常让潜在客户滑入这种谬误之中：他们总是强调按月付费的数额较低来误导消费者，让这些消费者误认为如果每月支付的数额很低，那么总成本必然也很低。而事实并非如此。过去，洗衣机和烘干机的销售策略就是告诉客户，他们每天只需为此支付 50 美分。而实际上，如果每天支付 50 美分，那么两年内的总额就是 365 美元，这样的数额，在现在看来也是一大笔钱。但遗憾的是，很多消费者很难觉察到这些，尽管这涉及的算法只是小学水平。

分解谬误是组合谬误的相反过程。当我们因为某一事物具有某种属性，而理所当然地认为，该事物的所有部分也都具有这一属性时，我们就在犯分解谬误。这种谬误在日常生活中出现得并不频繁，但时有发生。一个例子就是，如果某个酒店非常大，非常高档，那么它的房间也必定非常大，这是很多客人在预订豪华的纽约广场饭店时的想法。而事实上，它的很多房间都相当袖珍。

滑坡论证

一个典型的滑坡论证是这样的：我们必须反对某一行为，理由是，这一行为一旦施行，必然招致另一个行为，而另一个行为将会导致其他行为，以此类推，沿着"斜坡"一直滑行，直到一些不良后果产生。关于滑坡论证，还有另一种看法：如果第一步合理，那么其余的步骤也是合理的；如果最后一步不合理，那么第一步也是不合理的。

看到斜坡，就认为它是滑的，但却不能提供相关的证据；或者显而易见的事实是，斜坡根本不是滑的。这种论证方式就犯了滑坡论证的谬误。例如，加拿大式的单一支付医疗体系经常被很多人诟病，而这些人反对的理由是：它是一种公有化的医疗制度，它的采用将导致各种体制的公有化，如社会保险的公有化、铁路的公有化、航空公司的公有化等。实际上，没有足够的证据证明我们应该相信会如此。也有人认为，如果单一支付医疗体系是合理的，它将会导致其他社会体制的公有化，这种论证同样也是站不住脚的。

> 本书的较早版本讨论了滑坡论证的一个重要变体：多米诺理论。早在冷战时期，正是多米诺理论使得人们都认为共产主义在一个国家的胜利，会使得整个世界都陷入被共产主义占领的危险之中。而美国之所以介入越南战争，主要是因为约翰逊和尼克松政府提出，如果共产主义在越南失败，那么它在东南亚的其余部分、中美洲的国家（尼加拉瓜、萨尔瓦多等），甚至是南美洲的部分地区（特别是智利）也会失败。尽管美国在越南战争中失利，但共产主义的第一张多米诺牌已经倒下，但并没有引发多米诺效应，这可能是因为多米诺理论已经过时了。

滑坡论证经常被用来煽动公众对少数群体运动的恐惧或对其进行妖魔化。2010年，当来自田纳西州的穆斯林们试图建立一个伊斯兰中心时，很多人对其提出激烈的反对意见。电视布道者帕特·罗伯逊在他的节目《700俱乐部》中曾这样评价（基督教广播网，2010年8月19日）：

你们要记住我的话，如果他们开始将成千上万的穆斯林聚集在相对郊区的地方，他们接下来要做的就是接管市议会，然后他们会出台公共条例，要求所有公众每天祈祷五次。再接着他们会颁布其他的法令以允许他们在公共厕所洗脚……等等，等等。要不了多久，他们将需要这个，要求那个……渐渐地，莫非斯堡所有民众都会受到威胁。

这真是一个阴险的滑坡论证！他只是在煽动民众对这个城市中只占1%的穆斯林产生恶意。

需要注意的是，有时候，有些斜坡的确是滑的。滑坡论证谬误只适用于：当我们没有深入调查，或者没有找到进一步的证据支撑时，就盲目地认为一旦我们采取第一步，其他步骤就会跟随而来；或者是认为一旦第一步合理，其余的都是合理的。下面这段话是对整个经济形势紧缩的预测，在2007年房地产市场全面崩盘后，这段话所预言的极有可能发生：

房主如果看到他们房屋的价格一直下降，他们有可能推迟购买大宗商品（如汽车、电子产品和家用电器等），而这些商品是美国经济的支柱。这些物品购买力一旦下降，大型制造业公司会突然资金链断裂，他们就会开始解雇员工。这些工人因为未雨绸缪，可能会停止购买星巴克的拿铁咖啡和电影票。在这种恶劣的环境下，咖啡店和剧院将会被迫裁员[1]。

这段话乍看之下像是滑坡论证，但类似的连锁反应的确在1929年的经济大萧条中发生过，房产业的衰落最终导致数年大面积的失业。事实上，当2008年信贷市场冻结和股市暴跌时，这个滑坡论证的预言的确再次上演。

小结

1. 诉诸人身：攻击对手本人而不是攻击对手的证据或论证。比如，美国保守派广播脱口秀主持人拉什·林博称奥巴马为奥巴马·奥萨马（本·拉登）。然而，值得注意的是，并不是所有的性格攻击都是谬误，我们可以尝试通过评估专家是否诚实来确定他的证言是否可信。

诉诸人身谬误的一个重要变体是牵连过失，即通过判断一个人的同伴来判断他本人。

2. 以错制错：已知别人犯下类似的错误，而认为此人会犯下相似的错误。比如，在棒球比赛中，如果投手击中了击球手，对方的一个队员通过进一垒的方式把他打下去。队员们通过报复的方式处理类似的问题。

有时候，以错制错这种做法看起来非常合理，这是因为它与我们另一个貌似可信的观念非常类似，就是"以暴制暴"。正当自卫而杀死别人，并不是犯罪，就很好地说明了这一点。

有罪的一方指责对方伪善，并不意味着自己做得就对。

以错制错有两个变体：一种叫作诉诸惯例，即当为自己的行为辩解时，我们

---

[1] 引自：查尔斯·都希格. 经济紧缩，你说呢？一块核算一下安全数据吧[N]. 纽约时报，2008-03-23.

所持的理由是，不只是我自己这么做，而是大多数人或组织面对这样的事情时，都会这么做；一种叫作诉诸传统，即当为自己的错误辩解时，我们所持的理由是，我们只是按照传统行事。

3. 理由不相干：在论证过程中，前提与结论是不相关的。（"诉诸人身"的逻辑谬误也适用。）比如，美联航的一则广告说它能飞到更多地方的原因是"人是社会性动物"，但"人是社会性动物"这个事实与美联航比其他竞争者飞的地方多没有一点联系。

4. 模棱两可：所使用的词语或概念的含义是含糊的，在一种情况下是一个意思，而在另一种情况下是另一个意思。比如，电视福音布道者对于"上帝之子"这一概念的使用，既指耶稣，也指观众，以说服这名观众可以像耶稣一样停止作恶。值得注意的是，模糊语言的使用，尤其是隐喻性的，即使是模棱两可的，自有其价值和用处，不总是谬误。

5. 诉诸无知：当我们急切地愿意去相信某些事情时，我们会忽略掉对证据的搜集、对反例的关注，而只是一厢情愿地愿意证明它是真的。比如，有人争辩道，我们银河系的其他星球上没有生命，因为没有人能够证明这些星球上有生命。值得注意的是，适当搜寻的失败有时确实可以构成反例。

6. 组合谬误和分解谬误：组合谬误指认为某一事物具有某种属性，是因为它的所有部分或大部分都具有某种属性。比如，认为一件商品很便宜，是因为它的分期付款额较低。

分解谬误指因为某一事物具有某种属性，而理所当然地认为该事物的所有部分或大部分也都具有这一属性。比如，认为大酒店的房间都很大。

7. 滑坡论证：我们必须反对某一行为，理由是，这一行为一旦施行，必然招致另一个行为，而另一个行为将会导致其他行为，以此类推，沿着"斜坡"一直滑行，直到一些不良后果产生。比如，有人认为，如果单一支付医疗体系是合理的，那么它将会导致其他社会体制的公有化。

第五章

推理谬误（三）

数据不会说谎,但骗子却会算计。

——古时谚语

做出推测很困难,特别是关于未来。

——美国职业棒球手、球队经理 卡西·史丹格尔

这世上,有各种谎言:真正的谎言以及那些看似正确的统计数据。

——英国著名文人首相 本杰明·迪斯雷利

这一章我们将继续讨论推理谬误。本章所关注的推理谬误，都属于广义的无效推理。

轻率概括

当我们并未占有充分的证据，就从有限的证据出发推导结论时，我们就在犯"轻率概括"的推理谬误。在日常生活中，轻率概括经常出现，大至从30秒的电视广告中就对一个政治候选人做出判断，小至根据一两个蛛丝马迹就断定我们的邻居有了外遇。虽主题各异，但相同的谬误屡屡上演。

当然，如果我们极其幸运，心思缜密得像赫尔克里·波洛、马普尔小姐或其他虚构的著名侦探那样，那么，我们仓促之间做出的推断也很有可能是正确的。但不幸的是，我们不是。阿瑟·柯南·道尔爵士所虚构的侦探福尔摩斯当属最为出名。在《血字的研究》里，福尔摩斯第一次见到华生时，就开始运用他神奇的"演绎法"：

这位先生有着医务工作者的气质，但是身形动作却像个军人，那么他应该是一个军医。他刚从热带回来，因为他的脸比较黝黑而手腕处的皮肤却黑白分明，这说明他本来不黑，那就一定是晒出来的。他面容憔悴，说明他大病初愈。另外，他的左臂受过伤，因为他现在的动作还有些僵硬，不太自然。那么从整体上来看，一个英国军医在热带地区历尽艰辛，手臂还受过伤，这会是从哪里回来的呢？显然是阿富汗！

福尔摩斯所观察到的华生的特征，在现实生活中其实也有其他的可能性：医生也可能与其他类型的专业人士并无太大区别；一个男人有着军人的气质，但他也可能从未在军队待过；在那一个时期，英国占据着很长的海岸线，海军和其他类型的军人并没太大的区别，黝黑的脸也并不一定是因为在热带的阳光下暴晒过；僵硬而不自然的手臂也可能是童年事故的后遗症；憔悴的表情也可能源自失去亲人的痛苦。甚至就连福尔摩斯最后的结论——这是个曾在阿富汗战争中受过伤的军人——也有其他的可能性：他可能刚从意大利奔丧归来，或者从南非、布莱顿、廷巴克图奔丧归来。福尔摩斯的推测虽然被证实是正确的，但鉴于这么多的可能性，这仍然是一个轻率概括。

推理谬误在政治言论中非常流行，轻率概括也不例外。近年来，在布什总统"不让一个孩子掉队"和奥巴马总统"力争上游"的口号激励下，政治家们一直致力于改革学校的行为模式，其方式就是把对老师的评价和学生在标准化考试中的成绩挂钩。他们认为，好的老师会促使学生取得好成绩。这真是一个过于简单化的思路和方法，因为这种方式没考虑到影响学生成绩的诸多复杂因素，比如，考试题也许并不能反映实际的课程内容，有些学生自身有语言障碍或者数学运算能力差。因此，根据一个班级的考试分数低于平均水平，而得出结论说老师的能力不强，这明显是轻率概括。

以偏概全

抽样调查中获取的统计数据被用以对一个群体的整体情况做出推测，这是好几种归纳推理方法的基本做法，也是大多数民意测验所使用的方法，甚至盖洛普、哈里斯和尼尔森电视收视率，也是用这种方法得出的。但当我们选取的样本过少，以至不能对整个群体做出有说服力的结论时，我们就在犯"以偏概全"的逻辑谬误，这种谬误实际上是"轻率概括"的另一个版本。例如，选取100～500个选民做样本，这样的民意调查不可能准确地反映整个美国选民的意向。

在所有的人群中，我们最不希望科学家犯此类的统计谬误。但遗憾的是，他们也是凡人。在一个有趣而滑稽的科学研究中，研究人员居然基于对三对人类夫妇、一对长臂猿和一群大狒狒的观察，就对整个灵长类动物的交配情况做出了断言。

接下来的问题是，什么样的样本群才是足够的？然而，这是一个极其难以回答的问题，它会因统计学家和科学家的兴趣不同而不同。尽管如此，有一点可以确定，那就是在其他条件相同的情况下，样本选取得越多，结论的可靠程度越高。

> 样本的容量并不能解决样本的偏差。
>
> ——统计学家们普遍的说法

样本不具有代表性

除了样本的数量要足够大，好的样本还应该具有代表性。事实上，样本越具有代表性，需要的样本量就越小。当我们根据不具有代表性的样本进行推论时，我们就犯了"样本不具有代表性"的谬误。（有时，我们也把这种谬误叫作"偏差统计"，当然，"偏差统计"这种谬误涵盖的范围很广，比如，如果知道一个样本构成了结论的反例，却有意忽略这个反例，这种情况也属于"偏差统计"。）

上一节所举的科学实验——对灵长类动物交配情况的推测，除了犯有"以偏概全"的逻辑谬误，还犯了"样本不具有代表性"的逻辑谬误。首先，灵长类的物种有几十种，但该实验只考察了三种，如果把黑猩猩、大猩猩、狐猴、眼镜猴等也列入考察范围，结论可能会大不相同（事实上，在性行为模式上，猩猩不同于其他灵长类动物）。其次，鉴于我们人类性行为模式的巨大差异，选取三对人类伴侣做样本也是没有代表性和说服力的。

要确定一个样本是否具有代表性，这需要我们拥有足够多的相关背景知识。一个好的推理往往需要足够的相关背景知识。

原因虚假

当没有充足理由或充分证据时，我们就认定某个事物是另外一些事物的原因，或者在探寻因果联系时，使用了那些与现行的论证严密的高水平理论[1]相冲突的证据，我们就犯了"原因虚假"的逻辑谬误。（"原因虚假"是传统逻辑"在此之前，是其之因"谬误的延伸；另外，"原因虚假"这种谬误与"轻率概括"和"以偏概全"经常会有一定的交叉重合。）

正如在前面章节中所提到的，确定样本是否足够大或有代表性，是非常困难的问题，尤其是这个问题与相关的背景性信息密切相关，而背景性信息又因时因地不同。在因果联系的判定上，人们惯常的做法是：根据自己观察样本的结果来推测。实际上，这样观察的样本量总是太小，其是否具有代表性也不可知，并且这样的推测和见解总是与那些论证严密的高水平理论相矛盾。之所以会这样，是因为人们往往缺乏相关准确的背景性信息，出于一厢情愿的良好愿望，人们经常会有意无意地忽略那些反例或者相反的理论。

对于这个世界的运行方式，很多人都知之甚少。他们每天在这个世界上生活，但很少深入思考世界为何会如此，或者去关注世界运行模式的相关知识。他们总是没有任何理论武装，就直面一切问题和事件。比如，他们可能将科学视为某种神奇的盒子，它能产出很多产品，如电视机、电脑等；认为喷气式飞机是由某个德国口音的大胡子苦力或者一些年轻的书呆子发明出来的。不具备相关的背景性信息和经验，他们无法评估一些证据能否证成一个观点，也无法断言一个想法为真的可能性有多大。例如，有些人相信超感官知觉，尽管所有科学实验都证明超感官知觉不存在，但他们还是坚持己见。

让我们看一下目前日益增加的自闭症病例。某些组织将自闭症明显增多的趋势归咎于儿童所接受的免疫疫苗接种，特别是麻疹、腮腺炎和风疹（MMR）疫

---

[1] 这么说，并不意味着这些论证严密的更高水平的理论就免受经验的证伪。的确有一些证据持续与当时的论证严密的高水平的理论相冲突，其结果却是迅速、彻底地推翻了后者。例如，旧的关于大陆运动的观念，被地壳板块构造理论所迅速取代。

苗[1]。他们所持的理由是：自闭症病例与儿童接种疫苗呈同比增长的趋势，因此，某些疫苗一定是导致一些儿童患自闭症的原因。MMR 联合疫苗中心负责给 15—17 个月大的幼儿接种疫苗，与此同时，提醒父母开始观察幼儿是否会出现自闭症迹象。自闭症通常在幼儿两岁左右开始出现，无论孩子是否接种疫苗。这是严谨的科学研究所显示的，但上述推理却未能考虑到这样的事实。然而，幼儿自闭症症状出现的时间与接种疫苗的时间巧合，再加上媒体对自闭症儿童困境的渲染，使得很多人相信接种免疫疫苗是引发自闭症的原因。

当最初的相关研究被驳斥后，还有英国科学家继续从事相关的研究。英国医学杂志《柳叶刀》首次刊发了相关研究的学术文章，后来因为大范围的质疑而将其撤稿。因为 2010 年的一项研究分析，发现"有明显的证据证明这篇论文在伪造数据"，《英国医学杂志》也称它是"精心设计的骗局"。该文章的主要作者安德鲁·韦克菲尔德博士和他的同事们被控告篡改相关数据来支持自己的假设，韦克菲尔德博士还被剥夺了在英国行医的资格。然而，尽管如此，许多父母还是坚持认为儿童的免疫疫苗导致了自闭症的发生。

对许多人来说，经济学与自然科学一样令人困惑。评论家倾向于指责小布什总统执政最后一年的经济低迷。但事实上，整个美国在小布什执政的最后一年陷入经济衰退并不能证明是他的政策所导致的。诚然，他的政府在伊拉克战争和阿富汗战争中投入了数十亿美元，但战争往往会在短期内刺激经济（从长期来看，当然是另一回事，因为后人会发现前人发动战争的代价需要他们来承担）。经济衰退的原因相当复杂，但经济学家仍然试图还原所有的原因，其中一个原因肯定是房地产市场的全面崩溃。2007 年房地产泡沫破裂时，膨胀的房地产价格就像一块巨石从天而降，砸向了房产价格和股市，美国最大的金融机构濒临破产。但是，并不是小布什总统引发了这些连锁反应，尽管他的政策和做法的确助长和加剧了这些趋势。比如，他的政府在金融产业大幅减少了政府监管，从而极大地冲击了前几届政府管制金融市场 30 年所打下的良好基础，并且允许对冲基金的影子银行

---

[1] 相关内容参见：苏珊·雅各比. 无理性的美国一代 [M]. 纽约：潘森出版社，2008：219-220；更详细的内容参见：克里斯汀·马德森，等. 麻疹、腮腺炎、风疹和自闭症的调查研究 [J]. 新英格兰医学期刊，2002（347），2002-10-07。

系统和投资银行绕过传统银行的安全法规，不受监管地发展，这一切都为2008年信贷危机的爆发埋下了伏笔。

当奥巴马就职总统后，有一段时间，小布什总统仍被认为是经济疲软的罪魁祸首。但随着经济衰退继续加深和失业率继续攀升，指责便转移到了奥巴马身上。共和党人批评奥巴马加剧了财政赤字；民主党人则奋起反击，说他们的财政赤字是从小布什那里继承到的有毒遗产。事实上，这两位总统都曾大幅增加联邦支出，但他们在更大的影响力因素下无能为力，那就是随着经济衰退并且触底，联邦预算中的税收收入遭受了最大的打击和损失。然而，到了选举年，现任的总统总是被认为要对经济不景气负全责，而无论有什么不可控的因素。美国的经济形势取决于许多复杂的因素，包括国内的和国际的，一个总统不会也不可能控制整个经济局势。但这并不意味着，授权通过不健全的经济政策，总统不能成为经济低迷原因的一部分。问题在于，给予总统最大可能的指责，却缺乏对相关深层次因素和局势的衡量与反思，这是一种过于简单化的行为。

原因虚假这种谬误有时也发生在对事物的错误分类上。任何物品，无论它们之间的差异有多大，总是存在着一些共同点，这为我们对它们进行归类提供了依据和理由。当通过归类来探索事物之间的因果联系时，我们要确保是在把正确的事例放在同样的类别下。例如，在美国某些地区，很高比例的非白人孩子没有白人孩子的成绩好，这一现象导致一些人得出的结论是：身为非白人，使得他们在学校做得没有那么好。这种看法实际上把成绩的不同归咎于基因的差异，这真的是一个有趣但非常严重的原因虚假[1]。

枪支管制研究领域也会经常出现原因虚假的情形。最近的一个例子是，在美国城市化水平最高的62个郡所做的关于拥有枪支和自杀事件之间的相关性研究[2]。

---

[1] 我们要注意的是，在美国，"非白人"是一个少数民族的概念，而不是一个种族的概念。很多非洲裔美国人会认为他们是白人（欧洲人）和非洲人共同的后代；一部分是非洲人和亚洲人的后裔；也有一小部分人是欧洲人、非洲人和亚洲人的混血（泰格·伍兹就是混血的典型代表）。这样的表述也适用于以下情况：如墨西哥裔美国人，被认为是欧洲人（主要是西班牙人）和亚洲人的混血。有意思的是，关于在什么地点，非洲人繁衍出墨西哥人，人类学家和科学家之间存在着广泛的争议。

[2] 参见：迈克尔·罗. 在枪支研究中，原因经常是他缺少某些因素［N］. 纽约时报，2011-01-26.

这个研究活动由《纽约时报》主导，由约翰·霍普金斯枪支政策研究中心的丹尼尔·韦伯斯特主持进行。结果发现，拥有枪支越多的郡，其自杀率就越高。这一发现表明，实行枪支管制可以有效地降低自杀率。但丹尼尔·韦伯斯特本人则指出，拥有枪支与自杀事件之间的相关性，并不能充分证明枪支管制措施有如此功效。因为这里面可能还与其他因素有关，如该郡增加了警察保护措施或增加了公民观察组。更让枪支管制局势扑朔迷离的是，枪支法律研究之间可能相互矛盾。例如，几年前，美国疾病控制与预防中心发布的报告称，没有足够的证据表明枪支管制措施是有效的。而美国国家科学研究委员会于 2004 年对该问题进行广泛研究后，声称没有发现"拥有枪支与暴力犯罪和预防自杀之间有因果性联系"。

正如我们前面所讲，运用统计数据来证明事物之间具有因果相关性，也是常见的原因虚假的表现之一。的确，每一种统计数据所显示的相关性都具有一定的意义。在没有反例的前提下，这些统计数据显示了某种可能性（概率），并且无论如何微弱，这些事物之间都是有一定的因果相关性的。但一旦有反例，或者当统计样本太小或不具备代表性时，我们就犯了因为确定某个因果关系而匆忙断言的错误。

有的时候，统计调查所显示的因果联系如此愚蠢，以至成为笑料，因为它们是如此明显地与我们良好的背景性信念相违背。一个理论认为，吸食大麻使得大学生取得更好的成绩。这个理论基于一个可疑的统计调查：吸食大麻者比不吸食大麻者平均成绩略高一点。这一理论居然在 20 世纪 70 年代的吸毒圈里被广为接受。（想一想，你应该具备怎样的背景性信念，来让你质疑吸食大麻会使得成绩提高？）

错误类比

在生活中，我们经常用类比的方法来进行推理：基于两个事物在某些方面具有相似性，而推论它们在其他方面也具有相似性[1]。比如，体育迷们可能通过类比推

---

[1] 类比归纳推理与枚举归纳推理非常相似，在一定意义上，枚举归纳推理也可以被看作类比归纳推理的一种。

理得出结论：2012年的奥运会会很有趣，因为前几届奥运会都很有趣。咖啡爱好者根据以往的经历——喝咖啡已经让他连续几个晚上保持清醒，类比推出：今晚喝咖啡会继续保持清醒[1]。类比归纳推理的一般模式是：根据两个事物在已知的某些方面具有相似性，推知它们在其他方面也具有相似性。

但并非所有的类比归纳推理都正确。有的时候，在运用类比归纳推理时，我们会犯错误类比的谬误，有时被称为错误比较。

发生错误类比有以下几个原因：我们赖以进行类比的样本群太小，样本不具备充分的代表性，得出的结论与我们已知的理论明显冲突，结论所预设的相似性实际并不存在等。下面是一个样本群太小的案例：

在21点游戏中，从18张牌里抽取一张，我已经连续赢了两次，因此，类似的，下一局我一定还会赢。

这个类比归纳推理的错误之处，不仅在于前提的样本群太小，还在于结论与我们已知的概率知识相冲突，那就是，在21点游戏中，你赢的概率微乎其微。

还有一些类比归纳推理在表面上做得很好，但经不起推敲。比如，在《纽约时报》一篇专栏文章里（2007年1月1日），历史学家小阿瑟·施莱辛格用这种类比来说明忽略历史留下的教训是多么愚蠢："人类如果被剥夺记忆，就会迷失方向，迷失自我，他将不知道自己来自何方，也不知道自己将去往何处。所以，类似的，一个国家对于过去如果没有清醒的认识，那么它也将迷失于现在和未来。"虽然这个类比归纳推理关注的都是丧失过去的经验和记忆，但个人丧失记忆和国家丧失记忆的情形是大不相同的：个人丧失记忆的情形也包括被动地失去，就像阿尔茨海默症患者一样；但国家丧失对过去的记忆只是一种主动的忽略。因此，这个类比看起来很美，但经不起推敲。

在某些情形下，类比归纳推理非常离谱，其错误显而易见。例如，在阿布格莱布监狱虐囚丑闻爆发之后，沙特阿拉伯作家多德·阿尔-西恩（Daud al-Shiryan）

---

[1] 回顾一下我们前面所讲的原因虚假谬误，对于这个推理：喝咖啡真的会让我们一直保持清醒，我们不能过于乐观。

的一则评论被媒体反复引用:"这将增加对美国的仇恨,不只是在伊拉克国内,而是整个世界。阿布格莱布监狱被用来实施萨达姆时代的酷刑,现在,人们会问萨达姆和布什之间有什么区别。答案是:没有任何区别!"首先,并不是布什总统授权监狱虐待囚犯;其次,虐囚事件确实发生了,虽然其本身的确很糟糕,但这仍然不能等同于萨达姆的酷刑和杀戮。

在法庭庭审时,错误类比的情形也经常发生。2003年,许多美国人发现,他们在国外使用信用卡购买商品时,信用卡公司会收取货币兑换费,这激起了人们的愤怒。一个愤怒的客户甚至以故意隐藏费用的名义起诉维萨信用卡公司和万事达信用卡公司。万事达的代理律师争辩说:"这不是隐藏,也不是隐瞒——这就是这个国家的生意是如何运作的。消费者在购买商品时,他们都明白的一个事实是:供应商提供的商品和相关服务都构成了这个商品的成本,它们又共同构成了商品的价格,'嵌入'是商业流通的通行做法。卖家只需告知顾客这个商品的价格,而不必告诉他们这个价格的哪部分是成本,哪部分是服务的增值费用。"然而,把信用卡隐藏货币兑换费用与商品没有详细公布成本的价格相类比,是有问题的。在一个零售商店里,消费者可以清楚地知道每一种商品的价格,因为它被清楚地标注在每一种商品的价格标签上;而在国外使用这些信用卡时,消费者不会知道购买一个商品的真实费用,因为信用卡的货币兑换费被隐藏了。

2009年,美国国会通过了《信用卡问责、义务和信息披露法》,要求信用卡公司披露信用卡在国外被使用时的隐藏费用。但那些狡猾的银行家想出了新的办法来转换和隐瞒信用卡费用,那就是重新定义什么是"国外(foreign)"。现在,任何一家涉及外资事务的银行,即使整个交易用美元进行——如通过国内的在线旅游网站预订飞往国外的航班,也都存在着这种隐形的信用卡费用。这就是目前所有的业务都是如何实现的!

有些错误类比显而易见,但并非总是如此。一些错误类比通常需要进行深入的思考才能发现。下面这封读者来信,运用类比归纳推理的方式反对更严格的枪支管控法律出台:"当醉酒的司机碾压了一个孩子时,我们追究的是这个醉驾的司机,而不是他所驾驶的汽车。当有人用枪射杀了一个孩子,我们追究的则是这把枪。我们难道不应该去追究用枪杀人的人,而不是枪本身吗?"显然,在这段话中,两件事之间的确存在着相关性和类似性——被车撞死或者被枪打死。所以，作者基于这种相似性进行了类比归纳推理。但这两种情形也存在着重要的差异，正是这些差异，使得我们怀疑前提所提及的相似性是否足以推出结论的相似性。比如，在当今时代，私人汽车已经成为非常重要的交通工具，禁止私人汽车的使用，会使我们的日常生活变得面目全非。私人拥有手枪如 AK-47 等，则合法用途很少，甚至一点用途也没有。相比之下，限制枪支的使用对我们日常生活的影响很小。更重要的是，汽车造成的死亡，大多数情况下，都是因为车祸或者过失，很少是刻意的谋杀。而使用枪支则经常是故意杀害他人。另外，请注意，这封信的作者省略了一个重要事实：当人们把枪支用于邪恶的目的时，我们除了追究枪支本身之外，也会追究枪的使用者；同样，当我们确认某人是在危险驾驶时，也会扣押汽车。之所以列举这么多事实，重点是对于类比归纳推理，我们不要匆忙下结论说它是否恰当。在某些情况下，我们需要考虑各种相关的因素。就像面对其他类型的推理一样，一个具备批判性思维的人善于在评估类比归纳推理时考虑到各种相关的背景性信息。

　　这个例子还说明，当评估一个论证时，我们该如何运用相关的背景性信念。刚才提到的相关性差异都是常识，但我们常常无法有效地整合这种信息，来评估一个论证。（你是这样吗？）

　　在转向讨论其他谬误之前，我们需要区分两种类比：解释性类比和论证性类比。当我们运用论证性类比时，我们是在用类比为结论提供证据；当我们运用解释性类比时，我们只是用熟悉的事情来解释不那么熟悉的事情。比如，在柏拉图的著名洞穴理论中，洞穴中的人只看到事物的阴影，这一现象用来比喻生活在每天都在变化的世界里却固守自己有限经验的人们；这个人走出洞穴，沐浴在阳光下，自己来观察世界，用来比喻哲学家们探寻变化的世界背后不变的真实（绝对理念）。运用这些类比，柏拉图解释了自己关于日常生活背后的规律的思考和理论，但这个类比并不能证明世上真有这样一个世界。（柏拉图本人很可能是运用洞穴理论来解释我们认识的各种误区，而不是用来论证的，但许多人会把这个洞穴理论当作一种论证。）

　　需要指出的是，我们不应该指责那些解释性类比犯了"错误类比"的逻辑谬误。（当然，他们可能解释得很差，但那是另一回事。）解释性类比有时会被人们误以为在论证一个观点，这种情况下，我们会理所当然地认为这个类比犯了"错误类比"的逻辑谬误。

最后，需要注意的是，在日常生活中，我们往往很难确定一个类比到底是用来解释还是用来论证一个观点；当然，在有些情况下，一个类比既被用来解释结论，也被用来论证结论。但无论是哪种情况，一个解释性类比往往具有很强的论证和说服能力，二者很难区分。（比如，回想一下第一章中关于售货员对相机进行解释的例子，他的目的是说服顾客买相机，而不仅仅在于解释相机的区别。）

可疑统计

统计数据总是显得那么准确和权威，听起来也更加可信。例如，一项调查声称，一个典型的孩子 18 岁之前大概在电视上看到了 4286 个暴力场面。人们是如何获得这么精准的数据的呢？这样一个统计结果一定是基于对有限样本的连续观察，并把这个观察结果推广至所有的孩子，这样的推广真的是非常武断和鲁莽。这么说，并不意味着我们应该因此而忽略这些统计数据，而只是意味着，我们必须理解和反思统计的局限性。

关于经济状况的统计就是一个很好的例子。比如，联邦政府出版的关于美国商业环境的报告中，那些统计数据的主要问题是，其误差通常比它们实际所汇报的要大，以至政府在后续的报告中总是要不断地修改这些数据，因为它们的误差远远超出了通常允许的误差范围。

此外，在确定长远贸易计划时，需要选定一个基准年，而这个基准年的选定也是如此。那些人如果想表明某一年的增长率比较高，就会选择一个增长率很低的基准年做比较；而如果想表明某一年的增长率比较低，他们就会选择一个增长率比较高的年份做基准年。这种做法，使得我们根本不知道真正的增长率是多少。

关于国家所公布的国民生产总值的数据，我们也心存疑虑。一方面，在今天的美国，很多贸易活动是非法的，比如，诈骗、赌博、毒品交易、卖淫、雇用非法移民用作农业劳动力或家庭清洁以及诸如此类的低薪、单调乏味而且往往费力的工作。再可靠的统计数据也无法估算这些非法活动的产值和效益。非法毒品交易，只可能间接地按照医药设备和医药买卖的方式来计算。另一方面，许多商业活动都是在"账面下"完成的，这样做，一是可以避税，二是可以避开严格的法律监管。有鉴于此，我们怎么可能准确地估算国民生产总值呢？

统计腐败活动也很困难，尤其是在俄罗斯这样的国家，腐败和贿赂已经成为一种常态而非少数的例外（俄罗斯人在各种各样的事情上进行贿赂，从私下贿赂交通警察，到为得到更好的医疗服务，无一例外）。据透明国际———一个致力于腐败监督的组织估计，从 2001 年到 2006 年，俄罗斯的腐败已经增长了 7 倍，官员受贿所得几乎与其年收入相当。即便如此，我们还必须假设实际情况要比这些数据多。俄罗斯智库 INDEM 的估测也是如此："在俄罗斯，企业 7% 的预算要花在贿赂上。"[1] 但是，腐败和贿赂都是暗箱操作，这些统计数据是如何统计出来的呢？

有时，统计数据是基于软信息核算出来的，因此让人疑窦丛生。多年来，医生一直敦促我们减少摄入高脂肪食物。但 2006 年美国妇女健康协会（WHI）所资助的研究似乎提出了相反的建议。基于对 50—79 岁的 48835 名女性长达 8 年跟踪调查的研究指出，低脂肪饮食习惯者和正常饮食习惯者在患结肠癌、心脏病或中风方面的数据没有明显区别。但这项研究是有问题的，因为这些数据来自参与者对他们吃什么的回忆——有时居然是对一年前的回忆！（你能记得你上周吃了什么吗？更不用说一年前了！）另一个证据更能表明她们记忆的不可靠性：平均体重在 77 千克的女性声称，在这项研究的开始阶段，她们每天消耗 1700 卡路里；在研究的最后阶段，她们每天消耗 1500 卡路里。然而，这些妇女在此项研究的 8 年期间只减掉了 0.45 千克[2]。这怎么可能呢？！要么是她们的记忆出错了，要么是她们隐瞒了卡路里。更有可能的是，她们每天消耗了比报道中更多的 500～700 卡路里。鉴于这些数据有明显的不可靠性，低脂肪饮食无法保护妇女避免患某种疾病的结论是不可靠的。但是，这个可疑的研究曾经博得了新闻头条，并可能巧妙地

---

[1] 参见：迈克尔·梅因维尔. 在当下的俄罗斯，贿赂已经成为重要的交易［N］. 旧金山纪事报，2007-01-02.

[2] 参见：卡罗尔·内斯. 走近科学［N］. 旧金山纪事报，2006-03-16.

让许多女性为吃那些自己喜欢的高脂肪食物找到理由。

政府所统计的失业数据也需要认真核查。这些数据都是在对典型个体进行调查的基础上推广而产生的。实际上，这些典型个体如何回答问题取决于调查的问题是如何设计的，而这些问题如何设计又部分地取决于政府如何认定什么是全职工作或兼职工作，以及什么是在求职或放弃求职，也取决于这些个体是否真的具有代表性。比如，早在 2012 年，奥巴马政府乐观地表示，失业率已从 2011 年 10 月惨淡的 8.9% 减少至 2012 年 1 月的 8.3%。但这主要是基于对失业不到一年的人进行调查得出的，它并未反映和关注那些失业超过一年的人。而实际上，总失业比率再加上想要全职工作但只做了兼职的比率，接近于 15.1%，这几乎是政府报告所公布的数字的两倍。当然，这是官方的优势，那就是每一届政府都要引用美国劳工统计局（BLS）的官方统计数据。他们发布的数据总是很低，但你要做的就是看看劳工统计局关于各种类型就业的形势及其比率，以获取更准确的数字和事实。

当然，所有这一切并不意味着，对于政府所公布的商业和就业统计数据，你应该视而不见，或将其扔进废纸篓。但这的确意味着，准确的官方数据的本来面目是这样的：它最好与我们相关的活动数值非常接近，能够帮助我们把握相关活动的长期趋势。但遗憾的是，政府的统计数据总是着眼于短期的政治利益。

相比较而言，我们考察一下那些正确的声明，它们经常是由科学家提出来的。比如，《科学新闻》1991 年 1 月 19 日报道，科学家利用先进技术，最后确认"得克萨斯州古代悬崖壁画作于 3865 年前，允许有一个世纪的误差"。

最后，我们要了解一下，哪些统计数据是可以知道的，哪些统计数据是不可知的。这里是本文作者几年前收到的一封信，其中就包含着不可知的统计数据的例子：

亲爱的朋友：在过去的 5000 年里，人们已经卷入 14523 场战争。每 4 个人中就有一个人在战争中伤亡。而一场核战争将使得 12.45 亿名男人、女人和儿童伤亡。

这封信的可笑之处在于，数据居然如此精准。事实上，没有人知道（或可能知道）到目前为止，战争的确切数量是多少，更不用说战争伤亡人数了。核冲突所造成的伤亡数字和伤亡率，也将取决于是谁参与了这样的战争。在这种情形下，关于某个问题，即使是所谓的专家，也只能进行最大胆的猜测，而不能精准地计算。

好的统计数据的错误运用

在前面的章节里，我们已经知道，可疑统计是个问题，但好的统计同样可能导致问题。之所以会这样，原因在于：首先，很多人无法理解统计数据的重要性，或者，更糟糕的是，出于天性，人们更喜欢为自己已经接受的结论寻找相关有利的统计数据；其次就是江湖骗子的高超能力，他们通过巧妙地运用统计数据来蒙蔽众生。（这正如那句古老的谚语所言："数据不会说谎，但是骗子却会算计。"）

在美国，自从《不让一个孩子掉队》法案在国会获得通过，统计恶作剧就不断出现。为了达到法案所规定的到2014年学生精通阅读和数学的目标，一些教育工作者充分发挥其创造性，在统计数据上做足了文章。法案允许每个州制定自己的标准和测试，由此一来，降低标准以夸大成绩的做法变得如此不可抗拒。在2005年，纽约有将近85%的四年级学生以优异的成绩通过了本州的数学测试，但他们中，只有36%的学生通过了国家测试。在佐治亚州，87%的四年级学生以优异的成绩通过了本州的阅读测试，但他们中，只有26%的学生通过了国家测试[1]。这些例子表明，国家应该重新审定能力标准。联邦政府2009年的一项研究也发现，从2005年7月起，15个州降低了四年级和八年级学生的阅读和数学能力达标标准[2]。

2011年，奥巴马总统在他的国情咨文中，重点表扬了丹佛的布鲁斯·伦道夫学校，这个学校的第一届高中生创造了97%的毕业率，该校曾被认为是科罗拉多州最差的学校，因此奥巴马认为它创造了一个奇迹[3]。但事实上，路易斯安那州立大学的一个研究人员反复核查了数据，却发现，布鲁斯·伦道夫学校的确有97%的高中生毕业了，但他们的美国大学入学考试（ACT）测试分数远低于全国平均水平，

---

[1] 参见：黛安娜·拉维奇. 每一个州都落后［N］. 纽约时报，2005-11-07.
[2] 参见：萨姆·狄龙. 联邦调查显示学校的相关标准在降低［N］. 纽约时报，2009-10-29.
[3] 参见：黛安娜·拉维奇. 期待学校创造的奇迹［N］. 纽约时报，2011-06-01.

因此他们中的大多数人都达不到大学的录取标准。所以，这个学校的高毕业率仅仅意味着降低标准让更多的学生毕业，而不是他们的能力真的很强。当赌注很高时，用统计数据说谎已成为一种普遍伎俩。

此外，还有政治家对统计数据的任意使用和发挥。在2011年，47%的美国人没有缴纳联邦的个人所得税。这个统计数据是美国国家税收政策中心计算出来的，它非常准确，但却被一些政治家错误地理解为，几乎一半的美国人在这个国家不支付任何税收，民众因此也受到了误导。事实上，绝大多数美国人缴纳了其他各种税。那些低收入家庭，虽然被免除了联邦个人所得税，但90%这样的家庭还是按时缴纳工资和消费税、州和地方所得税、销售和房产税等[1]。所以，当政治家们抱怨说，一半的人占了便宜，他们错了。这只是政治家们的手段，他们以此误导公众对没有缴纳联邦个人所得税的人群施压。

在经济领域，滥用统计数据的现象也很常见。例如，一个自由主义者在某广播谈话节目里为了捍卫目前的经济态势而声称，过去只有不到10%的美国人持有股票，但现在有45%～50%的美国人持有股票。因此，一个普通工薪阶层的人同样可以参与股票市场，分享股票市场的财富利润。尽管这个自由主义者的数据可能是正确的，但他忽略了两个重要的问题。首先，45%～50%包括投资公司所运作的退休基金，它不是个人持有。第二，只有很少一部分人把持着全国绝大多数股票并因此致富，富人与穷人的鸿沟已经越来越大。

另一个例子来自美国死刑信息中心。他们提供的数据显示，从1990年到2006年，死刑多的州出现谋杀案的比率要比那些死刑少的州高。这一点，被那些反对死刑的人用作证据来反对死刑，这更使得他们认为死刑不能阻止杀人。

但聪明的具有批判性思维的人会经常反思，这样论证是否让他们犯了"原因虚假"的逻辑谬误（或者"轻率概括"的逻辑谬误）。很有可能，一个州推行死刑合法化，也许其谋杀率相对高，但他们选择这一严厉的惩罚措施可能阻止了其他更严重犯罪的数量。那些反对死刑的人们，如果还想为自己的观点辩护，就要考

---

[1] 参见：罗伯顿·威廉斯. 美国人为什么没有付联邦收入个人所得税［R/OL］. 城市研究院税收政策研究中心和布鲁金斯学会，2011-07-27.

虑该州关于严重犯罪的统计数据，除非该州严重犯罪的数量保持不变甚至增加，他们的观点才有说服力。否则，其情形就像把苹果与橘子相比较一样荒谬。（另外，需要注意的是，严重犯罪的数量和经济形势密切相关：经济低迷，严重犯罪的数量增加；经济形势好转，严重犯罪的数量减少。）

民意调查：一种重要的范本

一个设计周密和组织良好的民意调查，可以富有成效地帮助我们了解各种信息，大至选民对政治候选人的支持率，小至菲多狗对狗粮的喜好，都可以通过民意调查得到。不幸的是，并非所有的民意调查都如此完美。

关于民意调查问卷，一个重要的事实是，问题的提问方式严重影响了结论的中肯程度，因此提出问题的表达方式应尽可能的完全中立。比如，在水门事件的紧要关头，一项盖洛普民意调查问了如下一个问题：

你认为是否应该弹劾尼克松总统使其离开总统职位？

30% 受访人的答案是肯定的。但帕特·卡德尔私人调查是这样问这个问题的：

如果发现某总统有罪，你认为是否应该弹劾该总统？

57% 的答案是肯定的。同样的问题，因为提问方式不同，得到答案的差别是如此之大。

在问题设计中，信息给出的方式也会严重影响调查的结果。比如，关于晚期堕胎的看法，因为信息给出的方式不同，得到的反应也截然不同[1]。美国广播公司（ABC）的民意调查是这样问的："你觉得晚期堕胎，也就是我们通常所说的扩张和提取，或引产堕胎，是合法还是非法的？" 62% 的人表示这是非法的。但一个后续问题在这个问题之后添加了额外的信息："如果它能阻止对女性健康的严重威胁呢？" 只有 33% 的人的答案是"非法的"。

---

[1] 参见：堕胎问题的表达 [J]. 号外！，2007 年 7/8 月.

> 统计数据几乎使每一个人受挫。几年前,当 200 名教育工作者被问及儿童阅读量达到或低于平均水平的百分比时,78% 的教育工作者未能提供正确答案(答案是 50%)。甚至是教育工作者自己也很难立刻讲出相对比例和绝对比例之间的区别。
>
> 另一个容易导致误解的是智商等级测试:几乎一半的参与者都要被评估为 100 或更低,仅仅鉴于他们只做对了一半的题目。

如何组织语言表述问题对于所得到的结果也有明显的影响,这一点,经常被一些别有用心的人所利用。比如,"2000 年美国全国步枪协会枪支所有者调查"中所提出的问题:

你认为枪支所有者的名字应该提供给酒精、烟草与火器管理局,以满足他们的好奇心吗?

作为一名枪支所有者,你希望为你的枪购买昂贵的责任保险吗?

面对这样的问题,头脑正常的枪支所有者都不会回答"是"。

当然,民主党或者共和党操纵的一些民意调查是具有倾向性的。接下来的例子来自 2010 年共和党全国委员会进行的邮件民意调查:

你认为美国提高公共教育质量和针对性的最佳途径,是在迅速扩张联邦资金的同时,消除成绩标准和责任制吗?

选民会对这个问题回答"是"吗?

对于一个民意调查而言,最大的挑战是如何挖掘到真正有代表性的问题。1936 年,《文学文摘》杂志进行了一项著名的民意调查,他们根据电话号码簿和汽车登记表中的名单进行调查,这也许是一个极具偏见的典型例子。他们预测艾尔弗·兰登将击败富兰克林·罗斯福,而实际的结果是,罗斯福战胜了艾尔弗·兰登。这家杂志(之后不久就破产倒闭了)未能考虑到这样一个事实:在那个年代,能够拥有电话或汽车的美国人少之又少,把他们作为样本根本不具有代表性。

1948 年，民意调查预测，当年的总统选举是毫无悬念的托马斯·杜威战胜哈里·杜鲁门。号称"世界上最伟大的报纸"的《芝加哥论坛报》甚至提前印刷了当日报纸的新闻头条："杜威击败杜鲁门！"这件事成为新闻史上的笑话。当然，从1948 年以来，民意调查已经改进了许多。

对于民意调查而言，从众多选民中抽取 1500 人，是很难具有代表性的，虽然这是当今民意调查的标准做法。理论上而言，精心挑选的样本与其代表的选民的正常比例，应该是 1∶15000，但这种规模的民意调查其费用将会很高，以至人们从来没有这样做过。在实践中，经常需要考虑各种各样的因素，调查计划很难严格执行下去。但这并不意味着我们应该轻视民意调查，实际上，它们通常是最好的甚至是我们了解相关信息的唯一途径。这只是意味着我们必须以一种理性的方式看待这些民意调查。对于 11 月份就要举行的总统大选而言，在其他条件都相同的情况下，9 月份的民意调查相对来说，其价值比 10 月份的民意调查要小很多；由竞争的一方或另一方所进行的民意调查，其价值要远远低于独立组织所进行的民意调查。但最重要的是，我们必须记住，即使是最好的民意调查，其平均成功率也远远低于 100%。

2012 年总统选举期间，民意调查尤为棘手。早在 2011 年初选前夕，共和党的初选候选人就五花八门，所以事情起初就相当惨淡。但是，一旦政治行动委员会（PACs）开始投入巨资，每一位被资助的新的候选人的民意支持率都飙升至顶峰。1 月份是米特·罗姆尼的民意支持率最高，然后依次是米歇尔·巴克曼、赫尔曼·凯恩、里克·佩里、纽特·金里奇，里克·桑托勒姆，其间罗恩·保罗的支持率也屡次飙高。媒体甚至把每一个月都按相应的候选人命名。当时，共和党的势头看起来像是已成定局。几乎所有的民意调查都显示出民众对共和党的高涨热情，民意调查每天都在进行，但没有任何一位共和党候选人可以长期稳居首位。这种胶着状态一直持续到大选的最后阶段，奥巴马和罗姆尼一直是不分胜负。最后的结局是：即使是最智慧的民意调查也无法预测出，居然是奥巴马赢得了胜利！

顺便说一下，现在还没有专门的所谓的"民意调查谬误"。尽管如此，就像我们上面所列举的，在民意调查这项活动中，可疑统计和轻率概括等谬误屡屡出现。

误用谬误

在日常生活中，我们经常指责别人推理出现错误，尤其是当别人改变了他们的想法和立场时更是如此，我们能轻而易举地指出他们的推理前后不一。但事实上，一个人在某一个时间段里坚持某一观点，而后来推翻了自己的观点，并不一定意味着这个人犯了"前后不一"的逻辑谬误，也许，这只是意味着我们应该自我反思。

有人说："我过去曾经认为，女性不如男性那样富有创造力，因为大多数智力超群、硕果累累的人都是男人。但现在，我改变主意了。因为我现在已经意识到，后天的环境（文化、处境），而不是天生的能力，造就了男性的这些优势。"在这种情况下，我们就不能指责这个人犯了"前后不一"的逻辑谬误，因为他已经解释了自己为什么会改变主意。

因此，我们只把那些错误地指责别人犯错误的状况称之为"误用谬误"。

当然，误用谬误并不只是错误地指责别人前后不一。例如，前面章节所区分的论证性类比和解释性类比；如果在实际的论证过程中，我们把别人的解释性类比误认为论证性类比，显然，我们也在犯"误用谬误"的逻辑谬误。

当我们把别人的讽刺性反语当作事实加以批判时，我们也在犯"误用谬误"的逻辑谬误。例如，下面是一封读者写给编辑的信，这个读者显然打算用讽刺的口吻谈论这件事情：

20年后，当我们耗尽数十亿美元，终于把非法的毒品从美国消除了，美国的反毒品战争取得了最后的胜利。此后，这个国家将终结海洛因。以此为例，反持有枪的战争也会获得这样的成功。

面对这封来信，如果从反毒品战争并没有在美国根除非法毒品这一事实，而认为这个读者犯了"前提虚假"的逻辑谬误，这种做法很明显是在"误用谬误"。这封信的作者只是用讽刺的手法提醒我们：我们现在的反毒品战争已经失败了。

> 以下内容摘自某教科书《逻辑与当代修辞学》中的一道习题:
>
> ---
>
> 报纸上刊登了一则故事:托尔·海尔达尔第二次用根据古埃及陵墓雕刻设计的木筏横渡大西洋,停驻在西半球的巴巴多斯岛上。接待他的是巴巴多斯总理埃罗尔·巴罗,他宣布:"巴巴多斯是西方人登陆的第一个据点!"
>
> ---
>
> 关于这个故事,接下来的才是关键部分:对于故事中推理的评价。该练习给出的标准答案是"轻率概括",但来自巴巴多斯的一个学生却指出,这位总理以他的幽默感而闻名于世。可见,这是另一个"误用谬误"的典型案例,只是,这一次,犯错误的居然是一位批判性思维教科书的撰写者。

另外,需要注意的是,传统逻辑教科书中所列举的一些逻辑谬误并非真的是错误的,至少在本书看来不是这样。比如,传统逻辑中有一种谬误叫作"诉诸强力"(也叫作"诉诸恐吓"或"诉诸棍棒"),是指受到某种武力的威胁才接受某一观点或结论。例如,法律制定者有时会被委员会指控犯了此错误,当委员会确信竞选说客以隐含的方式,威胁这些法律制定者说他们将撤销竞选捐款。

但这些改变立场的立法者并不是犯了某种推理错误,因为说客并不是通过歪曲立法的优点或缺点来说服他们,说客所用的手段是给他们个人好处和私利。这里我们需要知道的是,正是这些私利蒙蔽了议员的眼睛。第六章关于私利对信念的影响将有更多的说明。

吹毛求疵

当衡量别人是否犯了推理错误,我们一定不要吹毛求疵。事实上,生命如此短暂;而日常生活中,人们通常也不会费心去打造每一个细节。有些东西可以也应该被理所当然地接受。

例如,美国医学会(AMA)发布的一则广告说:

10万名医生已经戒了烟。或许,他们知道一些你不知道的信息。

一些学生认为这则广告一定违反了推理的规则，犯有某种推理错误，因为至少，这则广告隐瞒了证据，它并没有指出是什么样的医生戒了烟。（"也许是兽医。""也许只是那些药理学的医生。"）但是，这种态度就是吹毛求疵。这就像有的学生对莎士比亚那些美妙诗句的质疑——"他只会嘲笑别人的伤疤，而永远看不到别人的伤楚（He jests at scars, that never felt a wound.）"（《罗密欧与朱丽叶》），这个学生认为莎士比亚是不对的，因为就他自己而言，他虽然能感受到伤口的痛楚，但他仍然会嘲笑伤口留下的伤疤。还有学生质疑这段诗句，他们认为莎士比亚的这句话犯有语法错误，从句应该使用"who"引导，而不是"that"。这真的是吹毛求疵！他们在傲慢地甚至是冒失地使用所谓正确的语法来纠正有史以来在英语世界里最伟大的作家。

到现在为止，我们终于要结束对谬误的讨论而转入其他内容，虽然因篇幅所限，我们不能讨论全部的谬误，而只能讨论常见的重要的谬误类型。虽然熟悉这些谬误类型并能熟练鉴别是重要的，但更为重要的是，学会如何提高自己的推理能力，并能更好地发现别人的推理错误。另外，需要注意的是，能记住这些推理谬误的类型和名称固然不错，但更重要的是，我们要分析和反思这些错误推理的原因，以及如何改进。

不管怎样，我们很快就会发现，推理谬误将会是评估更复杂的推理过程的一部分。在后面的第八章和第九章，我们讨论扩展型论证的评估和论文的写作时，会重新用到本章内容。

小结

1. 轻率概括：基于不充分的信息或证据而接受一个结论。例如，福尔摩斯断言华生是从阿富汗归来的军人。

2. 以偏概全：当我们选取的样本过少，以至不能以此对整个群体做出有说服力的结论时，就在犯"以偏概全"的逻辑谬误。例如，关于灵长类动物交配模式的研究，其结论只是基于对三对人类伴侣、一对长臂猿和一群大狒狒的样本研究。

3. 样本不具有代表性：推理所选取的样本不具有代表性或者典型性。例如，刚刚提到的关于灵长类动物的例子。

4. 原因虚假：当没有充足理由或充分证据时，如果认定某个事物是另外一些事物的原因，或者在探寻因果联系时，使用那些与现行论证严密的高水平理论相冲突的证据，那么我们就犯了"原因虚假"的逻辑谬误。例如，指责布什总统和奥巴马总统造成了当时美国经济的低迷，这种观点就忽略了其他更复杂的因素和原因。

5. 错误类比：基于不恰当的类似性而进行的类比归纳推理。例如，在阿布格莱布监狱的虐囚丑闻中，把小布什比作萨达姆。

6. 可疑统计：在论证过程中，运用了有问题的并且没有证据支持的统计数据。例如，不假思索地接受政府关于短期商业趋势的统计数据，并认为它完全准确。而实际上，这只是一个近似值，仅供参考。更极端的例子是，有人精确统计出在过去的5000年里，人类共发生了多少次战争以及有多少人员伤亡。顺便说一下，统计数据的质量因时因地不同。

7. 好的统计数据的错误运用：好的统计数据也可能导致问题。之所以会这样，原因在于：首先，很多人无法理解统计数据的重要性，或者，更糟糕的是，出于天性，人们更喜欢为自己已经接受的结论寻找相关有利的统计数据；其次就是江湖骗子的高超能力，他们通过巧妙地运用统计数据来蒙蔽众生。例如，盲目地接受一种观点：在美国，死刑合法的州的谋杀率高于死刑不合法的州，因此死刑不能阻止犯罪。这种说法没有进一步考虑其他相关的证据和统计数据，比如，这些推行死刑的州之前的谋杀率就高于其他州，他们只不过是用死刑的方式来遏制恶性犯罪。

8. 民意调查：尽管民意调查是非常重要的信息源，但我们需要谨慎地看待和实施民意调查。民意调查的结果受到以下因素的影响：（1）问题的提问方式严重影响结论的中肯程度，因此提出问题的表达方式应尽可能地完全中立；（2）如果问题本身是错误的或不具有代表性，结果就不具有价值；（3）受访者不想显得自己无知、不道德、奇怪或者心存偏见，他们会做出虚假的回答；（4）样本太小或不具有代表性，调查结果就会偏离事实。例如，美国全国步枪协会的民意调查，就故意问了一些带有倾向的误导性问题，以期让枪支所有者消极应对政府的监管。

9. 误用谬误：错误地指责别人的推理发生错误。例如，别人因为看到了更多的证据，从而改变了之前对女性缺乏创造力的看法。对此，我们横加指责，认为他犯了"前后不一"的逻辑谬误。

注意，对于讽刺的表达，如果我们只从字面上来理解，这是不对的。还请注意，如果我们对别人的推理过分指责，就是在吹毛求疵。

另外，需要注意的是，传统逻辑教科书中所列举的一些逻辑谬误并非真的是错误的。法律制定者有时会被委员会指控犯了"诉诸强力"的逻辑谬误，但这些改变立场的立法者并不是犯了这种推理谬误，因为说客并不是通过歪曲立法的优点或缺点来说服他们，说客所用的手段是给他们个人好处和私利。正是这些私利蒙蔽了议员的眼睛。

第六章
妨碍有效推理的心理机制

≫≫

回忆说:"我的确做了。"自尊答:"不可能。"最后,回忆屈从于自尊。

——德国哲学家 尼采

每一个教条都曾风行一时。

——多伦多大学政治经济学教授 亚伯拉罕·罗特斯坦

用脑子思考,而不是勇气。

——一句谚语

人们乐于受到蒙蔽。

——古罗马谚语

知道的东西越少,越容易轻信。

——法国思想家 蒙田

多么奇怪!人们是多么乐意用自己的眼光打量世界!

——法国剧作家 莫里哀

我只看到那些我自己愿意相信的。

——一句谚语

善于推理是一种特质，就像我们的智力一样因人而异。如果人是一种完全理性的动物，那么学会如何推理，相对而言，就变成了一件简单的事情。我们只需要知道，哪种推理模式是好的，哪种是坏的，然后使得所有的推理都遵循好的模式，同时避免坏的模式。这样，即使是在糟糕的大环境下着手做一件事情，只要依据积累的经验，重复、合理地运用演绎和归纳推理方法，我们就可以很快把这件事情搞定。

不幸的是，人并不是完全理性的动物，理性只是我们人性的一部分，尽管是很重要的那部分。本章所讨论的是人性的其他部分——那些阻碍我们成为一个"完美推理者"的非理性的或者说是情感性的因素。让一个人完全避免这些非理性因素以做出完美的推理，这比改变一只豹子身上的斑点还要难。但如果能够懂得这些因素是如何起作用的，我们就可以尽可能地避免那些破坏我们理性思考的行为。

忠诚、地方主义和从众心理

纵观人类的整个历史，个体在很多事情上（获取足够的食物、吸引并维持伴侣关系、成功抚养自己的孩子）的成功依赖于两个因素。首要的因素就是我们所属的族群在与其他族群的竞争中取得的胜利。一般情况下，如果一个群体（包括国家、部落、文明）被外族打败，这个群体的成员在生存方面就会受到威胁，甚至是无法生存。这就是为什么我们都会感到自己要忠诚于所在的群体。而如果一种文明和团体中有很多不忠诚的人,那么他们在与那些更有凝聚力的团体相互对抗时就丧失了胜算的可能。(注意,这种忠诚所产生的约束力,在不同的人身上有着很大的差异。)

但是,作为群体的一员,如果群体中的其他成员不允许我们合理地追求我们想要的成功,那么这个群体也就失去了价值和意义。这就是我们都渴望与群体的其他成员和谐相处的原因。与此相对应的是,即使是这个群体非常繁荣兴盛[1],那些与群体格格不入的人取得成功的机会也非常渺茫。融入群体会驱使我们让自己的信仰和行为与群体保持一致,这样我们才会被整个社会所接受。在群体中,我们才能找到自己的归属感和价值,当离开这个群体时,我们会觉得无所适从。所有的穆斯林或者是正统的犹太人都认为吃猪肉是不圣洁的。在西方社会,几乎每个人都不吃马肉和狗肉。但在中国,狗肉则是美味佳肴。

当然,如果在公共场合发现有人穿错衣服或吃令人反感的食物,我们会觉得尴尬,这还是无伤大雅的。但是,从众心理有时会让人做出一些令人吃惊的事情。比如,暴徒们做起义务警察,或者是整个国家对一些不公平行为持默许态度。又如,在印度,信教者禁止人们吃牛肉;给自己的同胞打上"贱民"烙印。

事情的关键在于,日常生活中,我们会很容易并且很自然地去从众:相信别人都相信的事情;别人认为是愚蠢的事情,我们也觉得它愚不可及。这已经成为我们人性中的一部分。无疑,这就是社会学家所说的文化滞后的一个重要原因,社会环境和条件已经发生了巨大变化,但人们原初的观念和态度却依然沿袭了下来。

由于从众心理,我们都渴望自己能够在所属的群体中拥有一席之地,哪怕是一个卑微的位置。但是随着地位的升高,机遇也就越好。因此,我们中的大多数人都意愿强烈,努力上进。我们想要让自己看起来富有智慧、博学、果断,与别人相比更加流光溢彩。为什么呢?举个例子:在本·拉登指使对世界贸易中心进行毁灭性的恐怖袭击之前,数以百万计的美国人从来没有听说过他,不知道塔利班是什么组织,也不知道伊斯兰教和穆斯林的教义,更不要说美国入侵阿富汗和

---

[1] 关于人类的习性,更多文献可以参考:霍华德·卡亨. 契约伦理:进化生物学与道德情操 [M]. 马里兰州拉纳姆:罗曼与利特菲尔德出版社,1995;以及:詹姆斯·威尔逊. 道德观念 [M]. 纽约:自由出版社,1993.

伊拉克的时候当地人所进行的"圣战"的意义。但阿富汗战争和伊拉克战争开始后，美国各地的报纸都充斥着大量的读者来信，他们提出了自己的各种见解和要求。正是需求顺应潮流，并能"机智"地谈论着当天的新闻头条，导致很多人仅仅基于一些表面的证据便开始传播小道消息。一旦刊出或传播这些观点，而又不愿在别人面前出丑，就会使我们固守这些观点，即便已经出现相反的证据。在我们的潜意识里，我们是多么渴望获得并保留我们在别人眼中的地位和形象，因为这是我们在日常生活中能够取得成功的关键[1]。

> 人是群居动物，只有在群体中，一个人才会感到幸福，而无论这个群体是多么的无知或者是多么的令人深恶痛绝，这些对于他来说都无关紧要。只要能置身其中，并且能共同做事，他就怡然自得。
>
> ——丹麦宗教哲学家　克尔凯郭尔

还应该看到，在当今世界，所有强大的国家都不是整齐划一的，像美国、加拿大、印度、中国和俄罗斯等国家都是由多种多样的族群或民族构成。美国是历史上拥有最为多样化文明的国家之一。大多数美国人都忠于自己的国家，但同时也对族群或民族的命运有着特殊的兴趣。因此，他们在看待事物时，不仅会从主流文化的角度来看，而且会从更小群体的非主流文化的角度来看。这一切催生出了当前政治形势下旨在保护"特殊利益"的群体，如宗教原教旨主义者、非洲裔美国人、拉丁美洲人、犹太人等。（注意，我们也都对自己家庭成员的福利有着特殊的兴趣。）

地方主义的心理机制就来源于人类的这种自然意向：我们倾向于认同我们所在的群体所认同的思想、爱好和行为。这就是为什么黑人倾向于同情黑人，犹太人倾向于同情犹太人，女性倾向于同情女性。（在2008届总统候选人的初选中，黑人和男性多支持奥巴马，而女性则更支持希拉里。）

---

[1] 更多内容参见：欧文·戈夫曼. 日常生活中的自我呈现［M］. 纽约：双日出版社，1959；以及：欧文·戈夫曼. 日常生活中的自我呈现［M］. 纽约：企鹅出版集团，1969。

尤为关键的是，我们倾向于从我们的本土文化出发去看问题。特别是当群体之间发生矛盾和冲突时，人们表现得更为突出，其结果就导致了地方主义在美国各个阶层的流行。比如，美国人很少花费精力去关注世界上其他国家发生了什么，甚至曲解那里正在发生的事情；尽管美国自己是一个建立在民主和公平竞争原则上的国家，它却在第二次世界大战以来，帮助世界各地的人们推翻若干个民选政府（如智利），并企图谋杀古巴的卡斯特罗。这对于我们而言，是非常难以接受的事实，尤其是当我们国家的很多人正在努力保持对国家的忠诚并奉行集体主义信念时。而地方主义又如此缩小我们的视界，以至我们只关注自己的国家利益和本土文化。

偏见、刻板印象、寻找替罪羊和党派心态

对自己群体的忠诚和地方主义心态往往会导致偏见，这使得我们对其他群体的所有或大多数成员心存偏见，并且还会根据大众所持的刻板印象来为自己的偏见辩护。但是，对其他人心存偏见并不简单地等同于我们对其持有坏印象。我们持有偏见，只意味着我们对别人不好的印象或看法并没有得到证据的充分支持。因此，偏见可以被定义为对别人的看法不好但并没有足够的证据。

在民权运动之前，非洲裔美国人所遭受的歧视一直被看作美国存在偏见的典型，但在那之后，这种偏见也不过是换了一种更委婉的方式罢了，"福利母亲""街头犯罪"或"国家权利"都成为种族歧视的代名词。随着时间的推移，这些隐蔽的种族歧视的词语被一些正确的政治主张所禁止，这使得那些想打"种族牌"的人的希望破灭。但有时候，这也往往会抑制关于种族的良性的讨论。直到贝拉克·奥巴马参加2008年的总统大选初选时，关于偏见和种族歧视的良性讨论才重新回归公共论坛，但不幸的是，种族歧视也死灰复燃。在共和党2012年的初选期间，奥巴马本人也被共和党总统候选人金里奇称为"食品券总统"。不满足于这种对奥巴马本人种族歧视的人身攻击，金里奇翻出了下一张牌，他声称："奥巴马发放的食品券比以往任何一个总统都多。"

偏见往往会导致刻板的思维，包括把某一过于简单化的特性，而且往往是负

面的特性，强加给特定的人群。而事实上，没有任何群体的成员会像豌豆荚里的豆子一样整齐划一，所以，对该群体中的成员都心存偏见是愚蠢的。我们会认为，法国人都是情圣，所有的犹太人和苏格兰人都异常节俭，或者是所有的女人都比男人更感性，这些看法实际上都是愚蠢的。尽管在现实生活中，特定文化背景下的群体与其他文化背景下的群体整体而言其行为方式有很大的不同。作为一个群体，法国人比起德国人来略有不同，这一点，如果在这两个国家之间穿梭，你就可以很容易地看出来。问题是，这些定式思维在把一个群体作为整体加以考虑的时候，很容易失之偏颇，而且往往会忽略这其中的每个个体的不同。

> 无知是对未知的恐惧，是最令人激愤的偏见的来源。
> ——原美国最高法院大法官　约翰·保罗·史蒂文斯

在2008年的总统大选初选期间，希拉里·克林顿因为要打破陈规，反对公众对女性的性别歧视而成为一个有争议的人物。而媒体对她的外表和冷酷表情的大肆宣扬往往要超过对她的立场和观点的关注。很多场合，因为脚踝粗大，穿西装裤，头发弄得像一顶头盔，甚至是袒露乳沟，希拉里被媒体和民众横加指责。如果她流泪（这只发生过一次），她就会被看作一个柔弱的女人；如果她一直控制自己的情绪而不外露，她就会被看作一个"冰公主"。而与此相对照的是，另一位男性总统竞选人约翰·博纳很多场合都感情外露、表情丰富。在2008年公众资助驻扎在伊拉克的部队时，他当众流泪；在庆祝共和党胜利的节目中，他泪流满面；当赢得众议院议长的职位时，他哭了很久；等等。但这一切，从来没有被看作软弱的表现。这一奇怪的反差是因为人们的定式思维，坚强的男人是不轻易掉泪的，这反倒给了男人表达情感的机会，但相比之下，公众却没有给女性同样的待遇。可以想象一下，当赢得众议院议长席位的时候，南希·佩洛西如果当众流泪，那将是怎样一种情形。

身居要职的女性经常面临性别歧视的考验。艾琳娜·卡根成为最高法院大法官时，媒体评论她的衣着和举止方式完全与男性法官无法匹配。和大多数职业女性一样，卡根必须表现出很强的权威性，但不能太过于男性化；穿着得体，但不能太女性化。《华盛顿邮报》的时尚专栏作家曾这样评论她的外表[1]：她的"寒酸"风格是一种"公然保守"，又带一点"古板"，所有这些使她显得"老气横秋"。至于肢体语言，她坐的时候"弯腰驼背""双腿微开"。专栏文章虽然最后指出，卡根知道摄像机正在对准她，但她似乎并不在意；她只专注于"让自己舒服"。这是多么恶意的赞美！没有男性最高法院大法官受到过这种性别歧视的考验。具有讽刺意味的是，这家报纸的同一版面刊登的另一篇文章，其标题是："《华盛顿邮报》这样的做法对女性不好"。

这样的例子数不胜数，但有一个例子值得一提。参议员米歇尔·巴赫曼参加了 2012 年共和党总统候选人的竞选，在其短暂的竞选期间，媒体对她外表的大肆报道令她十分困扰。《新闻周刊》的封面刊登了一张她那漂亮脸蛋的照片，表情茫然吃惊，就像暴露在车灯下的小鹿。《赫芬顿邮报》则拿她的长睫毛与福音传教士塔米·费伊·巴克的假睫毛相提并论，而那个传教士习惯于浓妆艳抹。《纽约时报》爆出了她在两周内做头发和化妆花费 4700 美元。《纽约客》则指出，她的竞选团队的人都承认"她外表的魅力完全取决于精心打扮"。这些只是媒体对她的外貌进行报道的冰山一角罢了。而实际上，她的竞选团队用强硬的手段来操控她的形象，这一点不足为奇。他们只需要回过头去看看上一届希拉里·克林顿和莎拉·佩林参加竞选时竞争是多么激烈，就知道形象的重要性了。但奇怪的是，在这些激烈的竞选中，没有人注意到约翰·克里穿了多么昂贵的西装。

在美国，还有一些关于青少年群体的定式思维广为传播："现在的年轻人喜欢奢侈，举止不雅，蔑视权威，轻视长辈，在运动场喋喋不休。当长者进门时，他们不再起身站立。他们当众顶撞父母，吃东西狼吞虎咽，甚至公然反驳教师。"对于青少年的这些负面看法，谁该为此负责？没有什么人能够比苏格拉底这个聪明的哲学家更有智慧了，他提醒我们说，古往今来的青少年都被冠以坏名声。今天的他们被冠以的刻板印象，与公元前 5 世纪毫无二致。实际上，大多数人甚至是青少年的父母都知道，绝大多数的年轻人都举止得体，很有礼貌，也很尊敬长辈。

---

[1] 参见：罗宾·吉芙汉. 艾琳娜·卡根的美姿[N]. 华盛顿邮报，2010-05-23.

另一方面，对其他群体及其成员的偏见和不能容忍，有时是建立在我们无视自己所属群体的缺点之上的。忠诚往往会使我们觉得，自己的领导人更聪明，更博学，更诚实，而实际上并不尽然。（或者只是，他们期望自己的领导人是这样的，不管是哪一个社会群体，这都可以理解。）忠诚也会使我们觉得自己的同胞要比其他国家的人过得更好。人们还特别容易在战争时期对政府表现出忠诚，这在美国对伊拉克战争的最初几个月表现得十分明显。当媒体如此一致地表现出爱国主义的忠诚时，迟疑或者是批评政府的行为都会被认为是犯了禁忌。而事实上，世界各地对此都提出了严重的抗议。（更多关于这方面的讨论放在第十一章。）对此，头脑清晰的人需要审视和克服狭隘的忠诚，尤其是在面对自己所属的群体和其领导人时，更应如此。

对其他群体成员的偏见，特别是在一个大的文化背景下对少数群体的偏见，往往需要找个替罪的理由来使其更有说服力："是他们使得这个世界变得很糟。"但事实上，在很大程度上，我们自己才应该为此承担更大的责任。一个群体不去面对真正的问题而只是如此抱怨其他群体，是很难进步的。

在信奉基督教的世界中，经典的替罪羊一直是犹太人。古时候，当基督教神学解释说，贷款利息是引发高利贷的罪魁祸首，犹太人因此成为主要的罪人。有的时候，指责他们是罪恶的根源，会使得人们以此为由拒绝还贷。但大多时候，反犹太主义的主要意图就是寻找替罪羊。

纳粹把犹太人作为替罪羊，甚至还试图灭绝整个欧洲的犹太人，这一点，已经被当今的人们所识破。今天再去找犹太人的麻烦，就不会再得到大家的认同了。然而，反犹太主义在许多地方仍很常见。比如，在俄罗斯，犹太人通常被认为是70年的苏联共产主义产生弊病的罪魁祸首。（背后的事实很能揭露这句话的荒谬性，那就是斯大林并不是犹太人，尽管共产党和苏维埃政府中的确有极少数的高级官员是犹太人。）在其他东欧国家，他们同样认为苏联的解体与犹太人有很大关系。波兰也持这样的看法，300多万名犹太人中，大约只有1万人在德国种族灭绝运动中幸存下来，这些犹太人至今仍居住在波兰。

鉴于第二次世界大战期间欧洲数百万犹太人被谋杀，以及反犹太主义活动一直盛行，犹太人最有可能仇恨别的种族并将他们贬为次等公民。但是在以色列，犹太人已经在此定居两千多年，这里的阿拉伯人根本无法与犹太人匹敌，但生活在西海岸的阿拉伯人从中分离出来，却称犹太人为"移民"。可以说，这里的阿拉伯人并非美德的典范，这一点，也可以从其他几个阿拉伯国家和伊斯兰组织一直在发动摧毁以色列的战争中得到佐证。

还有非洲种族灭绝式的战争，前南斯拉夫的大规模破坏和谋杀运动，发生在印度的佛教徒和穆斯林教徒之间的敌对行动，以及穆斯林国家什叶派和逊尼派之间长期的野蛮报复性杀戮，等等。无论在哪种情况下，这些卷入战争的民族因为自己对"敌人"的仇恨和偏见而认为自己的报复行为是合理的。

当然，偏见和寻找替罪羊的行为也同样发生在美国。像往常一样，往往是弱势的少数派被选中做替罪羊，这包括非洲裔或亚洲裔美国人、拉丁裔美国人、印第安人，当然还有犹太人。自世界贸易中心被袭击后，一种非理性的对中东人的偏见席卷这个国家。然而，在美国的绝大多数中东人是追求和平的，他们也同样是这个国家的中坚力量，也和其他人一样对恐怖袭击感到恐惧。只有极少数的中东人参与了恐怖主义活动。

在美国，越来越多的人把移民作为替罪羊，特别是对拉丁裔美国人心怀不满。人们指责他们抢走了美国人的饭碗，攫取了大量的教育和医疗资源，并带来了恐怖主义的威胁。当人们面临着失业和生活成本提高的时候，就开始寻找替罪羊，反移民情绪最严重的往往是那些失业率最高的地区。一些政客也被这个问题激怒，他们已经提出议案，要求删除《第十四条修正案》里给予非法移民者的孩子以公民资格的条目。参议员林赛·格雷厄姆曾这样说："人们来这里只是为了生孩子。他们来到这里，生个孩子，然后就走了，这很像'着陆，然后撤离'！"（《福克斯新闻》，2010年7月28日）。人们担心的是，这些"抛锚婴儿"只是暂时回到他们的本土国家。一旦长大，他们将合法地返回美国来接受教育，并带着他们的整个家庭，这样会给美国带来一系列的麻烦。然而，事实上，美国政治真相网站（2010年8月6日）的移民研究却发现，"着陆，然后撤离"理论是没有任何证据支持的，相反，所有的数据都表明，来到这里的人们都是为了工作，而没有险恶的目的[1]。用

---

[1] 参见：朱莉·霍拉. 是时候来反思"着陆，然后撤离"这些隐晦的词语了！[J]. 号外！,2011年3月.

这样隐晦的词语来描述移民只是为了激怒和误导公众。

把移民作为替罪羊在美国有着悠久的历史，其他很多国家也是如此。19世纪40年代，在马铃薯饥荒期间，很多爱尔兰人移民到美国，他们被描述为肮脏、无知、酗酒和暴力，并被指责给美国社会带来了各种弊病。20世纪早期，当150万人涌入埃利斯岛时，同样的状况也发生了。美国人嘲笑这些移民愚蠢、懒惰，并且品质低劣。这是人性一个可悲的倾向：人们总是倾向于嫁祸于人，通过诋毁和指责别人，来逃避自己的责任和义务。

刻板印象和寻找替罪羊的做法往往会导致党派心态，即人们会寻找有利证据来为自己的"我们vs他们"或"我正确vs你错误"的二分态度寻找理由。在这样的心态下，我们总是寻找证据和事实来支持我们的态度和看法，同时，对对方有利的事实和证据，我们则会视而不见。一个理性的人要学会克服这种党派心态，不要认为自己所属的群体总是对的，别人都是错的。那些党派心态的人总是屈服于人性的这种自然倾向而不自知。一些积极从事社会活动和政治活动的人更是如此。这也是为什么与某些非常坚定的人讨论敏感问题时会有一种鸡同鸭讲的感觉，因为他们对于反证和别人的驳斥往往是失聪的。（当然，另一个原因是，对于别人的推理和判断，我们往往会"选择性视听"。）

理智的人完全不同于那些有党派心态的人，但这并不意味着理智的人缺乏忠诚。这只是意味着，他们有一个开放的心态，不是看待什么事情都先预设一个立场，而是无论谎言如何蔓延，他们永远追求真理。

迷信

对其他团体及其成员的偏见，常常建立在对自己所属群体的忠诚之上。但不能说这就是迷信。虽然，迷信常常基于对证据的碎片搜集和理解，这和忠诚有一定的相似之处。巧合的事情的确会发生，比如，镜子被打破之后可能真的会有不好的事情接踵而来，甚至报纸的占星术栏目也曾准确地预测到一次"蓝色的月亮"。

迷信与理智的信仰的区别是，理智的信仰是建立在足够的证据之上，而不是只挑选有利的碎片化的证据；迷信或盲目信仰则通常建立在带有偏见的证据之上，或者是建立在小样本或不具有代表性的样本之上（第五章详细讨论了这一点），并剔除所有不利的证据。在黑色星期五，的确可能会发生不好的事情，但同时，也可能会发生好的事情；其他天也会发生不好的事情。所以，这一天，没有什么了不起。迷信的人往往会忽略很多事实，而只关注能够支持他们信念的有利证据。

关于迷信，一个很奇怪的事实是，即使是最聪明的人也难以幸免。国际象棋大师在象棋比赛中显示出了惊人的智慧和洞察力，以及令人难以置信的记忆力，但他们同样会陷入到迷信之中。在2010年世界棋王争霸赛中，保加利亚国际象棋大师维塞林·托帕洛夫与世界国际象棋棋王阿南德进入决胜局。但对于比赛被安排在5月13日，托帕洛夫非常介意。因为在2006年的棋王争霸赛中，他于13日的比赛中曾与棋王失之交臂。托帕洛夫要求把比赛提前至12日。但因为发挥不稳，12日的比赛以托帕洛夫失利告终。"我只是不想在13日比赛"，事后他这样说。这种说辞巧妙地把迷信合理化了，但13并不是每一个人的坏运气，对前国际象棋冠军卡斯帕罗夫而言，13是幸运数字。他生于4月13日，并且他是第13位国际象棋世界冠军。象棋比赛是大家公认的依靠逻辑推理的竞技项目，但在上述实例中，哪有逻辑可言！

一厢情愿和自我欺骗

正如上面所谈到的，忠诚、偏见、刻板印象、地方主义以及迷信往往会带给我们不切实际的信念和看法。而这些非理性信念往往建立在一厢情愿的心理机制之上：我们只愿意相信我们自认为是真的东西，而不管证据是多么的脆弱和自欺欺人。这确实是人性的特质和弱点，我们只愿意相信我们自认为是好的东西，而对于令人不快的事情，总是拒不承认和面对。

这一点，在斯科特·菲茨杰拉德的《了不起的盖茨比》里表现得淋漓尽致。主人公杰伊·盖茨比总是在理想化地、自我欺骗地看待黛西·布坎南。尽管越来越多的事实都表明，黛西·布坎南的性格不仅以自我为中心、不负责任、变化无常，而且还让盖茨比为她所犯下的错误顶罪，但盖茨比却一再地拒绝面对这些事实。他的自我欺骗是如此彻底，以至发展成错觉，而正是这些错觉导致他自己的惨死。盖茨比对黛西的钦慕，很好地诠释了在爱情的初始阶段，我们是如何看待自己的恋人的：我们沉浸在对恋人一厢情愿的美好期望中，而对他们的不完美和缺点自我欺骗地视而不见。

当赌注很高时，人们总是倾向于欺骗自己，而不是面对事实。在这一点上，世界各国领导人和普通人并无二致。一个经典案例就是英国首相张伯伦。1938年，张伯伦决定与希特勒签署一项协议，用他自己的话说就是，实现"我们时代的和平"。张伯伦清楚地认识到再一次的世界大战会带来的惨状，所以他迫切地盼望他的国家和人民能免除这场灾难。他是如此渴望和平，以至他看不到希特勒的真实意图，无视其他领导人给予他的忠告，对于温斯顿·丘吉尔的努力，他也是视而不见[1]。

距现在更近的例子是，2003年伊拉克战争爆发几周后，小布什总统就宣布，伊拉克的主要冲突已经被平息，用他自己的话说，就是"任务已经完成"。事实上，这场战争在漫长的8年后才黯然结束。小布什的话，很难不让人与一厢情愿挂起钩来。还要注意的是，当时的国防部部长唐纳德·拉姆斯菲尔德居然也发表了关于阿富汗战争的类似声明。

有时，赌注是如此之高，以至一些世界领导人走向了极端。利比亚的独裁者卡扎菲就是如此。在利比亚叛乱中，当叛军已经把卡扎菲的海报撕毁，并把自己的旗帜挂上时，尽管记者试图让他意识到自己的危险处境，但他依然自我欺骗[2]。

卡扎菲的回答是："他们不是在反对我，没有人会反对我。他们爱我。利比亚人民都支持我、爱戴我，他们会用死来捍卫我。"当记者问他为什么那些占领班加西的反对派宣称反对他时，卡扎菲的回答是："那是基地组织干的，不是我的人。"然后，他就开始指责起本·拉登，抱怨他蛊惑、离间利比亚人民。而最后，他的自我欺骗导致了他的灭亡。幸运的是，相比之下，普通人的自我欺骗往往并不会

---

[1] 关于张伯伦的这一点，我们也要提及其他历史学家的不同看法。有人认为，张伯伦其实非常清楚当时的世界局势，他签署协议只是为了给英国争取必要的备战时间。

[2] 关于这一点，可以参见英国广播公司（BBC）中东局势记者杰瑞米·鲍恩和美国广播公司首席国际新闻特派员克里斯汀·阿曼普于2011年3月1日对卡扎菲所做的专访。

导致全球性的恶果，但也会给我们或者我们的朋友带来灾难性的后果。比如，许多人喝酒后依然开车；许多发达国家的成年人仍然吸烟，尽管越来越多的证据已经表明，烟草会导致各种致命的疾病，包括心脏病、癌症和肺气肿。对于香烟外包装上的警告——"外科医生的普遍警告：吸烟会导致肺癌、心脏病、肺气肿，并导致胎儿畸形"，人们仍置若罔闻。

> 在第四章，我们提到，边沁在《政治谬误手册》一书中介绍了引发政治谬误的四个原因。其中，第一个原因是自觉隐藏的利益。这里，我们关注第二个原因，它和本章的主题有关。
>
> ---
>
> **第二个原因：利益引发的偏见**
>
> 如果对于个体而言，意志的每一个行为和身体的每一个行动都是受利益驱动的话，对于人类共同体而言，它的行为和行动也同样因利益的驱动而产生，只不过利益的驱动不像个体那样直接和明显。
>
> 但是，有人可能会问，一个人对自己的动机怎么可能毫无觉察呢？一个人的动机驱动可以对自己保密吗？实际上，这是最简单不过、平淡无奇的事实，很少有人不知道自己的动机……
>
> 生活中，当两个亲密的人生活在一起时，经常发生这样的现象：一个人对于另一个人的看法往往比这个人自己更正确、更全面，对这个人行为的动机，也更清楚。很多女人都非常清楚自己的丈夫做事的动机和出发点，尽管她们的丈夫都不自知。其中的原因也很容易看出：正是受了利益的驱动，为了让自己活得更为舒适，一个人会不断地让周围的人觉得他完全正确并且无所不能；但同时，正是受利益驱动，这个人会不断地掩盖自己的欲望和动机，因为这些欲望和动机如果被别人发现，他会觉得屈辱，而不是心境愉快。
>
> 当他观察别人和周围时，他发现了人们对社会动机的普遍赞美。而正是通过这些社会动机所获取的赞美，他发现声誉的增强以及别人的善意和尊重，会让一个人的生活舒适度大为增加……

> 当他反观自我时，越反思自己的心理机制，就越不能辨别那些引发良好声誉的原因到底是什么。因此，他开始不愿意进行自我反思，慢慢地，发展到抵制这么做。
>
> 也许他只是个普通人，他的行为受到个人利益和社会利益的双重驱动，只是个人利益所占的比例更大一些而已。在这种情况下，他会怎么做呢？当反思某一件事情的动机时，他会只提及社会动机，并说社会动机主宰了他思想的全部。这一点，是他自我心理认识的第一步，也会是最后一步。他为什么要更深入地分析自己呢？他为什么要忍受自我反省的苦痛和煎熬呢？如果暴露自己所有的动机，在他看来只会招致屈辱，他为什么要开诚布公地坦露自己呢？

合理化和拖延症

也许最常见的自我欺骗的方式是合理化。当我们无视或者否认那些不愉快的事实，从而使得我们想做的事情，或者喜欢的东西显得更为合理时，我们就在合理化我们的行为。有一则笑话发生于一个精神病学家和他的患有妄想症的病人之间。它能很好地揭示合理化的心理机制：这个病人相信自己已经死了，而这位精神病学家为了向他的病人证明他还活着，首先告诉病人，死人是不会流血的，病人同意这一观点。然后精神病学家划伤了病人的胳膊，病人立刻流血了。精神病学家舒心地微笑着，坐在椅子上，等着病人自我反省。病人却十分吃惊地说："好吧，我承认我错了——死人会流血。"这个病人就是这样反转了不可否认的事实，继续坚持自己的妄想。

另一个例子来源于歌舞剧《歌厅》。一个轻信的德国人在读最新的纳粹宣传手册，他愤愤不平地说："犹太人拥有世界上所有的银行，而且他们也是国际共产主义运动的幕后推手。"他聪明的同伴立即指出其中的问题："但是银行家是资本家，共产主义者却与资本主义是对立的，犹太人怎么可能同时是这两者呢？"第一个人愣了愣，然后机警地点点头，好像恍然大悟、洞晓一切的样子："他们好狡猾啊！"

这种状况也经常发生于一个人的行为与他个人的品格不一致时。斯坦福大学进行的一项研究非常引人深思：这项研究的研究对象是监狱行刑队的狱警。研究人员发现，比起其他狱警，这些行刑狱警更倾向于对自己的行为进行道德上的开脱[1]。他们更倾向于相信死刑名单上的罪犯没有人性，坚称这些罪犯是对社会的威胁（"他们会越狱并再次杀戮"），并且监禁他们也增加了整个社会的财政负担。这样的使之合理化的心态，让他们逃避了道德上的责任。

媒体也经常运用这种方式为自己开脱。比如，南希·格蕾丝在她的谈话节目中采访了一位母亲。在采访中，格蕾丝一直纠缠这位母亲，要求她公布当她两岁的儿子失踪时她自己在干什么。整个采访过程令人非常压抑：那位母亲一直在哭泣，不知所措，而格蕾丝则一直迫使她认罪。采访结束后不久，这位母亲就自杀了。因此，当节目播出时，荧屏底部打出了这样的字幕："在节目播出时，这位母亲的尸体在她的外祖父母家中被发现。"当一位观众打进电话质问格蕾丝，是否想过也许是她将那位母亲逼入了绝境时，格蕾丝回应说，她的节目不应为此负责："事实并不总是一片祥和、彬彬有礼和易于接受。有时事实就是如此残忍，令人痛心。"好吧，这实际上就是一种合理化，格蕾丝在为自己的残忍攻击开脱。美国有线电视新闻网的女发言人也认为播报是合理的，她声称他们之所以在那位母亲自杀几小时后就播放了这个采访，目的是为了让人们持续关注这起孩子失踪事件，进而帮助找回失踪的孩子。这样的言论使得 CNN 看起来像是真的在帮助警方调查，而实际上，这不过是一种险恶的合理化，他们以耸人听闻的手段制造了另一起人间悲剧[2]。

合理化常常会导致拖延症——将常识告诉我们需要今天完成的事情，拖延到明天或以后。年轻的烟民总是告诉自己，他们会在几年后或者在严重疾病爆发前戒烟。而学生们都擅长将论文拖延至截止日期再完成。（就像那首老歌所唱："对我来说，明天不错。"还有那句西班牙谚语："明天，又是新的一天！"）即使长远来看后果严重，今朝有酒今朝醉也是全人类的共性。通常来说，长远伤害越大，明

---

[1] 参见：贝内迪克特·凯里. 当死亡来临，道德罗盘开始豁免 [N]. 纽约时报，2006-02-07.
[2] 参见：C. W. 内维厄斯. CNN 谈话节目的卑劣达到新高 [N]. 旧金山纪事报，2006-09-15.

智的人选择一时快活的可能性就越小。问题是，相比之下，我们大多数人都会轻视长远伤害，而看重短期所得。

有时，这种类型的自欺行为会影响到整个国家。当托马斯·杰斐逊总统把"人生而平等"写入《独立宣言》时，很明显，他不是指所有人生而平等，他只是指产权所有人，而且这不包括非洲裔美国人，更不用说女性了。当然，他没有将奴隶视作财产，而且相信奴隶制在道德层面上与美国独立战争的原则相违背。但是，他却把自己的奴隶当成合法化财产，当他需要钱的时候，就会卖掉他们。直到临死，他也只是解放了自己很少量的奴隶。杰斐逊是一个很复杂的人，他似乎可以同时持有两种相反的观点却不为其内在的道德矛盾所困扰。因此，他将解放奴隶的问题一再拖延，当然，一方面是由于他自己的这种矛盾心态，一方面是由于美国南方实行奴隶制地区的激烈反对。最终，他将解放奴隶的问题留给了后人去解决[1]。

人类面对不愉快事实时的不情愿心态，在小说中被反复刻画。康拉德在其小说《黑暗的心》中，描述了19世纪欧洲人入侵非洲的行径。这些欧洲人试图对非洲进行开发，并按等级控制当地人民，还试图让自己的行为合理化。康拉德在这部小说里记录了这群人的种种自我欺骗和使之合理化的行为。定居在比属刚果的欧洲入侵者声称，自己的目标是给非洲原住民以启蒙和开化："使数以百万计的人们摆脱无知的愚昧状态和可怕的习俗。"但随着故事的展开，我们发现，这些殖民主义者只有一个目标，那就是掘开这些土地去寻找象牙。

虽然只是一部文学作品，但《黑暗的心》描述的是世纪之交比属刚果的真实情况。1876年，比利时人开始对刚果进行殖民化入侵。比利时的国王利奥波德二世，作为刚果的真正拥有者，这样描述他的目的："我们为了对世界上最后一块没有基督教的土地上的人民进行教化，为了破开包裹那里所有民众的黑暗。"但是，事实上，这位国王是一位暴君、殖民者和奸商，而刚果人则失去了自我，成为奴隶。在对非洲当地人所实施的暴行传回欧洲后，欧洲大陆人的心里也隐约涌动起阵阵不安，而这些暴行很快被欧洲人合理化了：如果当地人发生叛乱，哨兵们总

---

[1] 更多杰斐逊对待奴隶制态度的内容，请参见约瑟夫·埃利斯撰写的关于这个复杂男人的传记《美国的狮身人面像》。

要自卫，不是吗？文明的过程不都是要有所牺牲吗？等等。

在《黑暗的心》中，康拉德用一种具象的方式揭穿了欧洲人合理化的心理机制。他通过集中描绘几个特定的欧洲人，如库尔兹的心路变化历程，揭露了欧洲人在非洲的行为不过是以文明启蒙为借口进行殖民侵略。而他们的这种合理化行为与其说是在蒙蔽非洲当地人，不如说是在蒙蔽自己。

时至今日，任何人如果对《黑暗的心》中一系列的集体自欺行为不以为然，说它不过是小说的虚构，或者声称即便是真的那也只是很久以前的事了，他都应该对现今巴西、印度尼西亚所发生的文化侵略行为保持警醒。这些对当地文化进行侵略的行为，无一不是披着合理化的外衣——"促进当地人的现代化"，或者是"促进资源利用的最大化"。

下面这段对话摘自简·奥斯汀的著名作品《理智与情感》，它很好地展示了在现实生活中十分常见的使之合理化的行为方式。这段话摘自小说的第二章，约翰·达什伍德向他的妻子范妮解释，他为什么要从继承的非常可观的遗产中拿出 3000 英镑馈赠给自己的继母和同父异母的姐妹们：

"那是我父亲对我最后的要求，我应当帮助他的遗孀和女儿们。"

"我敢说，他根本不知道他自己在说些什么！那时他的头脑十有八九是不清醒的。如果他还有理智，他又怎么会请求你从自己的孩子那里拿走一半的财产给别人呢。"（事实上，这个数额远不到一半。）

"他没有规定具体的金额总数，亲爱的范妮！只是要求我帮帮她们，使她们的日子更好过一些……"

"好吧，我们可以为她们做些事情，不过不必花费 3000 英镑啊！钱一旦分出去，就再也追不回来了。你的这些姐妹们会嫁给别人，钱就永远没有了。这些钱也就再也不属于我们可怜的孩子了——"

"那么有可能，这样做会不会更好——把钱的总数减少一半——或者只是 500 英镑，这对她们来说，已经是很可观的收入了！"

"难道这是最好的办法吗?即使是亲兄妹,哪有哥哥会对他的姐妹这么好的?更何况,你们才仅仅有一半血缘而已啊!"

"……有道理!就算没有我的馈赠,她们的母亲如果去世也会给她们每人带来超过3000英镑的收入,这对于任何年轻女性来说,都是极其丰厚的财产了。"

"的确是啊!我突然想到,也许她们本来就没有期望你做什么……"

"有可能!还有,我不知道这样想对不对:比起她们的母亲还在世时对她们好,也许母亲去世后多帮助她们才是更合理的……每年100英镑就能让她们的生活非常舒适了。"

"这可比一下子分出去1500英镑要好!但是,如果达什伍德夫人再多活15年呢……我们应该考虑在内啊……当每年都可以得到一笔钱时,人们总会长命百岁的……"

"我相信你是对的,亲爱的!根本就不应该每年给她们钱……一份50英镑的馈赠就可以让她们脱离贫困了,而且也足以兑现我对父亲的承诺了。"

"当然足够了……我相信你父亲根本就没有让你给她们钱财的念头……每年她们会有500英镑的收入,究竟什么样的女人才能期望得到更多?她们会生活得非常简单!她们根本就没有家用开支。她们不会有马车、马匹,几乎不用仆人;她们不会有任何花费!想想她们过得会多么舒适吧!……她们甚至会有能力馈赠我们些什么!"

就这样,富有的达什伍德夫妇不仅使自己不对继母、姐妹们施以援手合理化,还使自己相信她们应该馈赠给他们财产!

其他心理防御机制

当合理化地解释或拖延某事时,通常我们是有意为之。但也有一系列的心理防御机制策略，我们经常用到而不自知。这些心理防御机制使得我们避免面对反例，曲解事实，进而会严重影响我们进行批判性思考的能力。

第一种是抑制。对于那些带来压力的事情，我们根本不考虑它们，或者更通常的，我们会去考虑那些没有压力的事情，来避免面对压力。这样一来，我们就能够避免压力所带来的焦虑和其他不愉快的情绪。尽管抑制在较短时间内可能会减轻压力，但它经常会带来消极的结果。比如，一个统计学课程不及格的学生为了缓解自己的焦虑，他会想一些开心的事，如想想他新交的女朋友、一场即将到来的舞会、一场体育比赛，以此来压抑自己内心深处对失败的深深恐惧。这在短期也许有效，但从长远来看，他最好能够面对这个问题，寻求帮助，努力去提高他的成绩。

第二种是拒绝承认。拒绝承认也包括一些抑制的成分，但与抑制不同的是，它不是用愉快的其他想法来代替思考有压力的事情，而是对目前的状况重新解释，并拒绝承认这是一种威胁。当恋爱关系已经渐趋恶化，我们却一直拒绝承认，直到最后我们的伴侣离开了我们——尽管那些不满的迹象在别人看来已昭然若揭。我们可能会通过找借口、自我欺骗或者是忽视它们的方式，去重新解读伴侣的消极行为，而不是真正关注这些迹象。我们需要保护自己，我们不愿分离和失去，但这样的心理却可能会阻止我们在人际关系中直面问题，进而阻止我们找到解决问题的途径和方法。

拒绝承认也是互联网用户一个十分常见的弱点。当在 Facebook、YouTube 和 Twitter 之类的网站上发表一些挑衅的观点时，关于隐私的界限，人们常常分不清楚。这里有一个很典型的例子，一位加利福尼亚大学洛杉矶分校的女生在 YouTube 上发表了一个长达 3 分钟的谴责，这个谴责针对的是一个亚洲学生在图书馆用手机打电话的不文明行为。在自己的房间对着一台电脑单独发言时，该女生肯定会拒绝承认她的言论会招致任何后果，更别说会引起轩然大波、激烈的种族争论，甚至是死亡的威胁。而这一切，都真的发生了。她随即得到的恶名是如此恶毒，以至她被迫辍学，原因如她所说，因为"对我家人的骚扰、死亡的威胁和整个社会的谴责"。也许一个涉世未深的大学生犯这样的错误可以被谅解，但你怎么解释两个国会议员也陷入同样的境地呢？先是民主党的罗波·维纳在 Twitter 上发布了他和大学生的色情照片，然后是共和党的克里斯·李给女网友发去调情的邮件，还附赠上自己裸露上身的照片。他们两位都因丑闻而被迫从国会辞职。网络表面上的匿名性迷惑了大多数人，这使得他们拒绝承认自己的行为会招致恶果。

在存在主义的经典著作《局外人》里，加缪创造了一个压制和拒绝承认的极端案例。主人公莫尔索在阿尔及利亚海滩上杀了一个阿拉伯人，而且始终拒绝承认他的真正动机，反而将其归咎于太阳过于炙烤的缘故。这样一来，他通过重新解释当时的状况和情景，来逃避责任和内心的恐惧。后来，在监狱的牢房里，他压制住对即将到来的审判的焦虑，一直不断回忆家中自己的卧室。漫长的牢狱时光里，他回想起卧室墙上的每一个裂缝，卧室壁画上的每一个细节，房间的每一样物品——从而成功地避免了压力。最可悲的是，正是由于抑制与拒绝承认，莫尔索不愿回忆当时的杀人情景，实际上，他只是正当防卫，而不是随意射杀。小说里的几处细节描述，隐晦地暗示了当时的真实场景，但这一点被淹没在存在主义的主旨之下。

在危及生命的身体疾病上，拒绝承认会造成生命危险。一个特别典型的例子发生在对待艾滋病的态度方面。一些艾滋病的"否定论者"认为 HIV 是无害的。而实际上，事实已经证明 HIV 能够引起艾滋病[1]。这些人主张抵制抗 HIV 病毒的药品，他们认为这些药品只会引发艾滋病而不是治愈艾滋病。如果只有很少的人受到这个流言的影响，将不是什么问题。但当一个国家领导人鼓吹这些蠢话时，数以万计的人会因此而遭殃。塔博·姆贝基在担任南非总统期间拒绝承认艾滋病的病因和治疗，他的政府甚至控制了抗 HIV 病毒药物的使用。结果，尽管外国捐助者慷慨援助，但只有大概四分之一的艾滋病人得到救助治疗。更糟糕的是，南非卫生部部长相信抗 HIV 病毒药物有毒，因而用很多营养品，如柠檬、大蒜、橄榄等，来代替治疗 HIV。这些伪科学的毫无价值的治疗方法，最终使得许多南非人丧命。为什么人们会拒绝承认真相，而对科学的证据熟视无睹，这一点令人费解和深深不安。

---

[1] 参见：约翰·穆尔，尼科利·纳特拉斯. 艾滋病和南非：致命的骗术［N］. 国际先驱论坛报，2006-06-04.

一厢情愿、自我欺骗和拒绝承认的一些有益之处

在前面几个章节里，我们深刻剖析了人性。我们指出，人是理性的，但同时人也是非理性的，人们会自我欺骗。这些观点也许会遭到一些人的反对，他们的理由是，从进化论的观点看，如果人性真的有这些弱点，那么人类经过如此漫长的发展和自然选择，肯定已经被淘汰了[1]。对于这种观点，我们要回应两点。第一，无论各种理论如何界定或质疑，明显的事实是，人会欺骗自己，也会产生一厢情愿的想法，这些心理机制有时会导致错误的行动。那些坚持进化论和自然选择的人必须要接受这一事实，而不能因为自己所持的理论就否认事实。（科学的一大特质就是不允许科学家们如此胡闹。）

第二，一厢情愿和自我欺骗的心理机制虽然会导致严重的后果，但有的时候，它们的确会带来实际的好处，因此，虽然人类一直在进化，但这些心理机制还是保留了下来。对于它们所带来的好处，尽管到目前为止我们还不能完全说清楚，但其中的一些，我们已经掌握。

自我欺骗的一个重要功能就是能够减轻焦虑和压力，让我们更有能力去做出决定和采取进一步的行动。例如，本书著者之一在几年前发生了一起严重的车祸，但当时没有任何恐惧感。正因为如此，他能够在关键时刻以一种不可能的方式控制住自己的汽车。（当然，在那次事故中，他的确摔得很厉害。）心理学家会说，在关键时刻，他的恐惧被抑制。

减少焦虑，对于一些长期的危险和潜在的失败也具有关键的意义。科学家们正在关注长期的焦虑对身体的影响，虽然对于这种影响还不完全清楚，但至少，

---

[1] 我们人性中那些理智的部分已经进化了，因为这些部分的主要职能是解决生活中的问题，而人类已生存了这么多年。这种观点在19世纪就开始传播和流行，达尔文和皮尔士等很多杰出人士都持这种观点。

压力会对免疫系统造成损害，也可能与其他重要系统的问题有关[1]。心理学家对于焦虑和压力与人的信念之间的关系仍然不能完全解释清楚，但可以肯定的是，怀疑，特别是对重要事情的怀疑，会让大多数人心生焦虑。解决这些疑惑，达成某种见解或信念，能减轻焦虑，并进而让我们感觉好受些。因此，不仅仅是要做什么事情的行动，会催生出很多不成熟、不可靠的信念。即使没有什么可以做的，心里的怀疑也可能会产生持续的焦虑（有时被称为广义的焦虑），而一厢情愿的想法正是通过消除疑虑而减轻了我们的焦虑。

对于那些想要记住好的经历并同时忘记那些不好的经历的人而言，自我欺骗也扮演了积极的角色。为什么多年后我们会越想越痛苦？为什么要用这种方式把我们拖垮？（当然，铭记错误以防重蹈覆辙也很重要，关键是沉溺于这些回忆对他们而言毫无价值。很多抑郁症患者都是太过沉溺于不好的回忆。）

自我欺骗的另一个广为流传的好处叫作"安慰剂效应"。当人们服用仿制的药物时，他们认为他们正在接受治疗。他们如此期望这些药物可以治好他们，以至他们通常真的会觉得这些药物极大地减轻了他们的痛苦，而实际上，这些仿制品里不包含任何药物成分。医学研究人员早就知道安慰剂效应的存在，他们经常以此作为实验的参照，来测试药物的疗效。在《美国医学会杂志》（2008年3月）上发表的一项研究结果显示，药品的成本以及药品本身的价格提高了病人的期望值。调查人员把82名被测试者分为两组，给一组服用仿制的药品，并注明每剂量的价格是2.50美元。另一组也是仿制的药品，但注明该药品已降价到10美分。研究人员在被测试者服药前和服药后，都电击他们的腕关节，并让其描述电击带来的疼痛。虽然两组被测试者都有很明显的安慰剂效应，但85%服用那些标注昂贵药品的被测试者说，药品使他们的疼痛明显缓解；相比之下，只有61%服用那些标注便宜药品的被测试者如此说。而实际上，这两组被测试者服用的药物是相同的。这样的研究结果表明，我们的心智会欺骗我们的身体，也正是在这个意义上，自

---

[1] 关于自我欺骗和减轻焦虑之间的关系，以及人们的潜意识是如何筛选进入我们意识状态的回忆的，可以参见：丹尼尔·格鲁曼. 重要的谎言，简单的事实［M］. 纽约：西蒙与舒斯特出版社，1985。关于压力与免疫机能之间的关系，《科学美国人》杂志1987年5月刊的第68页刊登了一个简短的评论。

我欺骗是有好处的。人们服用未经检验的替代药物时,常常会有这种安慰剂效应,尽管这些药物可能一文不值。潜在的危害是,他们可能会试图用伪造的药品来治疗严重的疾病,而这简直就是自我欺骗。

在很多国家,神奇药水被当作药物普遍接受,尽管它们可能只有一点点超过安慰剂的效用。一个退休的坦桑尼亚牧师提炼了一种药水,吹嘘它可以治愈一切重疾,包括艾滋病、癌症、糖尿病等,而只需要30美分一杯[1]。它就像烤饼一样被卖出去。大量的患者涌入他所居住的村子,队伍排成长龙,以至有人在排队的过程中死去。就连坦桑尼亚的政治人物也坐着直升机飞来,只为这神奇的药水。"这只关乎你的信念,如果你相信它有用,它就有用",一个女人说。如果你需要的就是一支安慰剂,这确实是,它其实只起到短暂的安慰作用。而对于真正治愈那些重疾来说,它真的没什么用。

也许在这些案例中,自我欺骗之所以能够让人们感觉更好一些,是因为不用考虑医学的证据,并拒绝承认死亡的降临,这会使得绝症患者减少恐惧。我们都希望抗拒死亡,越是濒临死亡的人越是如此。自我欺骗使得人们拒绝承认那些疾病可能危及生命,就像罗斯福那样,他拒绝承认脊髓灰质炎可以毁掉他的生命,这一点也是他能够顽强坚持并成为美国总统的重要原因。

然而,在一些案例中,对临近死亡的拒绝承认,其代价却会引发争议。比如,广为流传的是,很多年轻人一旦发现自己处于现代战争中的致命杀伤区,就会以一种常人难以想象的方式行动起来。他们扣动扳机、投掷炮弹,只是为了亲眼看到子弹和炮弹打到另一个人身上,而不是打到他们自己身上。这些战士经常讲的故事就是,当他们中的一位被流弹击中并意识到自己会死的那一刻,他是多么的诧异!那些送这些年轻人上战场的人就是运用拒绝承认的伎俩,使得这些年轻人只看到好的方面,而故意隐瞒一个事实,那就是这些年轻人其实命悬一线。这种自我欺骗的好处是,当他们的国家受到外族武力威胁时,能够鼓动这些年轻人为国家而战。但不好的是,这一点会被暴君和一些领导人所利用,他们会让年轻人

---

[1] 参见:杰弗里·格特尔曼. 坦桑尼亚:簇拥而入,甚至动用直升机,只为寻找神奇药水 [N]. 纽约时报,2011-03-29.

的生命处于险境之中。

伪科学和超自然的影响力

科学家，尤其是自然科学家，通常知道的一个常识是：他们每天所谈论的那些奇迹都是科学造就的，从电脑、手机、电视、电灯泡、尼龙、卫生纸、眼镜，到胰岛素，以及从厨房水龙头里流出来的干净的热水或冷水，都是如此。但奇怪的是，伪科学理论尽管没有做出什么积极的贡献，却还是广为传播，并被很多人所接受。为什么会这样呢？

哈里斯 2007 年的一次互动调查显示，很多美国人相信，世界上存在着鬼（41%）、UFO（35%）、巫婆（31%）和占星术（29%）。他们为什么会如此轻信呢？我们在本章节一直讨论的各种心理机制就是答案。尽管是科学造就了所有的结果，但它并不总能为我们的问题提供让每个人都满意的简单的答案。相反，它常会让我们承认我们希望否认的东西。比如，人并不完全是理性的动物；善良的人并不一定会得到回报；坏人也不一定会被惩罚；艰辛的劳作是我们大多数人的命运，我们终有一死。（还有，对于我们死后的可能性，科学却根本不置一词！）

与此相对照的是伪科学的做法。关于他人的命运，它总是预言厄运当头；但关于我们的未来，它总是良言颇多。比如，关于外星人，很多的恐惧是伪科学制造的，但它同时又会如此缓解我们的恐惧，那就是我们可以把这些外星人驯化为善意的、可爱的生物。伪科学总是让人们心情舒畅、精神振奋，并乐观积极。它通常会为我们所面临的问题提供简单的解决途径。占星家这样告诉我们，如果我们在良辰吉日进行经济交易，就会获得生意上的巨大成功。算命先生会推算成功的爱情和婚姻。灵媒声称能够让我们与去世的爱人再次联系。（顺便提一下，这也意味着我们将会超越死亡。）

因此，伪科学被证明是如此的毫无价值，却仍被广为信奉，这真是一种奇怪的社会现实。比如，占星术在过去的几个世纪里已经被反驳了无数次。例如，古罗马学者老普林尼（公元 23 年—公元 79 年）曾提出一个简单却致命的对占星术的反驳："如果一个人的命运由他出生时头顶的星星决定，那么这颗星下所有人的命运都应该是一样的。而实际上，奴隶主与奴隶、国王和乞丐都生于同一颗星星下，但命运却是如此的不同。"是人类一厢情愿的想法，使得人们能够无视一切科学的证据而沉溺于伪科学之中吗？不论这个问题的答案是什么，有一点是可以确定的，那就是，伪科学虽然遭到科学证据的强烈反驳，但像占星术这样的伪科学之所以还会大行其道，就在于，它给人们提供了一些看起来是可行的办法和手段，当处于脆弱的时刻，我们会把这当作生命的稻草。

骗子的武器之一就是心理学家所称的"巴纳姆效应"，这一理论以19世纪的马戏团大亨巴纳姆命名。巴纳姆因"每一分钟都会有人受骗"这一名言而闻名，但他同时也认为，自己获得巨大成功的秘诀是，为每个人提供了一些东西。那些以占星术为生的骗子们都严格遵从巴纳姆的建议，他们将星座表述得含混不清，因此，实际上，在他们的暗示性描述下，每个人看到的都是自己想看到的。下面是一个关于"巴纳姆效应"的典型案例：

你很需要别人的喜欢和欣赏。你对自己要求甚严。你还有很多未开发的潜力，它们还没有转化为你的优势。你也有一些性格上的不足，但通常你都有能力去改正它们……你是一个独立思考的人，不会盲目接受别人的观点。

事实上，这些描述只符合相对而言很少的人，但却符合我们大多数人眼中的自己——或者说是我们想成为的自己。

超感官知觉（心灵感应、千里眼、预知等）是另一种被大众广泛认可的伪科学。而事实上，历经一个世纪的调查，并没有证据能够证明超感官知觉的存在。持续跟进美国国家科学研究委员会对该领域的大量调查研究后，一个科学委员会得出这样的结论："基于130年的科学跟踪调查，委员会并没有发现超感官知觉、心灵感应或'精神高于物质'现象的存在……大量最佳的可利用证据根本不支持如下观点：这些超感应现象真的存在。"[1]

面对这样的科学调查结果，为什么人们还是愿意相信超感官知觉的存在呢？在这一章节，我们已经有所解答，如自我欺骗、一厢情愿等。但康奈尔大学的认

---

[1] 信息来源：《美国心理学会监控》，1988年1月。近期更多的评估也得出了相同的结论。

知心理学家托马斯·吉洛维奇通过调查研究人们信仰的起源指出,个人的经历在信仰超感官知觉方面也扮演了很重要的角色。当人们偶然或巧合地经历了一系列的好事或坏事时,他们经常会将其归结为一些特殊的神秘的力量。在赌场里,一个赌徒在21点或轮盘赌博中好运连连。他很难接受的事实是,概率论已经表明,猜中结果的现象时有发生,也一定会发生。但他们通常会认为,这是某些特殊的看不见的力量在发挥作用,操纵着这一切。

预感属于同一范畴。预感只是人的思想与真实世界中的事件的一种巧合。一个年轻人梦到前女友,结果不早不晚,第二天他就接到前女友打来的电话。这个年轻人如果认为他的梦是一个预感,他其实忘了还有很多次他梦到前女友,但并没有接到她的电话。毕竟,人们经常会梦到以前的恋人,但很少第二天就接到对方的电话。所有这一切,只是巧合而已。巧合这一元素也可以用来解释超感应现象。一个女人梦到一架喷气式客机在佛罗里达大沼泽地坠毁——而在后来的现实世界里确实发生了!这预示了什么呢?巧合的事件比我们所能想象的更频繁地发生。人们总是会倾向于记住那些不幸言中的预感,而忘掉没有言中的预感,但实际上,后者更多。这一点也很好地说明了伪科学与科学之间的区别。伪科学只关注成功的案例,而忽略或隐瞒不成功的案例;科学却从来不会忽视反例,它用实验来检验自己的假设,并要求实验结果在各种观察和实验中反复出现。科学从来不会建立在巧合和奇闻特例之上。

骗子在很多事情上都是懦夫。虽然作恶,但他们总是让人高兴、心情舒畅,他们也自觉地把恶降到最低,这是他们骗术的全部。但如果把整个国家都玩弄于股掌之中,像墨索里尼和霍梅尼那样,则是另一回事了。下面的这段话是希特勒关于如何进行群众宣传的论断,他真是此中高手(转引自1988年3月的《世俗人文主义者公告》):

所有的宣传必须是民众喜闻乐见的,必须与大部分人的智力水平相当。

要想让宣传富有成效,就必须把它提炼成几个要点并进而形成口号和标语。

> 对于这些口号和标语，怎么讲解和强调都不为过，务必让每一位民众都懂……民众的行动是迟缓的，他们总是需要花费一段时间才能真正地关注一件事情。只有在最简单的想法被重复讲上千万次之后，民众才会最终记住它们。
>
> （宣传务必要鼓动起民众的热情，并与他们形成情感上的共鸣，理性和智力的因素是次要的。）
>
> 所有宣传活动的第一要义是：要用个人鲜明的主观态度回答所有的问题。宣传的内在机制……就是不要去权衡和考虑不同人的不同权利，而是反复强调和激发一种新的权利，让人们去渴求和追逐；宣传的任务不是要去客观地研究真相……而是要让它为我们的目标服务，一直如此，毫不含糊。
>
> ---
>
> 这听起来像不像是当今美国最常用的政治修辞理念？

缺乏良好的平衡感

到目前为止，这一章所讲的一些非理性心理机制，如地方主义、自我欺骗等，似乎随着人类的进步也演化发展了。比如，我们前面提到，自我欺骗可以减轻压力，而地方主义会增强集体凝聚力。正因为如此，接下来，我们要关注的是，如何在这些因素和利弊之间保持一种良好的平衡[1]。毫无疑问，在生活中，我们做决策

---

[1] 人们之所以无法保持良好的平衡感，一方面是因为一厢情愿、地方主义以及从众心理所能带来的心理抚慰，另外，这也与人类进化中的两个因素密不可分。首先，人类的行为受理智的支配，这是人类进化后期的事情，更早的时候，人类的行为受情绪和欲望的支配。这一点，我们可以从脊椎动物特别是哺乳动物大脑进化的过程得到佐证。这种强烈的情绪体验，在现代社会也会驱使人们非理智地思考并意气用事。其次，是由于对驱动宇宙的力量的无知。哲学家们习惯于把这种力量叫作"神秘的驱动力"，而关于这种驱动力，人们不断探求但知之甚少。（在医药领域，药品的出现不过是150年前的事情，此前的医生一直用放血这种方式来治疗各种病症。）回顾人类的整个发展史，在过去的1万—2万年间，对于事物之间的引起和被引起关系，人们一直处于愚昧无知的状态。也只是人类发展到近期，人们才学会控制自己的欲望和情绪，从经验中学习，理性的力量才开始凸显。因此，从这个角度而言，人类缺乏良好的平衡感，也可以说是一种"进化的缺陷"。

和采取行动的时候,都会出现无法平衡这些因素的状况,但我们不能因此放弃努力,而是要尽量减少这些非理性心理机制的干扰,努力做到推理正确、论证有力。

首先,谨慎是保持良好平衡感的重要因素。谨慎就是目光长远,它使得我们今天所做的工作都是为了把将来整体的利益最大化。当然,谨慎并不意味着我们应该成为苦力或者工作狂,也并不是让我们把今天的欢愉都推延到明天。它只是意味着,我们要在今天的欢愉与明天的利益之间保持良好的平衡。

需要注意的是,虽然谨慎是保持平衡感的重要因素,但粗心大意并非就意味着破坏了平衡感。本章我们所讨论的非理性心理机制在这方面发挥着重要作用。例如,忠诚感有时甚至会遮蔽最富有远见的心灵,导致我们去夸大自己所处社会的成就,而忽略它的缺陷。一厢情愿也会如此。人们购买乐透,不是因为他们不知道中大奖的概率多么渺茫,而是因为他们一厢情愿的想法:"今天是我的幸运日。"或者:"我的出生日期是45年1月23日,所以我的幸运号码是12345。"

自我欺骗和一厢情愿并没有太大的价值。在"9·11"事件后,很多美国人不再乘坐飞机出行。尽管以这样的方式丧命的概率非常小(几百万分之一),但考虑到恐怖主义事件的惨烈性质,这种举动是可以理解的。而实际上,与恐怖袭击相比,开车上班遭遇不测的概率更大。这些拒绝乘坐飞机的美国人,不得不开车去很远的城市,而这种做法会花费几倍的时间,并且风险更大。事实上,飞机是人类所有的交通工具中最安全的,但是很多人在每次乘坐飞机时都会恐慌、害怕。

不能以恰当的平衡的视角来看待问题,是导致人们推理犯错的最重要的原因。而这一切,经常被政客们所利用。他们知道,通过"面包和马戏团"的把戏,就可以把民众的注意力从重要的事情上转移开。例如,宣布一个不受欢迎的举措的最佳时机,就是当民众正关注像林赛·罗韩或"小甜甜"布兰妮的绯闻逸事时。或者,当其他的新闻占据头条时,这些措施就会悄悄地出现而不被注意。例如,2007年,次贷危机已经浮出水面,股票市场开始动荡起伏,小布什总统开始推行医疗改革法案,这个法案要求扩大和增加国家儿童健康保险项目(SCHIP)所覆盖的范围,以便让更多的儿童享有国家的医疗保险服务。这一法案所需的花费(每年投入600亿美元,共投入5年),相比于同期的伊拉克战争的直接军费(6070亿美元,还有很多的隐性花费根本无法统计),只是九牛一毛。这件事情本身就失之偏颇。但很显然，从后来的结果看，很多国会议员并没有让事情扭转，因为他们没有足够的票数来压过总统，总统的方案顺利通过。而美国民众的注意力由此被转移，更重要的事情被忽视和无视。

小结

人并不是完全理性的动物，很多非理性因素会阻碍我们进行有效的推理和论证。

1. 有时，我们的推理会因为忠诚而犯错。忠诚使得我们盲目地看待自己所处的社会和它的成就；因为忠诚所引发的地方主义，我们往往不去关注世界正在发生的事情而只关注自己，由此会兴趣狭窄、知识匮乏；因为从众心理，我们会不假思索地相信大多数人相信的事情。比如，很多人未能注意到自己的政府在国际事务上做的那些不民主和卑劣的事情。

2. 忠诚和地方主义会导致偏见，尤其是歧视其他群体的成员，对他们持有未经证实的成见。比如，在美国，非洲裔美国人往往被刻画成拖沓、顺从的样子，这个成见一直持续到20世纪50年代后期。但并非对别人坏的看法都是偏见，偏见只是意味着我们没有充分的证据就固执己见。

对别人的偏见，往往建立在对自己所属群体的缺陷和弱点过度容忍的基础之上，以至发生问题时，人们往往会去寻找替罪羊，来回避自己的问题和错误。比如，把各种错误都归咎于犹太人。

刻板印象和寻找替罪羊的做法，通常来自于党派心态：人们会寻找有利证据来为自己的"我们 vs 他们"或"我正确 vs 你错误"的二分态度寻找理由。相比之下，理性的人则心态开放，无论谎言如何蔓延，他们追求的永远是真理。

3. 迷信往往缺乏证据的支持。它们通常建立在带有偏见的证据之上，或者是建立在小样本或不具有代表性的样本之上，与此同时，所有的反例却被忽略或视而不见。比如，关于黑色星期五，人们总是忽视那一天发生的好的事情；而对于其他日子，总是忽视其发生的不好的事情。

4. 以非理性的方式构建的信念通常是建立在一厢情愿的想法之上，我们相信我们愿意相信的事情，而不管是否有证据支撑。一厢情愿的一个变体是自我欺骗，自愿地相信一些事情，而这些事情在更深层次上都是经不起深究的。比如，英国首相张伯伦通过与希特勒签署《慕尼黑协定》，希冀确保整个世界的和平。

5. 另外三种重要的一厢情愿的做法是合理化、抑制和拒绝承认。比如，尽管各种各样的证据已经表明，吸烟有害健康，但人们仍坚持吸烟。合理化常常导致拖延，把今天应该做的事情推迟到明天。比如，到该交论文的最后一刻才开始写。

6. 尽管我们现在还不能确定，为什么这些非理性机制会随着人类的延续而进化，科学家却开始理解它们的一些有益之处。忠诚和地方主义有时候会增强群体凝聚力，来抵御其他群体的威胁和竞争。从众心理会帮助一个人和他人一道很好地为他们的群体服务。自我欺骗经常能够减轻焦虑和压力，从而有利于保持身体健康。长期怀疑往往会导致压力和焦虑，抑制和拒绝承认可以减少疑虑，从而有利于人的身体健康。比如，拒绝承认晚期疾病的严重性，从而减少了人们对死亡的恐惧。

7. 也正是因为一厢情愿、自我欺骗和类似的心理机制，伪科学被人们广泛采用，尽管它们根本不能帮助我们成功地解决日常问题。对于我们的前途和未来，伪科学总是吉言颇多，它满足了我们内心深处的愿望，让人心情舒畅、精神振奋，并乐观积极。比如，灵媒从业者声称，可以让我们联系到已故的朋友和亲人。

伪科学之所以被广泛接受，也是因为骗子们已经深谙如何在我们脆弱和毫无防备的时刻操纵我们。比如，利用所谓的"巴纳姆效应"，掌握占星术的人在讲述时，总是语言隐晦、大而化之，其结果往往适合每个人。但骗子利用我们的弱点进行操纵的方式，与政治催眠者阿道夫·希特勒相比，是微不足道的。他利用聪明和智慧的说辞，勾起人们心灵非理性的一面，从而熟练地操纵人们的意向。

8. 很多时候，我们大多数人缺乏良好的平衡感，以至造成推理出错。比如，我们被政客们的政治修辞所吸引，以至我们过多地关注一些不太重要的事情，而真正重要的事情却被忽略或轻视。因此，我们应该保持谨慎的态度，让我们每一天的行动都能使得我们的长期利益最大化。谨慎也是克服平衡感缺失的重要方式。比如，很多学生为了追求今天及时行乐，而不好好学习，以至到临考前才匆忙学习，这种做法就是没有在今天和未来之间做好平衡。也有很多其他原因导致平衡感的缺失，如忠诚、地方主义、一厢情愿等心理机制，这一切都会导致我们不能正确推理。比如，与大风险相比，人们更害怕小风险。

第七章
语　言

▷▷

名不正,则言不顺;言不顺,则事不成;事不成,则礼乐不兴;礼乐不兴,则刑罚不中;刑罚不中,则民无所措手足。

——《论语·子路》

当心里萌生出一个想法时,我们总能找到合适的语言来表述它。

——德国作家 歌德

通意而后辩。

——中国谚语

小心并避开那些华而不实的冗长。

——查尔斯·A.比尔兹利

语言是表达论证不可或缺的工具。从经典文学作品里，我们能感受到语言的力量，莎士比亚、菲尔丁、奥斯汀、康拉德等很多作家在这方面都给我们树立了很好的榜样。文学作品使得语言的力量和使用规则凸显出来。构建论证，撰写各种文章，也同样需要精心组织语言。不幸的是，错误的推理也会利用一些语言的技巧和力量，使得我们受到蒙蔽。

认知意义和情感意义

如果一个句子的目的是说明事物的状态，它所使用的词语必须能够指称和表达事物及其状态，如性质、关系等。这些词语因而具有认知的意义，其所形成的句子也因此具有认知的价值。

大多数词语具有情感意义，这意味着它们本身具有积极或消极的感情色彩。一些词语的情感倾向是显而易见的。比如，"意大利佬""犹太佬""黑鬼""基佬"等，即使是在当今这个宽容的时代，这四个词语也都很少出现在教科书中。

上述词语具有贬义色彩，而很多词语是褒义的，比如，"自由""爱""民主""春天""和平"等。另外的词语则是中性的，或者是兼具多种感情色彩的，如"铅笔""跑步""河流"等是中性词语。而对于"社会主义""政治家""威士忌"等词，人们则褒贬不一。

事实上，几乎所有的词语，对一些人而言是褒义的，而对另一些人而言是贬义的，正所谓"汝之蜜糖，彼之砒霜"。也许最典型的例子就是"上帝"这个词，对于基督教信徒而言是敬仰的典范，而对于不可知论者和无神论者则不是。对于普通人而言，"学生"是褒义词语，但对于房东和房东太太而言则不是。

有些词语，乍看是中立的，但细究起来，还是具有一定的感情色彩。比如，"官僚""政府官员"和"公仆"，这三个词语，都指称同一类人，其认知意义也相同，但它们的感情色彩很不相同。在这三个词语中，只有"政府官员"这个词语比较中性。

语言的情感意义和说服性使用

每一个词语和表达既有认知意义，又有情感意义。这没有逃过骗子、广告商和政客们的眼睛，他们利用这一点来操纵我们的态度、欲望和信念。多年来，他们已经学会了如何利用语言的情感意义为自己的利益服务。

利用语言情感意义的一种常见方式是，起一个好听的名字，来掩盖事物或者事件本来的丑恶本质。当年，萨达姆控制了伊拉克，为什么他将其更名为"伊拉克共和国"？缅甸的统治集团调用暴徒进行大屠杀和其他卑鄙的勾当，但这个统治集团的名字居然叫作"国家和平与发展委员会"？对于稀释的啤酒，人们为什么称其为"淡啤酒"而不是"软饮料"？为什么一些少数派政治团体自称为"道德的少数派"，来对抗"道德的多数派"？"国家防务部"与"国家战争部"要处理的事务是一样的，但前者是不是更为缓和？小布什总统推行的"蔚蓝天空行动"，是用来治理空气污染的，但为什么不用"清洁空气法"这个词语呢？

> 我坚定（firm），你固执（obstinate），他顽固（pigheaded）。
> ——罗素的这个例子很好地说明，词语的认知意义可能是一样的，但在情感意义上，却泾渭分明。

外交中所使用的语言，也总是含蓄、隐晦、含义丰富，尤其是针对敏感的国际问题。一个好的例子引自威廉·萨菲尔在他的专栏中提到的外交语言[1]。2006年，

---

[1] 参见：威廉·萨菲尔. 外交语言是如何达成目的的 [N]. 国际先驱论坛报，2006-06-11.

当以色列政府与哈马斯组建的巴勒斯坦新政府之间局势升级时，以色列总理埃胡德·奥尔默特想将9万以色列人从约旦河西岸转移到安全区域，但他没有使用"撤退（retreat）"这个词，因为该词语会暗示以色列政府软弱无力，也会意味着他的政府对新国界的永久性默认。因此，埃胡德·奥尔默特审慎地选用了一个古老的希伯来语"团聚（hitkansut）"来表达这一看法。这对于以色列人来说是一个再恰当不过的用词，但问题出在如何向国际社会翻译这个术语。几经失败之后，奥尔默特和他的助手们决定使用"重组（realignment）"这一词语来翻译这个希伯来语"hitkansut"。萨菲尔评价说："通过调整防线而不是寻求确立正式的边界线，以色列的目的是为了减少与巴勒斯坦的摩擦，同时保留其在边境问题上的历史性诉求。"因此，这个精挑细选的翻译词语，一方面表达了以色列政府想要划定确定的边界线的决心和争取有争议的土地的开放心态，另一方面，他们也希望自己的行为能获得国际社会的普遍支持。这种使用语言的方式几乎成为所有外交的惯例，词语的选择也因此成为解释国家政策的关键所在。

近年来，在语言的使用方面，也产生了很多消极意义的词语。这些词语之间内涵稍有不同，但情感倾向非常明显。包括：欺人之谈（故意模棱两可或规避重点），官腔（政府的欺人之谈），新闻腔（媒体的欺人之谈），学院腔（学术界的欺人之谈），律师腔（律师说话的样子），官方文章和行话。

就拿军役这件事来说吧。任何时代任何国家的军方都会审慎地选择词语，来含蓄、婉转地表述这一问题，以尽可能地掩盖战争炼狱般的本质。例如，"水刑（waterboarding）"这个词语听起来更像是一种无害的水上运动，而不是一种酷刑。这里有更多的例子：

慰安妇（Comfort women）	被征服国家的女性被迫成为妓女，用来给士兵们"提供服务"（日本第二次世界大战期间使用的术语）；
先发制人行动（Preemptive action）	单方面发起战争；
战争神经症（Battle fatigue）	难以忍受战争所带来的持续的恐惧和紧张而爆发的精神错乱；
袭击（Incursion）	入侵；

附带伤害（Collateral damage）	战争中被无意杀害的人和被无意破坏的财产；
种族清洗（Ethnic Cleansing）	把一部分人驱逐出去，烧他们的房子，沿途烧杀；
强化审讯技术（Enhanced interrogation technique）	酷刑；
模拟溺水（Simulated drowning）	间断地迫使犯人溺水；
智能炸弹（Smart Bombs）	炸弹；
友军炮火（Friendly fire）	错误地轰炸友军的驻地或部队；
执行任务或访问一个地点(Servicing a target or visiting a site)	把一个地方夷为平地（海湾战争期间使用的词语）；
信息提取(Information extraction)	折磨犯人直到他认罪；
和平中心(Pacification center)	集中营（这本身就是欺人之谈）；
终止(Termination)	杀死（这个词语也被美国中央情报局所使用，"终止偏见"意味着暗杀）；
核威慑(Nuclear deterrent)	核武器；
选择性条例(Selective ordinance)	凝固汽油弹（焚烧致死）；
最终解决方案(The Final Solution)	纳粹所推行的计划——杀死所有的欧洲犹太人。

第二次世界大战期间，英军和美军用"打击产业工人（dehousing industrial workers）"这一词语表示屠杀平民，包括妇女和儿童，用以对德国和日本进行难以形容的可怕的大规模空袭，造成了平民的大量伤亡：焚烧及窒息死亡。"战争（war）"这个词语被婉转地表达为"冲突（conflict）"或"行动（operation）"。老布什总统发起的只是"沙漠盾牌行动"，小布什总统发起的是"伊拉克自由行动"。在伊拉克战争乃至其后很长一段时间，"战争（war）"这个词语只是用来描述针对恐怖主义的行动或为了和平而采取的国家行为。显而易见要表达的是，针对伊拉克的行为，不是战争。而且在伊拉克战争期间，双方也不断建立自己的话语体系

来表达自己的偏见。在美国，网络媒体将美国等各国部队称为"联军"；而阿拉伯媒体则将其称为"占领军"。美国有线电视新闻网报道，在伊拉克暴乱中（2004年5月7日），16个"叛乱分子"被打死；阿拉伯媒体将这些人描述为"抵抗战士"。这一切，都如乔治·奥威尔很早以前的预言："思想会腐蚀语言，语言反过来也可以腐蚀思想。"很少有人会意识到，这些看起来平淡无奇的词语，却是被精心设计用以掩盖真相、制造偏见和煽动罪恶的工具。

而与利比亚独裁者穆阿迈尔·卡扎菲相比，这些军事术语就显得过于业余了。一直到死，卡扎菲坚持用令人难以置信的欺人之谈来抵制对他的各种批评和质疑。被推翻之前，他被公认为是一个暴君，但他一再声称，权力属于人民，而不属于他。早年，他曾放弃过所有官方头衔："我的确在1979年领导了那场革命，但之后我就回到了我的村庄。"所以，在2011年的叙利亚叛乱中，反对者提议让他放弃权力，他辩解说，他早就放弃了。卡扎菲运用铁腕手段统治利比亚，连每一个细节都不会放过，而对外他却宣称，利比亚是人民通过地方议会和人民议会进行民主管理的。在他漫长的统治生涯里，利比亚人民一直生活在压迫之中，而这一切，以卡扎菲的灭亡而告终。

在其他领域，含混其辞的表达也普遍存在，尽管没有如此具有戏剧性。比如，法律有自己的专门术语，它包含着很多法语、英语和拉丁语的表达，从而将普通人拒之门外。在日常的英文表达中，"writ"是指传票，"plaintiff"是指原告，"meeting with the judge in camera"是指闭门私人会议。为什么要制造这么多烦琐的术语呢？首要的原因当然是要用法律的方式保障当事人的权利和利益，而使用一些带有歧义的表达往往会歪曲原意。但问题是，为什么不能用日常的英语表达方式来达到这一目的呢？另一个理由可能是，改写文书比略作改动要麻烦、复杂得多，律师因此可以收取更多的费用。

当然，有时候，含混其辞的表达则是一种对复杂现实的隐喻。例如，当美国电视台节目主持人、保守派政治评论员肖恩·哈尼蒂问及参议院的多数党领袖哈里·里德是否应该辞职时，莎拉·佩林的回答是："他应该下台。因为他像是驾驶着一辆公共汽车，朝一辆失事的火车迎头撞去。"佩林在这里所使用的比喻是一种含混其辞的表达，它是如此的巧妙，以至喜剧演员利兹·温斯蒂德也揶揄道："给她足够长的绳子，她真的会朝自己开枪！"

近年来，商界也广泛使用含混其辞的表达，其流行程度比起军界，有过之而无不及。比如，表达被解聘，有多少委婉语：

撞上了；调离重要职位；解雇；罢免；解聘；中断；开除；裁员；制裁超负；被迫分流；未被留存；不可再生；了断，富员，转业，职业性地迁移[1]。

顺便一提的是，不少企业的"企业裁员办公室"就是负责裁减工人的，但很多时候它的名称叫作"再就业办公室"。

"改革"这个词语在商界也是含义丰富。例如，侵权改革法案告诉我们，止损是为消费者考虑的，对大家有好处。而实际上，它的真正含义是限制受害人的起诉权，从而有利于保持企业的利润率和保护相关责任人。《杜恩斯比利》系列漫画中的一幅卡通画（1999年11月20日）就讽刺了那些初创企业的所有者，他们没有任何盈利，却要从IPOs（首次公开发行股票）中套取巨额财富。这幅卡通画中的人是这样说的："我们会带着一大笔钱逍遥法外，而那些小投资者将死无葬身之地。这就叫作风险社会化和利润私有化！"

我们都知道，政治是含混其辞的表达的沃土。所有政党为了达到自己的目的，都会使用含混其辞的表达。下面这些例子引自约翰·利奥的文章《让人烦恼的含混其辞的表达》（《美国新闻与世界报道》，2005年7月4日）。

共和党	民主党
气候变化	全球变暖
出庭律师	人身伤害案件律师
基于信仰的	宗教的
学校的选择	教育权

---

[1]《纽约时报》1996年3月8日的文章，在回顾1996年的含混其辞的表达时提及这些。

税收的免除	减税
非法的	没有文字依据的
胎儿	子宫内容物
军事困难	困境

这些例子讨论的都是含混其辞的表达在日常生活各方面的应用，当然，在选取这些例子时，我们尽量不去关注其中所隐含的情感倾向，只是客观地分析它们是如何被使用的，其目的是揭露生活的本来面目。政府官员、律师、军官、医生甚至大量的学者都乐此不疲，他们使得我们离事情的真相越来越远。

有意思的是，阶级的差异也越来越多地体现在词语的使用方面。普通民众在"租赁（rent）"房屋；而富人在"出租（lease）"房屋；贫困的人在谈论"向上爬的人（social climbers）"，与此同时，向上爬的人自认为是"社会先锋（upwardly mobile）"或"出人头地（changing course）"，他们不是在咄咄逼人，而是反复强调。富人不挣"薪水（salary）"，他们只是得到"补偿（compensation）"或"固定收入（income）"。

在教育领域，委婉语也比比皆是。一所大学在研讨课上为学生设置了分班测试，来为那些被分到补习班的学生提供些许的安慰。老师们不再是教育学生，而是在"协同学习"的口号下，由着学生的性子，协助学生自己学习。

然后是学术上的欺人之谈。当它们以整句出现或者是整段出现时，尤为致命。在这里，我们选取了哈里斯《结构语言学》中的一句话，它被认为言简意赅、影响深远。

除了要考虑语言要素的连续性，另一个要考虑的是它们的共时性。

这似乎意味着，我们可以同时做两件事，就像一面鞠躬一面谈话，但这可能吗？

自人类有文字记载以来，使用委婉语的情况就不断涌现。但近年，这种现象急剧增加，这也许是因为当今时代已经走向专业化的缘故。那些专业人士想要让自己的看法显得客观、权威，而不是一己之见或偏见。同时，敏感、尖锐的话在委婉语的掩盖下，也不再那么刺耳。例如，为了减少其负面的内涵和情感倾向，"堕胎"这个词语如今有多种表达方式：计划停止妊娠，终止妊娠，选择性去除，等等。

委婉用语也经常发挥着非常有益的作用，它们帮助我们巧妙地处理事情。我们经常用一些婉转的话来表达自己的看法，而不是直接用侮辱性的话语，就是很好的例子。这是礼貌问题，如果没有必要，为什么一定要冒犯别人呢？当然，很多时候，使用委婉语都掩盖着不可告人的狡猾目的，越险恶，越需要伪装。

含混其辞的表达在生活中已经非常普遍，以至很多时候我们很难注意到，它使得我们丧失了对生活的警惕。当政客们说他们只是"讲错"了，而不是"撒谎"，我们很可能就不会去谴责他们。当军方说他们只是在"部署军队"，而不是"入侵别的国家"，我们就不会太过担忧。当市长谈及一个社区，他称其为"不达标的社区"，而不是"贫民窟"或"贫民区"时，我们就不太可能知道那些人实际上生活在贫困之中[1]。正是这些含混其辞的表达遮蔽了我们的眼睛，让我们把错误的当作正确的，把危险的处境当作安全的，把贫困当作不存在的，把世界看作祥和、平静的。偶然出现这样的误导性词语，达不到这种效果，但它们长时间的累加效应，却会让我们丧失对世界的判断力。这些含混其辞的表达延误了我们对世界的关注，并使我们无意识地开始接受谎言和虚伪。

当然，有时试图粉饰太平的企图是如此明显，美国公众还是捕捉到了事情的真相。2008年，当经济衰退的势头已经不可避免时，小布什总统避免谈及"衰退"这个字眼，相反，他更多地是在谈及"经济挑战"和"不确定性"："我们的经济充满了活力，当然，也有一些不确定性。"鉴于当时经济形势的严重下滑和收入的锐减，甚至不需要经济学家来解读这些含混其辞的表达，很多民众便已经完全理解了当时严峻的经济形势，面对国家出台的套期保值政策，他们也不为之所动。不幸的是，也有很多人没有看穿这是在故弄玄虚。等他们看清楚的时候，一切都太迟了。

---

[1] 例子来自威廉·卢茨《被定义的含混其辞的表达》，是对被误用语言的敏锐编辑和评论。

> 乔治·奥威尔的著作在近年来的流行，是因为含混其辞的表达越来越受到人们的关注和警惕。下面这些内容摘自他1948年的经典文本《政治与英语语言》，在这里，他解释了政客们喜欢使用含混其辞的表达的一个原因：
>
> ---
>
> 在我们这个时代，政治言论和写作很大程度上都是在捍卫那些根本站不住脚的东西……因此，政治语言不得不充斥着各种委婉说辞、乞题和用词含混。村庄被轰炸，原著居民被赶出乡村，牛舍被扫射，房屋被纵火，而这一切，被称为"和平化"。数以百万计的农民被剥夺了土地和农场，沿途乞讨和流浪，这就是所谓的"人口迁移"或者"重新划定边界"……
>
> 这种夸张的风格本身就是一种委婉语。大量的拉丁语像轻柔的雪降落在事实上，模糊了真相的轮廓，掩盖了所有的细节。（虚伪是语言清晰最大的敌人。当一个人真正的作为和他的声明不一致时，他就会本能地使用冗长的词语和拖沓的习语来掩盖这一切，就像乌贼喷出墨水一样。）

在各个领域，无论是政治、法律还是医学，语言经常被人为地夸张使用，隐晦不明，并经常夹杂着行话。这一方面使得人们的谈话前后不一、毫无意义，另一方面会使得这些谈话只适用于专业人士之间的交流。有些行话即使在专业人士看来也是没有意义的，甚至是空洞无物的，但它们会使外行人觉得言简意赅、意义深远。

我们需要记住的是，专业术语的使用的确有很重要的功能：表述准确。律师需要使用法律术语，使整个合同严谨无误。医生需要使用医学术语，以确保在谈论病人的病情时他们的理解正确无误。对于一个外行人来说，能区分快速与不规则的心跳就足够了，但对于心脏病医生而言，他们需要用更详尽的方法来准确把握病人的病情。比如，他们需要区分心房颤动、室性心动过速、立即危及生命的心室纤维性颤动等。这些专业术语的使用，使得医生之间能够及时、准确地把握病人的病情，而这一切，对于抢救病人而言，至关重要。使用专业行话是同领域的专业人士之间重要的交流方式，但当它恶化成空洞无物或毫无意义的废话时，就会让人非常困惑并难以理解。

当专业术语没有转化成日常用语时，会给很多人带来麻烦。比如，医生告诉病人他患有恶性黑色素瘤。如果医生不进一步解释这个术语，也许他的病人就不会意识到，这是一种皮肤癌，并且，若不及时治疗会导致死亡。

行话的另一个特点是夹带。一些语句因为夹带有行话，看起来含义丰富，实际上却空洞无物。心理学著作中的一段话，可以看作典型的例子："虽然精神状态对身体的影响不应该被夸大，但也不能被忽略。"另一句话是："只要有不能激发的行为，肯定会有不能出现的应激反应。"还有一句话："为了实现产品的输出和产出，输入是必要的。"这绝对是空洞无物的表达。

> 世界在变，语言也在变。新的词汇会不断涌现，并会成为我们的日常用语；旧的词语会被赋予新的含义。互联网时代很好地说明了这一点。我们现在经常谈论的鼠标、剪贴板、电脑菜单、电脑软盘和硬盘、内存、字节甚至兆字节，都是前所未闻的。我们不用剪刀和胶水，却能剪切和粘贴；我们不仅会删除，也会复原。
>
> 最初，这些新技术手段只有计算机专家和书呆子才能使用和理解，其他人被排除在外。很快地，计算机开始进入我们每个人的生活，即便我们不打算操纵计算机，而只是用计算机处理文字或者打游戏，这些计算机所带来的词语就这样成为我们的日常词汇。

其他常用修辞方法

现在，让我们关注其他一些常见的修辞方法。它们经常被用来掩盖真相，操纵民意。当然，如果合理使用，它们也可以用来传播真理和正义。

语气

好的写作者或演讲者总是选择最适合他们受众的语气来表达自己的思想，这一点，在写作课上，也被老师反复强调。语气表达了一个人的态度或感受：同情，愤怒，轻浮，谦卑，意气相投等。即使是撰写论证性文章，合适的语气也会增强论证的说服力。语气虽然不像推理谬误那样作用于人的理性，却会左右一个人的情感，这一点是我们所有人的基本常识。如果激怒别人，论证无论如何是不会赢的。

语气的这种功能不仅可以被用于良好的目的，也可能被用于邪恶的目的。律师和政治家们都深谙此道。要想在政治上取得成功，政治家们必须知道如何选择正确的语气：当战士们结束海外作战任务回归家庭时，政治家们知道要用"妈妈和苹果派"的甜蜜语气；当问题的性质不那么严重时，他们知道要用幽默的语气。下面这段话来自阿德莱·史蒂文森，作为伊利诺伊州的州长，他反对要求保护鸟类不受猫侵犯的提案：

> 猫的天性就是自由地游荡，它们因此也会破坏一些鸟的生活，这一切，我都知道。非常感谢议案的倡导者无私的爱心和真诚的努力，但我觉得这项议案并不能达到预期的效果。猫和鸟之间的争斗与时间一样古老，如果我们试图通过立法来解决这一古老问题，类似的问题就会接踵而至，猫与狗的问题、鸟与鸟的问题甚至鸟与虫的问题，都需要我们表明立场。在我看来，伊利诺伊州的任务已经够多了，我们没有时间去控制猫的犯罪。

正是因为史蒂文森的努力，这项议案没有获得通过。面对这样一个问题，史蒂文森首先通过提高立意的高度，让人们意识到它的微小和不那么重要；接着，他通过合理的推理，让人们意识到这项议案的荒谬性；然后，他用温和、幽默的语气来表述自己的观点，而不冒犯任何人。

与史蒂文森温和的语气形成鲜明对比的，是丘吉尔的一个著名演说。丘吉尔也是修辞学方面的大师。这是1940年夏天他在英国国会的演讲。当时英国处于第二次世界大战最黑暗的日子，德国军队已经以闪电战的方式成功占领法国，很多观察家都认为，英国即将被德国军事力量所摧毁，英国危在旦夕：

> 我们不会投降，也不会被击败，我们将坚持到底。我们将继续战斗……包括海战；同时，我们也将以更大的决心和更强的力量发动空战。无论付出多大的代价，我们都要捍卫我们的祖国！海滩、机场、田地、街道、山岭，都将成为我们的战场，我们决不投降！即使我们帝国的本土面临着苦难和饥饿，我相信我们海外的舰队和武装也将继续斗争，直到上帝创造出新的世界，直到我们所有人都得

到解放和拯救!

丘吉尔的言论是为了在艰苦形势下鼓舞英国民众的士气。他讲话的内容,还有他激昂的语气,取得了很好的效果。

倾向性

倾向性是一种误解。一个正确的陈述,如果被表述的带有某种倾向性,则会暗示或建议一些其他东西(通常是错误的或不知道是否为真的)。例如,辩护律师想要反驳一份证词,他会说,"这一切只是证明了……"或"既然我们都愿意承认……"等。律师用这样的说辞暗示这份证词一点都不重要,但实际上,它可能会击中要害。或者,一个广告这样说:"试一试我们的刀,它质量最好,但只要9.95美元。"它暗示刀的价格非常低,而事实上并不是这样。

一些客观的新闻报道也会带有一定的倾向性。比如,《华尔街杂志》(2012年2月1日)刊登的一篇文章,解释了政治行动委员会为什么要给候选人捐款:"在爱荷华州和佛罗里达州,支持罗姆尼的阵营释放出大量的负面广告,严重削弱了金里奇先生的支持率。""释放出大量的(unleashed a torrent)"这个用词就带有倾向性,它暗示罗姆尼阵营在恶意地攻击对手。但文章随后对金里奇的财政支出进行了解释:"在竞选广告费用上,金里奇先生总共花了440万美元,而他的竞选团队总共投入了270万美元。"这篇文章一点都没有提到金里奇团队对罗姆尼的攻击。作者只是在用词上稍加一个微妙的倾斜,但这个倾斜创建了一个新的偏见。另一个例子来自《旧金山纪事报》的一篇文章(2003年10月29日)。针对白宫新闻发布会上提到的对伊拉克的重建,这篇文章评论道:"小布什非黑即白的战争论在此得以延续。"这句话不仅暗示小布什总统习惯性地忽略战后伊拉克问题的复杂性,也暗示对所有问题,他都是如此。

观点的倾向性也可以通过刻意地选择事实来达到目的。例如,大多数美国历史教科书都会精心地选择美国历史上的事件,尽可能地美化历史。毕竟,公立学校历史教科书的目的,并不是去制造心怀不满的公民。而这样的倾向性,同样会使得教科书带有偏见。当今时代,文化多元主义已经成功地使得欧洲中心论退出历史舞台,历史教科书因而倾向于把印第安人浪漫化,并开始批评白人的殖民主义行为。"大屠杀"这个词语总是用来描述白人对印第安人的攻击，实际上最初的时候，印第安人的"大屠杀"，使得最早的迁徙者成为这种暴行的受害者。（更多相关内容请见第十二章。）

政客们总是通过倾向性地解读信息来支持自己的政治立场，这已经成为公开的秘密。在小布什总统执政时期，政府网站总是更改一些健康信息，以巧妙地反映政府的工作动态。美国国家癌症研究所网站的陈述"堕胎和乳腺癌之间没有联系"改为"这个研究的证据仍是继续开放的（没有定论）"。美国疾病控制与预防中心的网站过去声称，避孕套可以有效保护人们免受艾滋病病毒的感染，但现在修订为"这个问题还需要更多的研究"。

倾向性经常以"建议"或"含沙射影"的面目出现。一个政治家在回应美国副总统奎尔的声明时说："好吧，我承认这一次他并没有撒谎。"这真的是一种含沙射影！倾向性的好处就是，对于使用它的人来说，你总可以否认你已经暗示的内容。

在逻辑史上，门罗·C.比尔兹利是第一位把批判性推理作为与形式逻辑相对应的概念加以严肃对待的学者。关于批判性推理，他还专门撰写了一本教科书《有条理地思考》。下面的段落摘自这本教科书。这是解释"建议"的一个例子：

1968年11月30日，《纽约时报》报道了迈阿密的沼泽地质公园建立新的喷气机场的情况：

"现在，这里居住着鹿、鳄鱼、野生火鸡和印第安人部落，这个部落每年都要举行'绿玉米跳舞节'仪式。这片沼泽地是如此之大，以至这里的机场是纽约肯尼迪国际机场的两倍，但在其周围仍然有一千米的缓冲区，以最大程度地减少对这里所有原住居民的侵扰。"

再也没有比这更可怕的例子了！首先，注意这篇文章的措辞，它把印第安人与鹿、鳄鱼和野生火鸡相提并论。作者想表明的是，它们属于同一类别，都只是近似人类的物种。此印象在"绿玉米跳舞节"这一点上得以强化，

> 这个仪式和文章的其他内容毫无关系，它只表明，这种愚蠢的迷信活动充斥着印第安人的生活，并且是他们生活的全部。这一印象最终得到证实是在文章的最后一句"最大程度地减少了对这里所有原住居民的侵扰"，印第安人，几乎都算不上是这块土地的真正的原住民。
>
> ——《有条理地思考》，普伦蒂斯·霍尔出版社，1975年版

遁词

所谓"遁词"，是指出现在陈述中的一些词语，它们表面上看起来没有改变陈述句的内容，而实际上，它们扭曲了整个句子的内容。这一点就像黄鼠狼的做法，那就是它们经常把鸡蛋吃掉，只留下一个完整的蛋壳。遁词的一个典型例子是"可能（may / may be）"等副词的运用。比如，一个学生在论文中这样写道："经济上的成功可能是男性统治女性的原因。"使用"可能是（may be）"这种表达方式，而不是简单地说"就是（is）"，这个学生使得结论变成一个空洞无物的断定，因此也免除了出错的所有可能性。即便是男性经济成功不是男性主导女性的原因，也不能因此说这个学生的断定有误。"按理说（arguably）"是另外一个遁词，人们经常使用这个词来建立一些微弱的论证。上例中所提到的该学生也可以使用这个词来让自己免责："经济上的成功按理说是男性统治女性的原因。"

使用遁词也是大多数政客讨论有争议的敏感问题时常用的方法。奥巴马总统2011年在俄亥俄州时，为传达汽车工业拉动经济的好消息，他在广播讲话中这样说："为了感谢美国纳税人对我任期的支持，克莱斯勒偿还了它欠美国纳税人的每一分钱。"[1] 从字面上看，这句话是真的，克莱斯勒的确偿还了奥巴马任期所借贷给他们的85亿美元，但不要忘记，他们并没有归还从上一届布什政府所借贷的40亿美元。遁词的使用，使得奥巴马掩盖了这一事实。

---

[1] 引自：格伦·凯斯勒. 奥巴马总统在汽车行业的虚假报表［N］. 华盛顿邮报，2011-06-06.

附加免责声明

另一个常见的修辞伎俩就是，在文件中，把一些重要的条文放在不显眼的地方，却声称这些条文被放在最显眼、最容易阅读到的地方，借以逃避责任。很多廉价的保险政策就是因为使用这个伎俩而臭名昭著。他们宣称保险的涵盖面很大，但在附加细则中却加以限定。当私有财产受到地震、龙卷风、飓风等自然灾害毁坏时，人们通常认为保险公司会帮助他们。但让他们懊恼的是，保险公司前期所承诺的涵盖范围已经被附加细则限定得大大缩减。

广告商经常声称他们出售的机票价创造新低，但他们会在广告的底部用非常小的字号注明，这些创造新低的机票，必须提前21天购买，往返之间必须至少隔一个周六，同时也会注明"申请时，也可能出现其他的限制，视实际情况而定"等。

附加免责声明如今已经变得如此可憎，以至广告商自己有时候也拿它开玩笑。比如，雷克萨斯汽车在电视上所做的广告。广告商说，这则广告一经播出，他们的律师就陷入了突如其来的喜悦之中，因为，那些附加免责声明在电视屏幕上一闪而过，人们根本来不及阅读它们。

附加免责声明的一个卑劣变体是隐形合同。典型的例子发生在康涅狄格州，一个名叫吉姆·特纳的年轻人租了一辆车。当他到汽车租赁公司返还汽车时，被指控要交450美元罚款。这是因为合同中有一个隐形条款规定，每次时速超过127千米，司机就将被罚150美元。他的车居然被卫星跟踪了7个州！当汽车租赁公司让他签字时，可怜的特纳并没有阅读附加的细则。

附加免责声明的另一个变体是重新解释策略。如果某一政治家说了不受欢迎或者是冒犯了民众的言辞，他最好的策略往往是重新解释自己说过的话。在珍妮弗·弗劳尔斯公布的录音磁带里，人们听到克林顿正在评论纽约州州长马里奥·科莫，说他就像黑手党。录音带被公之于众后，克林顿尴尬道歉。但他同时也表示，"我的意思只是说，科莫州长是一个坚定、有力的竞争对手"，这显然是一个聪明但有些阴暗的重新解释策略。

用词模糊

词典告诉我们，所谓用词模糊，就是"用词隐晦，容易引发误解，使人难以感知或理解"，或"表达不明确或黯淡"。奥巴马总统的新闻秘书罗伯特·吉布斯就曾成功地使用过这一方法。当被问及政府将采取何种措施来应对银行压力测试的结果时，他在新闻发布会上（2009年4月15日）如此回答：

> 我想，在五月之前，或者五月初，你会看到，我们要用系统的、相互协调的方式来对待所有这些压力测试的结果。

显然，吉布斯在这里唯一能做的就是用词模糊，他在回避真正的问题，那就是银行系统的健康状况是如此严峻。

广义的用词模糊也包括如下情形，那就是通过讨论其他问题，或者是不厌其烦地给听众提供大量的细节，来回避真正的问题和矛盾。例如，在2008年大选前夕，美国广播公司新闻节目主持人查尔斯·吉布森采访了佩林。当被问及如果成为美国副总统甚至总统，在国家安全方面，她是否真正合格。吉布森指出，佩林曾经领导过阿拉斯加国民警卫队，而阿拉斯加又是如此接近俄罗斯。吉布森问道："这些就是足够的能力证明吗？"佩林回答说：

> 国家的治理意味着要进行政府改革，并让政府成为人民的坚强后盾，而这一切又与国家的外交政策和安全问题密切相关。让我特别地讲关于我的一个能力的证据，那就是这些年来，作为一州之长，我一直推行的能源独立工作……

接着，佩林就一直在谈论自己所推行的能源政策。政府改革是重要的，让政府成为人民的后盾也是重要的，但佩林的回答与如何保证国家安全毫无联系。当她大讲特讲能源政策时，她只是在回避问题。但我们也不能苛责佩林，因为这几乎已经成为政治领域的标准做法。

需要补充的是，并非所有的回避问题都是用词模糊。有时候，我们的确需要提供很多相关的信息或内容。

语言的操控

人们之所以要操控语言，出于各种各样的目的：奉承、引人注目、说服、模糊视线、扭曲事实等。有的时候，操控语言是良性的，但被用作权力的工具时，它就破坏了他人的权利。很多时候，人们重新定义一些词语和概念，是为了规避法律的责任或制造不公。

阿布格莱布监狱酷刑的丑闻曝光后，小布什政府的官员声称，这是少数害群之马的暴行。但对此持怀疑态度的人继续深挖，他们找到了美国司法部的解释，现有法律禁止国外酷刑（《华盛顿邮报》网站，2004年6月14日）。在美国刑法第2340条，酷刑被定义为："在一个人被羁押或身体被控制的状态下，专门用来制造严重的身体或精神上的苦痛的行为。"对此，司法部的司法解释是（2002年6月）："'单纯性的'疼痛是不够的。身体疼痛达到酷刑的程度，必须伴随着严重的人身伤害，比如，器官衰竭、身体功能受损，甚至死亡。"[1] 这个解释似乎使得酷刑合法化，除非它走向了极端。

至于那些审讯人员的命运，大可不必担忧。这些因为违反宪法第2340条规定而应该被指控的人，可以声称他们只是"不得已而为之"，或者"是在自卫"，或者恳请"减轻刑事责任"。换句话说，他们可以逃离困境。

操控定义

如果你想要歪曲法律，影响公众舆论，或者为滑稽的事情辩护，那么编制一个恰如其分的名称至关重要。例如，雇主想要给自己的员工支付少于法定最低的工资，或想逃避合同义务，不给雇员提供医疗保险和其他的福利，他只需要对这些员工重新定义，并归类为"分包商"，然后制作相关的文书就可以了。在美国，最低工资法只适用于员工而不适用于分包商；工会所推行的员工健康保险协议也

---

[1] 引自《小确幸》，《华盛顿邮报》，2004年6月15日。

不包括分包商[1]。用这种重新定义的方式来欺骗，往往会成功。

食品行业也充斥着大量的误导性标签，它们由少数利益集团所操纵，用改变含义的词语来描述食物。2003年，美国众议院和参议院通过了一项耗费联邦巨大开支的法案。这项法案规定，不管是以部分有机饲料还是全部有机饲料来喂养动物，相关的肉类和奶制品都可以贴上"有机"字样。之所以会如此，是因为其背后的推动者是菲尔代尔农场。他们抱怨有机饲料供应匮乏，不足以给动物喂养全部有机饲料。（实际上，有机农场的农民争辩说，真正的问题根本不是有机饲料的供给，而是价格。有机饲料的供给是充足的。）但这样一来，"有机"还有什么意义呢？

离我们的生活更近的例子发生在大学里。大学管理者为了应对日益萎缩的财政预算，通常会雇用大量的廉价劳动力，这些人被称为兼职教员，以区别于"终身教授"。被聘为兼职教员的人，其收入要比那些终身教授的同事少很多，福利也很微薄，并且不享有同等的工作保障。这种分类雇佣方式是对商界裁员模式的模拟。

在全球层面上，富裕国家通过操纵国际协议的语言，设法削弱贫穷国家的劳动力。农业补贴的不公平，严重削弱了发展中国家的农业。特别是在非洲，大多数农民极度贫穷，其重要原因是他们的产品不能与享有美国和欧盟农业补贴的产品相抗衡。世界贸易组织起草了相关法案来阻止这种情况的发生和恶化，但美国和欧盟通过改换词语，再一次规避了这个法案的制裁。例如，世贸协定规定，不得根据农民提供的农产品数量提供相关补助。欧盟的做法是，根据农民拥有土地的数量和以前的产出直接拨款，且美其名曰是"推动协定"的拨款[2]。实际上，这些拨款所达到的效果和发挥的作用，与以前的农业补贴是一样的，因此欧盟能够顺理成章地削弱发展中国家的劳动力，但又没有打破世贸协定。

尽管美国宪法赋予国会唯一有权宣战的神圣职责，但这很少能够阻止美国总统发动战争，即便他并没有相关权力。他们的做法就是改换名称，声称其发动的不是战争，而是一些行动或军事部署。假设1990年12月国会允许老布什总统执

---

[1] 亿万富翁比尔·盖茨是世界上最富有的人，而他的微软公司就是使用分包商策略，剥夺了数千名员工享受福利的资格。自1990年以来，微软已经不断卷入员工分类投诉案件中去。

[2] 参见《卫报》2003年6月3日的相关报道。

行联合国决议，正式宣战，那么海湾战争就会成为第二次世界大战以来由美国发动的唯一合法战争。

2002年，在小布什总统认为必须使用武装力量来消除伊拉克的威胁，保障国家安全，或必须使用武力来执行联合国安理会对伊拉克的决议时，国会授权他可以使用武装部队。这样一来，国会设法避免自己宣战，而授权布什总统对伊拉克发动战争。这种做法使得国会可以推卸发动战争的责任和后果[1]。

在阿富汗战争期间，布什政府将数百名疑似基地组织和塔利班武装分子的人员列为"敌方战斗人员"，并将他们羁押在关塔那摩湾的美国海军基地。如果称为"战俘"，这些人将在战争结束后被释放。但现在称为"敌方战斗人员"，这些人不仅可以被无限期地拘留审讯，同时也失去了在法庭上为自己辩解的权利和其他宪法规定的权利。为了扭转这种状况，很多人呼吁多年，最高法院于2008年做出裁决：作为"敌方战斗人员"，被羁押在关塔那摩监狱的外国人享有美国宪法赋予的在法庭辩解的权利。但最终，到底是这项裁决会取胜，还是"敌方战斗人员"这个词语被再次转换，并逃出法律的裁决？

奥巴马总统就任以来，他的政府立即开始改革，在不改变既有政策的前提下，他们着力于重塑军事行动的形象[2]。从词汇表达上，奥巴马政府放弃了很多布什政府最常用的词语，如"增兵""敌方战斗人员""反恐战争"等。当奥巴马在阿富汗增派军队时，参议院多数党领袖哈里·里德说："你无论说什么，不要说这是'增兵'！"所以，成千上万的部队被派往阿富汗，但这不是"增兵"；俘虏仍被囚在关塔那摩湾的海军基地，但却不再是"敌方战斗人员"；"反恐战争"演变成"海外应急行动"；还有"美国爱国者法案"，因允许一切形式的窃听而引发了巨大争议，现在更名为"恐怖分子监视计划"。新总统的第一项议程就是重新修订词汇，从而使得民众以为国家的政策在改善。

有时，常识占了上风，重新定义会适得其反。2008年，美国最大的金融机构纷纷面临破产，经济衰退，约翰·麦凯恩仍然向美国人民保证，整个国家经济的

---

[1] 参见：迈克尔·C. 多尔夫. 伊拉克战争合法吗？[EB/OL]. [2003-03-19]. http://writ.news.findlaw.com/dorf/20030319.html.

[2] 参见：彼得·贝克. 不是政策在变，就是世界在变[N]. 纽约时报，2009-04-03.

基本情况（fundamentals）良好。而他的这一观点，不仅自由党和保守党不相信，其他任何人也不会相信。所以，麦凯恩很快修正了他的表述，他解释说，"基本情况"只是指称"工人们"，是工人们的基本状况良好，而不是指失业率、贸易统计等其他任何常见的经济指标良好。那些辛勤工作的工人，的确是美国的支柱和中坚力量，但他们是否就能代表美国经济的基本状况呢，这一点非常值得怀疑。这样的重新定义最终会贻笑大方。

也有一些不知名的人在众目睽睽之下操纵语言。比如，德国的一个女孩海伦妮·赫格曼，在她的畅销小说里抄袭了别人描述柏林夜总会和吸食大麻的段落。当被发现后，赫格曼的反应是从源头上消灭"剽窃"。她说："没有所谓的原创，只是真实。"她没有道歉，尽管引发了争议，但也没有承担任何后果。事实上，这本书在莱比锡书展上甚至被提名为能获得2万美元的小说奖。赫格曼声称，她不觉得她自己是在"剽窃"，因为她把"所有的素材都放置在一个完全不同和非常独特的背景下"，借此逃避人们的指责。

当语言被精心操纵和使用时，很多时候，人们很难发现其中的奥妙。多年来，心理学家托马斯·斯扎斯一直反对使用"精神疾病"这个词语，在他看来，根本不存在所谓的精神疾病。试图刺杀里根总统而被捕后，约翰·欣克利随后被宣布因精神失常而无罪释放，斯扎斯认为这就是一个极端的例子。当类比于"身体疾病"，人们所发明的"精神疾病"这个词语，并没有科学证据。当然，斯扎斯也相信，有时人们所谓的"精神疾病"，只是身体疾病在精神上的投射。

但在这一问题上，斯扎斯显然是少数派，很多人并不这么想。斯扎斯认为，正是人们的这种偏见，导致各种严重侵犯公民权利的事件时有发生。其中之一是所谓的"精神疾病患者"的近亲们往往违背他们的意愿，强制让他们"住院治疗"。不少人都认为，这种迫使患者住院治疗的方式，与苏联迫害政治对手将其关押在"精神病院"的做法是根本不同的。但斯扎斯不这么认为，他说："对于'自我禁食'这一行为，人们有的称之为'厌食'，有的称之为'绝食'，有的称之为'自杀'，这取决于人们想要如何回应而已。"

那么，斯扎斯的观点正确吗？许多心理学家觉得他的立场中肯，论点也有说服力，但许多民众并不这样认为。原因在于，斯扎斯的观点和一般人所持的观点虽然相反，但各有论据支持，让人难以抉择。而我们的选择又取决于我们所处的环境以及我们想影响这种环境的方式和效果。（在这一点上，学哲学的学生可能会想到一个古老的哲学问题：如果一艘船的某一块木板损坏，我们就给它换上新的，时间久了，这艘船的所有部件都被换了一遍。问题是：此时的这艘船，到底是原来的老船，还是变成了一艘新船？在笔者看来，这个问题的答案取决于造船者自己，而非一种抽象的理论探讨：以如此这般的方式建造和修补这艘船的时候，他们如何看待这一问题？）

给你一个词语，你能想到几种含义？比如，"folks"这个单词。答案是，很多。苏珊·安东尼曾对"folks"这个词语进行了简洁有力的分析。她认为，该词语在模糊的多重意义下的运用，正是美国文化被侵蚀的典型象征。

"folks"在我们生活中无处不在，无论是我们国家的总统，还是电视节目主持人、广播谈话节目主持人，甚至是教堂里的牧师，都在不断地使用这个词语，以表示他们对美国主流价值观的认同。几十年前，人们致辞时，开头总是"女士们，先生们"。现在，所有致辞的开头都是"各位（folks）"。该词语也被用在其他场合，比如，"那些祈祷者走向了人群（folks）"，或者"我已经联系了国土安全部的人（folks）"等。

"folks"这个词语在政治场合的特定应用，其目的是为了让演讲人看起来像是我们家庭中的一员（"folks"最早是对家人的称谓——译者注）。但这种用法意在模糊家庭和公共场合的界限，公私不分，这一点，正在腐蚀我们文化的根基。查一下1980年之前的美国历史，在任何重要的总统演讲中，你都不会找到"folks"这个词语，他们根本就不会以这样屈尊俯就的姿态来吸引民众的注意力。想象一下："我们在这里郑重宣布，这些人（folks）不会白死……人民（folks）的政府，是由人民（folks）建立的，是为了人民（folks）的，绝不会从地球上消失。"

——《美国的非理性时代》，纽约：潘森出版社，2008：3—4

操纵公共政策

> "保守党"是一个名词,它指称一个安于现世罪恶的政治家,他反对自由党,并希望有一天可以替代他们。
>
> ——安布罗斯·比尔斯《魔鬼辞典》

操纵定义只是影响公众舆论的一种方法。另一种常用方法是使用别有用心的语言激发民众,以让他们接受自己本不愿意接受的政策。在过去几十年间,加利福尼亚大学的语言学教授乔治·莱考夫提出了一种操纵论证的理论,这个理论充满了争议,却吸引了美国各个政治派别的关注。

莱考夫将"框架"定义为"我们看待世界的特定心理结构,也是我们看待自己所寻求目标、计划、行为方式、行为后果的特定方式,这一特定方式也决定了我们的政治立场和对待公共政策的态度"[1]。

我们通过语言来识别他人的框架,而人们的政治立场和决定基于他们的价值理念,这些价值理念又建立在对语言和框架的认同上。莱考夫以"减税(tax relief)"一词为例来说明这一问题。该词语是共和党提出的,通过减税的口号来炒作自己的竞选纲领。"relief"这一概念表明,我们必须去除一种苦痛。能够去除这种苦痛的人,就是好人;而反对去除这种苦痛的人,就是坏人。这样的观念渗透到选民的价值观念中,他们反过来非常认同这一政治理念。与此同时,通过媒体的反复渲染,这一词语进入到政治词汇中。

在近年美国国家财政预算中,"减税"这一理念被创造性地运用到各个角落。当民主党提议修补特殊利益税法中的漏洞,以挽回数十亿美元的离岸避税行为所带来的税收损失时,众议院的共和党人将这一做法称为"增税",并阻挠这个法案的通过。事实上,很多公司正是以这样的方式在逃税。民主党提议对这些公司征收相关的税收,的确是增加税务收入,但共和党将其概括为"增税"的说法,蒙

---

[1] 参见:乔治·莱考夫. 别想那只大象[M]. 怀特里弗章克申:切尔西格林出版社,2004.

蔽了很多人的眼睛。因为"减税"的政治理念是如此地深入人心，以至民众认为"增税"就是增加苦痛。其他的例子还包括听起来不祥的"遗产税（death tax）"以及富有感情色彩的"部分分娩堕胎"，都引导着选民支持减税政策和禁止在妊娠后期堕胎政策。

民主党人也发明了自己的政治框架。共和党人曾经威胁民主党，要撤销他们正在使用的议事程序，而这个议事程序的出发点是防止布什匆忙、随意地任命法官。民主党人认为，共和党人的这一行为是"滥用职权"。日复一日，民主党人总是宣称他们在抵制共和党人滥用职权的行为，而民主是这个国家的根基，他们必须捍卫。这个口号表达的世界观是：我们重视民主，并且我们要捍卫它；而共和党试图撤销这个议事程序，就是要践踏美国人与生俱来的重要权利。事实上，要撤销这个议事程序，只是为了阻止参议院的多数党过早地了结一些争论，民主党的做法实际上是在打破法官的传统提名方式。然而，公众还是被民主党说服，共和党人在民众的压力下不得不做出让步[1]。即便是奥巴马主政以后，这种状况也没有改变，共和党人还是毫无禁忌地反复使用该策略来阻止民主党的很多议程。

不管我们是否同意莱考夫的这个理论，但有一点必须承认他是对的，那就是在关键问题上，政客们总是通过操纵语言来操纵民意，对此，我们必须警惕。

心理学家使用"框架效应"这一专门术语来描述语言如何影响我们的决策。例如，对于一个非常在意体重的人而言，他更有可能吃那些被描述为瘦肉占90%的汉堡包，而不吃被描述为肥肉占10%的汉堡包，实际上，这两种汉堡包是完全一样的。慈善机构如果敦促捐助者每天捐助多少美分，而不是一年捐助多少美元，他们就会获得更多的捐助。人们更愿意花那些被描述为奖金的钱（因为这是额外的收入，因此可有可无），更有可能省下那些被描述为退税的钱（因为这意味着是他们收入的一部分，不应该浪费）。在2008年的退税改革中，政客们如果把"退还税收"这个词换为"税务奖励"的话，很有可能会拉动更多的消费，刺激

---

[1] 参见：马特·拜. 观念之争[J]. 纽约时报杂志，2005-07-17.

当时疲软的经济态势[1]。当然，广告商也经常使用框架效应来诱惑消费者购买他们的产品。

语言的修正

语言不是语言学家在实验室里构建的人工产品，它们是人类智力活生生的结晶，用以满足人们日常表达的需要，比如，交流思想、发出指令、提出问题和确认关系（如婚礼上）等。也正因为如此，语言同时也反映了使用者的弱点、愿望、忠诚度，甚至偏见。所有的语言都处于不断发展修正中。

性别歧视语言的改革

在过去 20 年或 30 年间，美国与世界上的很多国家一样，都发生了一场革命，那就是对待少数群体和女性态度的转变。这场革命的成果也不可避免地反映在语言中。人们开始避免使用轻蔑性的词汇，像 50 年前流行的词语，如"自由""白人""21"等，现在已经过时。

最深刻的变化体现在人们关于异性关系以及女性在社会中的作用的态度转变上，很多以前习以为常、隐含性别歧视的表达开始从日常语言中消失。这种态度的快速转变，是由很多原因造成的。部分原因是妇女权利倡导者不懈的斗争，另外，也是因为在现代社会，女性很快地进入男性所主导的领域，并由此引发人们重新思考和定义女性的社会角色和社会价值。

以前，社会的要职都是由男性担任，因此，"生意人（businessmen）""国会议员（congressmen）"等词语都是以"men（男性）"充当词尾。但在当今时代，越来越多的女性承担起这些重要的角色。此外，人们也普遍意识到，这些含有性别观念的词语，不只是意味着占据这些职位的都是男性，同时它们也会让很多人误认为，只有男性才能胜任这些职位。此类旧的包含性别观念的词语以一种微妙而有说服力的方式暗示人们，主宰权力的应该是男人，而不是人人都可以，或者女

---

[1] 参见：尼古拉斯·埃普利. 退税心理学［N］. 纽约时报，2008-01-31.

人也可以。因此，用不带性别歧视的词语代替旧的带有性别歧视的词语，不仅会把女性放到与男性平等的位置，还会使得人人平等成为一种可能。我们的思想总是凝固在语言里，性别歧视的语言会把性别歧视的思想灌输到我们的头脑中。

现在，委员会或部门的负责人通常被称为"主席（chairs）"，而不是以前的"chairmen"。同样，送邮件的人往往被称为"邮递员（letter carriers）"，而不再是"mailmen"。对于消防员，我们现在称之为"firefighter"，而不是"fireman"。对于警察，我们称之为"police officer"，而不是"policeman"。以"-man"作词根而衍生出的很多词语，如今都被"-people"或"-person"所代替。出版商也不允许文稿中出现"man""he"这种指代不明的词语。

伴随着女权主义革命，语言一个有趣的变化发生在"Ms."这个词语上。"Ms."在过去普遍用来称谓一个已婚的女性，但现在，该称谓与婚姻状态不再相关。这样做，是为了体现男女平等的观念。过去，对于男性而言，不管他的婚姻状态如何，单身还是已婚，统统被称为"先生（Mr.）"；而女性则被区别对待，她们被称为"小姐（Miss）"或"夫人（Mrs.）"，这取决于她们的婚姻状况。杂志和报纸则彻底地贯彻了这种平等观念，他们在文章里用女性自己的名字来称呼她们，而过去，只有男性才能如此称呼。更深远的变化是，当今的女性可以不随夫姓。尽管在实际生活中，她们还会随夫姓，但毕竟拥有了自己选择的机会。当今的女性，即使采用夫姓，她们也经常是把夫姓加在自己的名字后面。比如，我们经常称呼"希拉里·罗德姆·克林顿"，而不仅仅是"希拉里·克林顿"。

一个更重要的变化是，消除了这样的语言表达方式："先驱者向西部迁徙，带着他们的妻子和孩子。"这个语句曾经被广泛使用，甚至会出现在公立学校的历史教科书中。这种表达告诉我们了先驱者都是男性，而女性和儿童只是他们的附属品。现在，人们已经纠正了这种观念，并将其表达为"先驱者举家向西部迁徙"。

但有时候，事情会矫枉过正。禁止德国人把祖国称为"fatherland"，或禁止英国人把母语叫作"mother tongue"，就没有必要了。取消或者更换"山姆大叔""萨拉阿姨"又有什么意义呢？像美国好几个城市的公共工程部门一样，当把马路或者人行道上的窨井盖称为"man hole"时，又有什么好担心的呢？关于人类的称谓，"humankind"很好地代替了"mankind"，而"平凡人的时代（era of ordinary people）"并不能完全代替"century of the common man"。

由女权主义革命提出的语言使用上的这种变化也引起了其他问题，那就是干扰人们的理解。例如，"her or his"的表达，是为了避免使用"his"或"his or her"，这就会干扰人们的理解。还有，就是过多地使用复数形式，比如，对于"学生阅读教材时"这一说法，用"when students read their textbooks"代替"when a student reads his texbook"。（这也是教材上出现更多复数使用形式的原因之一。顺便提一下，对于"国会议员"，很多教材上使用"congressperson"一词，尽管"member of Congress"这种说法更为常用。）

有趣的是，似乎没有人会在意自由被雕塑成一个女性（想想纽约港的自由女神像）。还有，虽然很多人抱怨"服务员（waitress）"和"女演员（actress）"两个词充满了性别歧视，但他们却对另一个带有男性歧视的词"鳏夫（widower）"安之若素。每年都还在特意地为女性颁发最佳女主角（actress）奖，大一新生仍然被称为"新生（freshmen）"。

专业术语的政治正确性

与性别有关的革命是更大的关于少数派革命的一个组成部分。对于少数派，人们的态度正在发生着变化，语言也紧随其后。

这样的革命和改革的结果是，某些词语现在已经变得恰如其分，而另外一些曾经恰当的词语如今却已过时。在政治上，一些术语变得不正确了。过去，职业赛会公开使用一些称谓来称呼队员，如"胖子""黑鬼"等。如今，如果这么称呼简直就是政治自杀。20世纪70年代，特拉华州的州长雇用一个女性作为他的新闻秘书，每年他需要支付2万美元。"如果他一个乳房想付1万美元，那是他自己的事情"。但我们决不能使用一些政治性不正确的概念，不能用"出柜的同性恋"（因为它意味着同性恋是坏的）或"移民的浪潮"（因为它含有对移民的负面情绪）等词汇来描述他人。总的来说，这种变化是好的，每个人都应当赞成这种变化。但也因为一些人的过度热情，带来了一些不必要的问题。

不管怎样，学术界都是专业术语的沃土，术语的政治正确性尤为重要。例如，辛辛那提大学的学生会宣布，他们的学校是"哥伦布—神话—自由校园"（他们在暗示，不是哥伦布"发现"了美国，而是早在哥伦布出生前的1万年前，美国本土人就已经在这里繁衍生息）。斯坦福大学制定了自己的语言使用规范，旨在抑制种族主义、性别歧视以及歧视同性恋的言论，违反这些规则的学生就会受到处罚，尽管在校园以外的现实世界里，这些言论并不会招致任何法律的惩罚。加利福尼亚大学的管理者圣·克鲁兹甚至对使用一些常见的短语也非常慎重，如"寒气袭人（nip in the air）"和"盔甲开裂（a chink in one's armor）"等，因为这些词语在一些上下文中可能被视为种族歧视。

有的时候，一些试图保持政治正确性的做法甚至颠覆了逻辑。纽约州的英语考试中，阅读理解题要求删除所有可能"使任何学生感到不自在"的词语。其中的一段话摘自艾萨克·巴什维斯·辛格的文章，它描述的是欧洲犹太人的生活，结果，这段话中凡是有关犹太教的词语都被隐去了。其中，"大多数犹太女性"被改为"大多数女性"。而正是由于这场考试的政治正确性的努力，纽约州被评为2002年美国全国英语教师理事会最佳故弄玄虚奖。

在语言清洁这件事情上，毫无疑问，有一点是好的，那就是现在未婚父母的孩子不再被瞧不起，他们被称为"非婚生孩子"而不是"小浑蛋"，这一点使得这些孩子摆脱了那些狭隘字眼所带来的严重耻辱。还有，"意大利福利机构"这个部门的名字，为什么不能改为"意大利裔美国人社区服务机构"呢？

但也有一些人在质疑，我们是不是变得有点过火？称"混血狗"为"杂种狗"、"视力障碍的人"为"盲人"、"有心理疾病的人"为"神经病"，这有什么不对吗？那些称《体育画报》上的泳装图片为"色情抢劫"的人，不正是迎合了这个词语的本来含义吗？纽特·金里奇评价克林顿总统，说他"挑战事实"，而不是直接称他为"骗子"，他只是出于礼貌的考虑吗？密歇根大学惩罚了一些学生，因为他们"散播仇恨的言论"：在课堂讨论中，这几个学生认为同性恋是一种疾病。密歇根大学的这一做法是在破坏宪法第一修正案吗？在1995年美国年度棒球联赛中，一些美国印第安人使用自己民族的图腾符号，是不是也是一种冒犯和错误呢？

对此，我们的看法是，尽管关于政治正确性词语的讨论，会掩盖某些更严重的针对少数派的讨论，但现状是，美国的移民在增加，多元主义文化在加剧，而关于政治正确性的讨论却在减少。在移民问题上，很多美国人都在讨论是否要修改宪法，以取消非法移民的孩子获取美国公民权的资格。就像"抛锚婴儿"这一词语所暗示的，这些婴儿在美国出生，取得了美国国籍，这意味着他们的父母会以此为据点和借口，移民美国，获取美国公民资格。在使用"抛锚婴儿"这个词语时，人们是没有任何政治正确性可言的。对穆斯林的广泛攻击也是如此。很多资金雄厚的反伊斯兰团体在网站和博客上攻击穆斯林，并以此来兜售仇恨和恐惧。如果这些诽谤和仇恨进入所有人的日常对话中，偏见和寻找替罪羊的心态就会在社会上蔓延，后果真的难以想象。保持词语和术语的政治正确性，其目的就是防微杜渐。

小结

1. 大部分词语不仅具有认知意义，也具有情感意义。"压迫""犹太佬""婊子"这类词语或多或少都带有贬义的感情色彩；"春天""自由""满意"则具有褒义的感情色彩；"社会主义""大麻""上帝"所具有的感情色彩因场合而不同。

2. 骗子利用语言的感情色彩，一方面掩盖词语的认知意义，煽动我们的情绪和非理性，从而使得我们忽视理性；另一方面，他们玩弄文字游戏，使得我们接受一些我们原本不愿接受的东西。后一个目的常常是通过使用委婉语来实现的。

3. 很多常见的修辞方法被狡猾地利用。比如，使用带有倾向性的词语或短语（"这一切只是证明了……"）；使用遁词，来扭转整个句子的含义（"经济上的成功可能是……"）；附加免责声明，悄悄收回最初宣称的条目（"机票必须提前21天购买……"）；使用模棱两可的词语，来掩盖真正的问题（关于她是否有能力保障国家安全，莎拉·佩林大谈能源问题，闪烁其词）。另外，使用恰当的语气，可以掩盖缺乏有说服力的推理或内容，甚至会煽动听众的情绪。

4. 有的时候，人们重新定义词语的含义，以适应习俗的变化，甚至是规避法律的规定。比如，把员工说成分包商，就可以避免支付国家规定的最低工资或社会保障税。有时候，我们很难说清楚这些词语是被正确运用还是被误用了。比如，心理学家不同意使用"精神疾病"这一概念，他们认为，仿照"身体疾病"所建立的这个概念，没有科学依据，并且会引发很多社会问题。使用加载的语言重新表述一些问题，进而会影响我们思考社会政策的方式。比如，把降低税收叫作"减税"，或把遗产税叫作"死亡税"。

5. 在现代社会，女性进入男性所主导的领域，并由此引发人们重新思考和定义女性的社会角色和社会价值，而这一切也导致了相关语言表达的变化。比如，很多以"man"为词尾的中性词被"person"所代替；统一用"女士（Ms.）"来称呼女性，而不再是根据婚姻状况称她们为"小姐（Miss）"或"夫人（Mrs.）"；不再使用"他的（his）"表示"他或她的（his or her）"；更多地使用复数形式以避免使用"他的（his）"。但在这方面，有时候，人们有点矫枉过正。

6. 与性别有关的革命是更大的关于少数派的革命的一个组成部分。对于少数派以及少数派的组织和他们的活动，人们的态度也在发生着变化。人们所使用的术语，有些是政治正确的，有些不是。比如，"美国原住民""身体上的挑战""拉丁裔美国人"都是政治正确的；相应的，"印第安人""身体残疾的""西班牙裔（用来表示墨西哥裔的美国人）"，则是政治不正确的。在有些情况下，政治正确性革命可能有点过火。例如，反对棒球比赛中使用印第安人符号。但是也有一些政治不正确的词汇，是出于对移民潮的反感和对恐怖主义的错误估计。

第八章

扩展型论证的评估

人们的偏见往往源于缺乏认真分析。认真分析的过程需要一定的技术和技能，而这一切，都必须付出艰辛的努力才能获得。为了避免艰辛，人们往往只追求结果而不重视过程，偏见因此得以横行。这就是我们人类追求快乐的道德本质和局限。

——美国学者　莫里斯·R.科恩

如果无利可图，人们会逃避真正的思考。

——18世纪英国画家　约书亚·雷诺兹爵士

第八章　扩展型论证的评估

这一章我们要关注的是扩展型论证的评估。所谓扩展型论证，主要是指文章需要通过论证，得出一个总的结论。在此之前的章节里，我们关注的主要是单一论证，以及其中可能出现的谬误和所使用的语言。在生活中，我们不仅会遇到这种单一论证，还会遇到复杂论证。这种复杂论证包含着一系列相关的单一论证，并最终推导出一个总的结论。

在生活中，除了论证性的文章，还有很多种类的说服性文章，就连简单的描述或叙事也常常使用论证的方式来讲明道理。比如，在《绞刑》一文中，乔治·奥威尔正是通过栩栩如生地刻画绞刑的过程和被执行绞刑的人的痛苦反应，来表达自己反对死刑的观点。有时候，详细地加以解释就可以有效地说服别人接受我们的观点。再比如，一篇学术论文通过解释氯氟碳化合物如何分解、破坏臭氧层，如何增加我们罹患皮肤癌的概率，从而使得读者信服它的结论，即应停止使用需要氟利昂驱动的冰箱和其他电器设备。

在本章里，我们主要关注这类论证性文章的修辞方式。然而，我们需要知道的是，论证可以有很多方式。比如，我们可以通过分析一种行为潜在的利与弊的方式来得出结论，也可以通过只讲述有利之处来得出这个结论。相比之下，前一种方式更为有效，因为它会全面回应人们的疑问和反驳。这也是很多文章为了立论总是要先对反论进行驳斥的原因；也是为什么很多政治家在阐明自己的观点和立场后，会继续说道："对于我的主张，我的对手一定会回应说……对此，我的态度是……"他们通过这种方式来反驳对方的意见。另外，一篇文章也可以通过对比其他方案的不可行性，来论证自己方案的可行性，这种方式叫作析取否定论证。

顺便说一下，有时候，诉诸某一领域专家的主张，也可以构成一个论证的理由，即便是不太了解专家的推导过程。第二次世界大战期间，罗斯福总统接受了物理学家利奥·齐拉特和阿尔伯特·爱因斯坦的主张（在一封转交给总统的信中提出的），即赶在德国之前制造原子弹。其实，罗斯福如同其他门外汉一样，根本无法理解两位物理学家其建议背后的推导过程。

还有，一般来说，一篇文章的论证方法可能不止一种。人们可能会先提出各种可供选择的方案，然后进行详细比较；接着，就某个可行的方案进行详尽分析。或者，他们会先进行可行性论证，然后，再通过诉诸专家的建议来支撑自己的观点。

文章评估的基本任务

每个人都会用自己的方式和目光来评估同一篇文章。对于某个人来说是最合适的评估方式，对于别人而言，可能并非如此。更何况，这其中还掺杂着其他一些因素，比如，时机不同、兴趣各异等。尽管如此，文章评估还是有一些基本的规则需要遵循，而这些规则，对每个人来说，都非常有用。

本章接下来将要评估的文章具有两个基本点：文章的主题非常重要，并且，我们必须要对它有全面而深入的了解。当然，在生活中，并非所有的文章都具备这两个基本点。但如果能够掌握评估这一类文章的方式方法，这对日常生活中其他文章的评估，具有指导意义。

寻找主题和论点，牢记于心

对于文章的评估来说，最重要的是锁定主题，也就是最后的论点。论点并不都是显而易见的，有时候，文章写得很差；或者论点只是以隐含的方式给出，而没有被明确地表达；也有可能作者只是建立起了整个论证过程，而观点则让读者自己去推导和反思。论点是一篇文章的重点，所以你必须牢记于心，并用它来衡量论据是否充足、论证过程是否有效。在许多体育运动中，你必须牢牢地盯住球并关注球的动向。而在评估扩展型论证中，你要做的工作是相似的，那就是必须牢记主题。

寻找支撑论点的论据和理由

显然，接下来的任务是寻找证据和理由，也就是那些用来论证论点的论据和前提。同样的，这一任务是否容易完成，也取决于作者的写作风格和解释方式。另外，很多论据其自身也需要有多个论据来支撑，这一点，使得寻找论据的过程困难丛生。

然而，通常来说，看到一篇文章的论点是什么并不难，也不难发现支持论点的主要论据和理由。例如，报纸专栏的一篇文章提出一种观点：香烟应该被取缔。作者的理由是数以百万计的人死于吸烟，而关于这一点，他又提供了一组统计数据证明，吸烟会导致心脏病、癌症和肺气肿；然后，作者认为，凡是对我们如此致命的东西都应该被取缔。因此，这篇文章的逻辑结构是这样的：

论点：香烟应该被取缔。

理由：（1）吸烟是致命的。

（2）所有如此致命的东西都应该被取缔。

支持理由（1）的论据：统计数据证明，吸烟会导致心脏病、癌症和肺气肿。

这位专栏作家认为，第二个理由是不言自明的，大多数人能接受这个理由，因此，他没有进一步给出支持第二个理由的论据（实际上，恰恰第二个理由是站不住脚的）。

对论据进行逐一甄别

一个有效的扩展型论证通常能够为自己所持的理由提供证据和相关的支撑材料，也就是说，它能够为理由提供理由。在上述关于香烟的论证中，统计数据就是用来说明第一个理由的，即吸烟会致命。当然，除统计数据外，还有很多其他类型的证据，如官方的声明、实例、个人经历、人们普遍接受的事实或常识等。在齐拉特和爱因斯坦写给罗斯福的信中，支持制造原子弹这一观点的证据，就是写信者的科学权威。有人声称吸烟是致命的，他可能只是以现在人们普遍接受的事实为依据，那就是吸烟会引发肺癌、心脏病等疾病。一个有力的反战论证所持的论据可能是具体的例子，比如，第一次世界大战造成了难以统计的苦难和悲剧。

总的来说，所有的论证都包含理由和前提。重要的是，这些理由本身需要证据作支撑。好的文章总是能够做到这一点，除非是那些理由已经不言自明，无须进一步解释。

考虑论证可能会遭遇的反对意见或反例

上面关于吸烟致命的论证，并没有考虑到可能会遭遇反对意见和对立的观点，实际上，一篇文章经常需要考虑这些。这篇关于吸烟致命的文章可能会遭遇一种反对意见，那就是人类有权利来冒险，即便是这种冒险会致命。但只要我们愿意，我们就有冒险的权利。如果这篇文章能够直面这种反对意见，并能够对此做出恰当回应，整篇文章会更有说服力。

跳过任何与论证无关的素材

人们写文章的目的是说服别人，所以，有些作者如果觉得一些无关的材料有助于说服别人，他们也会把这些素材加进来。这样的素材相当于"调味品"，它们使阅读更有趣，但不应该影响对论证本身的评估。

添加相关信息或理由

一篇文章不可能提供所有的证据和理由。试图进一步证明那些显而易见或人们普遍接受的知识也没有意义。一个好的作者只是提供给读者所需要的相关信息，以便让人们接受他的观点。比如，一篇写给老师的教育类文章，就不需要提供大量的信息来证明，现今许多高中毕业生的阅读能力、写作能力和算术能力都比较欠缺。这是每个老师都知道的事实。

当然，作者也可能犯错，他们可能无法为自己的观点提供最好的论证。他们也会忽略重要的证据，或者推理过程不正确而错误地得出结论。一个训练有素的推理者在评估论证时，总是能找出支持论点的最佳论证方式，并添加上可能被作者忽视的相关信息。当然，正因为如此，他们也不会忽略那些反例或者不利于论点的相关证据。

考虑语言的语气和感情色彩

尽管语气和感情色彩不是论证的必要因素，但它们能够左右听众的情绪，尤其是对于表达强烈感情的话题，或者是使用讽刺或幽默手法的论证，我们应予以关注。当阿德莱·史蒂文森州长反对州参议员所提出的限制猫（第七章中引用）的法案时，他那滑稽夸张的手法增强了说服民众的力量："猫和鸟之间的争斗与时间一样古老，如果我们试图通过立法来解决这一古老问题，类似的问题就会接踵而至，猫与狗的问题、鸟与鸟的问题甚至鸟与虫的问题，都需要我们表明立场。"正是对结果的夸张推演，史蒂文森州长使得该法案显得愚不可及，并且也不值得通过。

找出这些隐藏的说服手法的方法就是，找出一篇文章中带有感情色彩的词语或者幽默的短语，揣摩它们是如何驱动读者同意作者的观点的。关注这些表达方式有助于我们防范它们对整个论证产生不必要的影响。

做出评估

尽管从逻辑顺序看，做出评估是阅读一篇论证性文章的最后一件事情，而实际上，对于一个训练有素的人来讲，这种评估从开始阅读就在进行，并且伴随着阅读过程的始终。他们会一直在思考，我已经接受这种观点了吗？文章所讲的和我已经知道的知识相符吗？如果不相符，这个论证犯有怎样的错误，为什么会这样？或者，这样的理由或证据能否改变我的看法？随着阅读的深入，他们的问题也会进一步细化：这一理由是否可以接受，真的不需要进一步提供证据吗？这一理由真的能够为论点提供支持吗？鉴于我的知识背景，这样的证据合理吗？作者是否忽略了相关重要的反证或反例呢？是否因为语气和带有感情色彩的语言的运用，才使得论证具有这种说服力呢？自始至终，一直如此，我们才能对一篇文章做出彻底的令人信服的评估。

虽然把相关的背景性知识考虑进来，是建立成功论证评估的关键，但也有一些其他相关的因素，对于评估而言至关重要。面对一个论证时，我们经常遇到的问题是，我们并不知道我们已经获取的背景性知识是否足以做出正确的评估。这个时候，知道如何正确地提出问题就显得尤为重要。比如，很多人赞成推行死刑的一个重要理由是死刑所具有的威慑作用：如果一个人在实施谋杀行为之前，知道这一犯罪行为意味着死刑，他就会慎重地考虑自己的行为，毕竟生命是宝贵的。这听起来像是一个非常有道理的理由，但是事实果真如此吗？如果不知道真实情况，我们有权对这一论证持保留态度，或者要求作者提供更多的证据和信息。这里要说的重点是，评估论证的时候，我们在补充相关背景性知识的同时，也要意识到我们自己的无知。正是因为对一些理由不了解，我们才要存疑，并把它作为问题提出来。

当一篇文章的整个论证结构清晰地呈现出来后，我们就会知道文章中的哪些理由被进一步论证，哪些没有。而那些没有被进一步论证的理由，是作者的基本预设，或者文章展开的始基。作者认为，它们是不言自明的，因此不需要对其进一步论证。当评估这个扩展型论证时，你需要面对三个问题，而这三个问题，分别对应的是有效推理的三个要求（第一章讨论过这个问题）：

1．你认为作者的预设和陈述理由合理吗？
2．你是否了解与这个论点相关的其他理由或论证？（如果是，你需要把它们考虑进来，以构成有效的论证。）
3．所有的理由是否足以支撑论点，也就是说整个推理是有效的吗？

如果作者的预设不合理，或者你所掌握的背景性知识足以构成反例，抑或整个推理过程并不是完全有效，那么，整篇文章的论证就没有说服力。也有可能出现的情况是，你所具有的背景性知识并不支持或者不能驳倒结论，这时，你需要持保留态度，继续深挖相关的证据和信息。

在这里，我们要给出的一个警告是，在一些篇幅很长的文章中，常见的情况是，它的有些子论证是正确的，有些不是。这种情况下，理智的做法是，只接受这个论证中那些正确的子论证；错误的做法是，对整个论证加以否定，因为很有可能，那些正确的子论证也足以支撑最后的论点。这一点，我们经常称之为"悲悯原则",就是对一些事情的另一面(即便是我们不愿意接受的另一面)也要抱有某种同情。这对于一个训练有素的人而言,非常重要。

做批注和摘要的方法

在评估论证的过程中,批注和摘要是很好的辅助方法。批注和摘要是概括性文字,如果做得准确,可以很好地帮助我们掌握篇幅较长的文章的结构和思想。

做批注和摘要分为四个基本步骤:

1. 通读文章。
2. 再读一遍,在页边处把重要的段落标注出来。(之所以需要通读两遍,就是为了找出重要的段落。一般而言,在第一遍阅读时,很难准确地发现这一点。)做批注不一定使用完整的句子并保持语法正确。它们可能只是一些缩写,或者速写的格式,根据自己的喜好,自己能看懂即可。
3. 利用已经做好的批注,为文章写一个摘要,指出文章的论点和论据各是什么。这样一来,整篇文章的结构就准确无误地凸显出来了。
4. 反复检查,确保你总结出的摘要与原文意思相符。根据你所撰写的摘要对整篇文章做出评估。

关于批注和摘要,还需要记住两点。首先,当我们略过文章的某些段落并认为这些段落不重要时,应保持谨慎。这样做需要建立在大量训练并具有熟练阅读技巧的基础上,并且,即便是一个训练有素的人,也会有判断失误的时候。其次,批注和摘要是理解文章的辅助手段,它们一般都要比原文短很多,并且是越短越好。但是,一个潜在的风险是,如果摘要与原文意思不符,我们接下来的评估就会犯"稻草人"谬误:我们以为我们在评估文章,其实我们只是在评估自己所总结的摘要。

对论证的延伸性评估

对论证的延伸性评估,是指运用批判性思维方法对整个论证进行进一步的检验。第一步是用写批注和摘要的方式,对文章加以总结,指出文章的论点和理由分别是什么。接下来的任务是确定整个论证是否具有说服力:文章所列举的理由能否支撑论点?证据是否合理?作者是否考虑到重要的反例?文章所用的带有倾向性情感的词语,只是为了说服读者,还是为了操纵读者的情感?其背后预设的世界观是否可信?这都是评估论证时需要考虑的问题。

重要的是,我们要记住,世界上不存在所谓的完美论证。即便是杰出的思想家也会犯错误,或者被别人误导。经过详尽的分析,我们才能鉴别出什么是令人信服的,什么不是,然后才能给予论证一个全面而中肯的评估。

对价值诉求的处理

到现在为止,我们已经可以看出,很多用作论证论点的论据,是关于价值判断的,另一些是关于事实判断的。所谓事实判断,如咖啡里放糖会变甜;所谓价值判断,如加糖的咖啡比不加糖的咖啡味道要好。地球绕太阳一周需要365天,这是一个事实;在同等条件下,那些给穷人施舍的人比不施舍的人要好,则是一个价值判断。

比如,有人认为,假期最好放在春天,因为春天是一年中最好的时光。这个人就是用一个价值判断做论据来论证自己的论点。(顺便要说的是,这个论证的结论本身也是一个价值判断。对于论证而言,如果其前提中出现价值判断的理由,这个论证一般都是关于价值判断的论证。)

一般来讲,对价值判断的辩护方式不同于对事实判断的辩护方式。例如,有人断言,金子不生锈。这是一个关于事实的判断,他的这个论点可以被以下论据证实:没有观察到任何金子已生锈;并且所有试图让金子生锈的实验都失败了。但如果一个人断言,黄金铸造的珠宝美丽。对于这个关于价值判断的断言,他需要提供的是完全不同的论据，比如，人们通常喜欢金饰品的外观等。正如很多哲学家所说，价值判断是关于主观的问题，而事实判断是关于客观的问题。

"情人眼里出西施""众口难调"，这些古语也都表达了类似的观点，即价值是主观的，且因人而异。在生活中，有些人喜欢豆角，有些人喜欢巴赫的赋格曲，这些都是事实，没有对错之分。相比之下，关于事实的判断却有真假之分。比如，有人声称，地球是平的，这个断言是错误的；而我们认为，地球是圆的，我们就是正确的。但需要说明的是，仅仅相信某种事物是事实，并不能说明这一定是个事实，我们需要有相关的证据来支持我们的观点和看法。

当然，也有哲学家提出异议，他们不认为价值判断本身是主观的。比如，他们可能会说，美存在于客观事物之中，而不是存在于观察者的眼睛里。因此，一个人如果观察不到事物之美，只是这个人看不到而已。类似于一个色盲看不到物体的颜色，并不是颜色不存在或不是客观的。

幸运的是，对于涉及美、品味或其他美学问题的价值判断，我们一般无须处理潜在的哲学争论，而只需要对整个论证做出恰当的评估即可。比如，有些人对自己所在社区的露天废弃汽车场提出异议，他们认为这样的废弃汽车场是违法的，因为这些露天废弃汽车场已经成为"眼中钉"了。选民们不用考虑"眼中钉"到底是一个客观的属性，还是一个主观的属性，他们只需要考虑大多数人是否认为这些露天废弃汽车场是丑陋的，来进行投票。（当然，有可能的话，最好禁止开汽车墓场，但那是另一回事。）重点是，对于这样的诉诸价值的判断，我们只需要考虑废弃汽车场到底是不是丑陋的这一具体问题，而无须回应潜在的哲学问题，即丑陋到底是事物本身的性质，还是观察者的一种主观感受。

还有一些其他的价值判断问题，它们更为复杂，比如，涉及道德的价值判断。如果道德价值判断是主观的，那么我们在为其辩护时，只需要指出绝大多数人都赞成这一观点即可。这样一来，奴役他人或者过劳致死，在道义上都是错误的，因为绝大多数人都会认为这些行为是不公平和错误的。但如果道德价值判断是客观的，对于同样的这两个问题，我们就不能用这样的方式来辩护。因为如果道德原则是主观的，这些主观的感觉就变成不相干的证据了：客观意味着道德原则不是我们的主观想法，而是外在于我们，存在于世界之中。这些原则包括《圣经》

中的《十诫》、天赋人权或善与恶的界限与原则等[1]。如此一来，那些认为道德原则是客观的人们，在论证文化原则、天赋人权、宗教原则和其他涉及道德的价值判断时，就必须重新组织自己的论据来论证这些观点，而不是诉诸大多数人的主观感觉。

  关于道德的价值判断，关键在于，当一个人提出一个道德价值的观点时，他所持的论据是什么。比如，那些反对堕胎合法化的人们，所持的理由经常是，夺取一个人的生命在道义上是错误的。但是，如果他们提供的证据是《圣经》中的《十诫》，即"不可杀人"，那么，对于那些不把《圣经》作为最高道德权威的人而言，这样的论据就不具有说服力，他们当然也就不会接受这个论证的结论，即夺取一个人的生命在道义上是错误的[2]。同样，那些支持卖淫合法化的人，所持的理由经常是，女性有权利以任何方式支配自己的身体。但如果他们提供的证据是，天赋人权是客观的事实，那么反对天赋人权是客观事实的人们，就不会信服这样的观点。

  对于具有批判性思维的人而言，只有道德价值判断符合他们的道德原则，他们才会接受它。比如，一些社会主义者声称，自由市场机制不仅在实践上是有害的，在道义上也是应该被禁止的。他们以此为理由，来反对当今很多发达国家的自由市场机制。面对这种观点，一个具有批判性思维的人会根据自己的道德标准进行衡量。

  当然，这并不意味着，人们关于道德标准和道德价值的观念都是一成不变的。比如，很多人认为，违反法律的行为在道义上是错误的，但如果国家颁布法律禁止他们信仰自己的宗教，或者强制他们信仰别的宗教，他们会重新反思自己的道

---

[1] 所有这些原则，到底是客观的还是主观的，哲学家和理论学家们为此展开了长期的争论，目前，还没有定论。

[2] 需要注意的是，诉诸权威，比如，诉诸《圣经》，也可能是一种骗局。据说，《圣经》中这句话的最早出处是希伯来语，它说的是"不可谋杀（Thou shalt not murder）"，而不是"不可杀人（Thou shalt not kill）"，但这句话一直被人们误译和曲解。因此，问题仍是：堕胎到底是不是谋杀。还有一个问题是，即便是一些反对堕胎合法化的人，也认为某些夺取生命的方式是正义的，如战争中杀人或正当防卫等。这样一来，这些人就必须证明，杀死胎儿的方式与那些所谓正义杀戮的区别在哪里。

德标准。

另外，我们还需要看到的是，在决定一种行为在道义上到底正确与否的问题时，没有一个简单的整齐划一的标准，就像《十诫》那样。对很多人来说，他们都赞成一个人的收入取决于他的付出，认为这在道义上是正确的，正如古语所言："种瓜得瓜，种豆得豆。"但问题并不这么简单，就像甜点适宜原则所描述的那样，水果在甜点中的作用，还取决于甜点被奉上的场合。比如，公司的首席执行官成功引进一个新产品，公司的工程师设计和完善了该产品，公司的工人在生产线上生产出这个产品，还有那些把钱投入该公司的股东。在实际生活中，我们该如何比较这四个人的付出呢[1]？

最后，我们还应该看到，那些终其一生没有仔细检验和质疑自己的道德原则的人，和那些对这个复杂世界缺乏足够认识的人，都会犯同样的错误。即使是道德相对主义论是正确的，那个没有检验和质疑自己道德原则的人，也会错失很多良好的道德原则和道德信念。即便整个社会都认为堕胎是错误的，一些人在仔细考虑过后，仍会选择这样做。

对讽刺作品的评估

作家乔纳森·斯威夫特在《格列佛游记》里提出了一个非常著名的"谦和的建议"。他建议爱尔兰应该吃掉更多的婴儿，以此来解决18世纪蔓延整个爱尔兰的饥荒所带来的各种问题。

但乔纳森·斯威夫特所要表达的，当然不是字面上的意思。他在使用讽刺的修辞方法，那就是表面上说的与实际上想表达的相反。所以，当评估一部讽刺作品时，仅从字面上去理解，肯定是不对的。我们要掌握其背后所隐含的思想。乔纳森·斯威夫特实际上是想告诉读者，英国当局在爱尔兰制造了大面积饥荒和很多苦难，他是在用讽刺的方法控诉英国当局的罪行。这种反讽具有震撼人心的力量。

---

[1] 有关此主题的更多信息，可参见：霍华德·卡亨. 契约伦理：进化生物学与道德情操 [M]. 马里兰州拉纳姆：罗曼与利特菲尔德出版社，1995。

讽刺通常会与幽默和夸张一起运用，进而具有强有力的说服效果。一般而言，当告诉我们事实真相的时候，讽刺和夸张往往比平铺直叙更有效果。反讽的修辞手法对于揭露人们的心理防御机制也特别有效。这些心理防御机制，如拒绝承认、合理化等，我们在第六章已经有所涉及。

小结

第八章主要关注的是扩展型论证，也就是对文章的评估。

1. 大多数文章的论证都是非常明确的，但也有一些文章不那么明显。比如，说明性文章或描述性文章，像奥威尔的《绞刑》。

2. 论证的方法有很多。我们可以通过分析一种行为潜在的利与弊的方式来得出结论，也可以通过只讲述有利之处来得出这个结论。一篇文章还可以通过对比其他方案的不可行性，来论证自己方案的可行性，这种方式叫作析取否定论证。当然，文章也可以直接列举理由来论证论点。

3. 扩展型文章的评估，需要遵循一些基本规则：(1)寻找主题和论点，牢记于心；(2)寻找支撑论点的论据和理由；(3)对论据进行逐一甄别；(4)考虑论证可能会遭遇的反对意见或反例；(5)跳过任何与论证无关的素材；(6)添加相关信息或理由；(7)考虑语言的语气和感情色彩；(8)做出评估。

4. 对扩展型论证进行最终评估时，需要面对三个问题。而这三个问题，分别对应有效推理的三个要求：(1)你认为作者的预设和陈述理由合理吗？(2)你是否了解与这个论点相关的其他理由或论证？（如果是，你需要把它们考虑进来，以构成有效的论证。)(3)所有的理由是否足以支撑论点，也就是说整个推理是有效的吗？

5. 在评估论证的过程中，批注和摘要是很好的辅助方法。做批注和摘要分为四个基本步骤：(1)通读文章；(2)再读一遍，在页边处把重要的段落标注出来；(3)利用已经做好的批注，为文章写一个摘要，指出文章的论点和论据各是什么；(4)反复检查，确保你总结出的摘要与原文意思相符。

6. 一篇文章所提供的理由，可以分为价值判断和事实判断两种。对价值判断的辩护方式要不同于对事实判断的辩护方式。很多人认为，价值是主观的，事实是客观的。在这种理论看来，一个金戒指的形状，是关于这个戒指本身的一个客观事实，而这个戒指是否美丽则取决于人们各自的眼光。还有一种相反的论点，这种理论认为，价值也存在于事物本身，也是一种客观事实。在价值判断中，关于道德的判断最为复杂，甚至充满了悖论。如果关于道德价值的判断是主观的，那么关于道德的诉求可以通过很多人都这么认为的方式来加以辩护；但如果道义原则是客观的，那么人们的感觉就变成了毫不相关的理由，我们需要诉诸我们感觉之外的客观现象来为道德的诉求进行辩护，比如，我们需要诉诸《圣经》中的《十诫》。所以，在评估关于价值诉求的论证时，我们需要识别立论者所持的理由和证据是什么，并与我们自己的道德准则进行对比分析。当然，一个人的道德观也不可能是一成不变的。那些信奉《十诫》的人们也需要知道，《十诫》并没有给我们所有的问题都提供现成的答案。仔细反思自己的道德标准可能会导致一个人改变自己的看法，比如，有些人认为堕胎在道义上是错误的，但考虑到现实的可怕处境，他们也许会改变主意。

7. 讽刺文章的观点总是和表面上的意思相反，所以，对于讽刺文章，我们不能只从字面上理解。比如，乔纳森·斯威夫特实际上并不是建议人们吃掉婴儿。讽刺作品并不是平铺直叙地列举理由来论证观点，因此在评估这类文章时，我们要把握它们实际上所要表达的思想，以确保准确无误。

第九章

撰写令人信服的文章

▸▸

没有乏味的学科，只有枯燥的作者。

——美国作家、评论家　H．L．门肯

写作和阅读一样，都让人受益。

——英国历史学家　艾克顿公爵

把最复杂的语言提炼成最简单的想法。

——第16任美国总统　亚伯拉罕·林肯

泛滥的语言掩盖灵感的缺失。

——英国博物学家　约翰·雷

通过第八章的探讨，我们应该知道，一篇论证性文章应具备的基本要素是论点（推理的结论）和支撑论点的论据（前提）。我们还应该知道，在大多数情况下，论据本身需要由证据和次一级的推理来支撑，评估这些证据和推理，对于我们接受或反驳这些论点至关重要。

但我们也应该清醒地意识到，撰写一篇令人信服、出色的文章要比总结和评估别人的文章难得多。写作是塑造一个人的性格的过程，它确实能够暴露出在一个话题上我们内心深处的想法和观点。让我们都学会撰写文章吧，写作是把草率的想法变得条理清晰的最好的方式。

写作计划

对于一个经验丰富的作者来说，他会在准备写作和写作的过程中牢记自己的基本目标。他通常会制订一个计划旨在实现自己的写作目标，以确保自己的想法不会游离过远。更确切地说，他会根据新证据、新看法和未预料到的新困难，来不断修正最初的方案。有的时候，一个困难就会中断整个写作过程。（有趣的是，编辑文章对于大多数有经验的作者来说，似乎比其他任何写作任务有更大的优先权，并且可以随时中断其他的写作任务。例如，在使用一个不确切的词语后，作者会把其他正在做的事情搁置一边，然后去找一个更贴切的词语。）问题是，撰写文章对于大多数人来说，并不是一个简单的线性过程[1]，而是充满了困难和变数。娴熟的作者在写作过程中，也会不断地更改自己原初的想法。写作本身就是一个探索、发现的过程，包括发现我们原初想法的不充分性。

写作准备

学生经常被要求针对特定的话题，进行短篇的论证性文章的写作，比如，关于美国人的读写能力或者大麻合法化的问题等。现在，假设你的任务是就枪支的管制问题撰写一篇文章。

首先，你要确定你的文章的论点是什么，这一点必须非常明确。枪支管制可能会涉及限制手枪在特殊场合的携带，或者只是针对特殊人群的限制。你的论点也许是支持自动手枪、速射武器的合法拥有，或是反对；或者你只是针对手枪类的持有持支持或反对的看法。

也许在你确定好一个论点后，随着对这个论点展开实际调查的深入和进一步的思考，你很有可能会改变看法。除非你的老师已经给你规定了一个明确的论点，不然正是在对这个话题的深入思考、调查证据及他人推理的过程中，有可能促使你在某种程度上修改你的论点。较差的思考者经常在确定一个论点后，无论证据显示了什么，他们都仍会坚持自己的论点，好像改变思路就预示着失败一样。而优秀的思考者懂得，因好的推理而改变原初思路，是明智的标志。关于枪支管制的法律案例也许会说服你为禁止使用这些武器而战，比如，关于手持自动武器（如乌兹枪）的巨大杀伤力的证据。

在你已经确定一个论点并且选择好支撑它的推理和证据后，拟订一个写作提纲是很有用处的。当然，每个人的写作方式都是不同的。有些人先开始写作，接着做调查，然后在写作过程中修正他们的论点，也能做得很好。但大多数作者，特别是那些缺乏经验的人，他们发现，在撰写文章前做大量的准备工作很有用处，

---

[1] 这是个常规，几乎没有例外。有趣的是，哲学家罗素恰好是一个例外。他起草的第一份手稿，几乎全篇没有变动，草稿就是被出版商采纳的最终版本。我们这些普通的作者只能带着敬畏感来看这些草稿，而不要好高骛远。

其中包括撰写一个写作提纲。（这正是赶在截止日期前的晚上写的文章很少取得好成绩的一个重要原因——他们没有经过仔细思考就应付写作，这一点对于老师而言，太明显了！）一个提纲至少包括暂定的论点、主要的推理方式，以及预计使用的支撑证据。大纲不需要在语法上完全正确，经常使用的短语和重点词汇就足够了。但是，对于缺乏经验的作者来说，用完整的句子阐述论点和重点论据是一个很好的主意。

美国著名连环漫画《凯文与霍布斯》中的主人公凯文就发现，撰写文章和做调查，通常都很枯燥和单调，但是调查特别是坚持不懈的调查，通常都是必要的。在调查的时候，把相关的证据记下来，包括引文、数据、例证、专家的观点等。根据你对于原初话题的观点，有规律地梳理新的资料和证据是如何支撑或者逐渐削弱你的论点或论证的。如果调查的结果逐渐削弱你的论点，很明显它需要修改，或者需要缩小论点的范围，或者对你原来设计的论证过程进行修正。切记，不要轻易地忽视相反的论点和论据！

一些涉及法律事务的推理需要我们重新回顾法律知识以及关于该法律条例的解释。比如，许多争论涉及宪法问题，如堕胎、枪支管制、色情作品等。因为宪法常常用于支持一个争论的某方观点，但它需要详细的解释才能有说服力。基于这个原因，针对你正在写的问题，研究法律条例的司法解释，是一个好主意。在为复杂的法律问题进行辩论时，查阅相关专家的观点，有助于你更好地理解事实。

当然，如果你不想用大量的推理和证据来哄骗读者，那就坚持使用最好的推理依据，也就是那些最有说服力的证据。然而，要记住的是，不是所有的推理都是基于对事实的研究和事实性的证据，它们可能与道德信念的标准或者与审美观及其他价值观等密切相关。比如，关于对待动物的主题就涉及道德问题。很多人认为，从道德上来讲，因个人目的而夺取动物性命的做法必然是错误的。

最后，在撰写文章前，要确保文章的论点在逻辑上符合你准备提供支撑它的推理（前提）。毕竟，演绎推理或归纳推理的有效性对于有说服力的论点是一个绝对的必要条件，而且，如果推理不能真正地支撑论点，它们就毫无用处。

撰写文章

文章可以根据以下方式建立自己的论证。一种是，先详细阐述反方的论点，然后再逐条地进行反驳，最后阐明自己的立场；另一种是，先阐述自己的论点，然后逐一阐明自己的证据和论证，等到文章结尾再做结论，并为自己的立场做有力的辩护。组织论据有许多方式，然而，对于不少学生来说，学习写作技巧很困难。通常的情形是，在写作过程中，我们会无目的地转变自己的观点，或者是在阐述反方论据时太用力，以至他的观点好像比你的更令人信服。对于大多数学生来说，撰写一篇文章的最好方式是，在背景介绍部分阐明论点，在主体部分逐条展开推理，在结尾部分用有力的总结使人充分理解你的论点。

背景介绍

一个好的背景介绍能吸引读者的注意力，并为得出论点打下良好的基础。论点通常放在背景介绍的最后，但也可能放在开始。背景介绍的重点是说服读者接受你的论点。（记住，你心中要有两个目标，一个是撰写一篇有说服力的文章，另一个是说服读者接受你的论点。一篇有说服力的文章如果不能充分表达，很有可能说服不了读者。）一篇文章可以用各种各样的方式来介绍背景，比如，用一个来自权威性消息的引文，或者用一个能支持你的立场的个人实例。

一旦你抓住了读者的注意力，接着就要陈述论点，并举出两三个支持你论点的论据。用这种方式开始整篇文章，能巧妙地为读者阅读文章的主体部分做好准备。尽管在陈述论点后，列出主要的论据并不是必要的步骤，但这样做，的确可以让作者和读者都保持正确的思路。

主体部分

文章的主体部分，应阐明支撑论点的推理和证据。文章需要的支撑力度取决于预期的读者可能抵抗的程度。你的目的并不是想冲击人们已经相信或者了解的事情。支撑每一个推理可以采取多种形式，这会在本章后面详细阐述。简言之，推理要有效,证据要令人信服,解释要有逻辑性。

如果存在你认为相当重要的相反的观点,你一定要设法对它进行处理,或者是构建论证来反驳它,或者是承认它可能是正确的,但同时指明它并不构成反例。

结尾部分

一篇文章的结尾部分通常是重申论点。如果文章通篇有点长或者复杂,则需要总结一些要点,但应避免去阐述新的观点。结尾部分是坚定立场、进行总结的地方。

现在,我们来共同分析一篇文章。依照文章的标准来说,它很短,但在阐明论点以及为之辩护方面的确做得很好。选择这个话题,也只是为了激起一些争议,并且期待大家进行反驳。

为什么上大学?

背景介绍,并以陈述论点和主要的论据结尾。

上大学值得吗?57%的美国人声称,我们的高等教育体系未能让学生实现他们及其各自家庭花销的价值[1]。时间宝贵,人生短暂,所以,为什么要承受沉重的债务而把时间浪费在大学里呢?我的一个朋友去年从州立大学毕业,他至今也没找到和他所学的人类学专业相关的工作。相反,他如今在麦当劳工作,每小时的工资是7.6美元,并且背负着3万美元的债务和他父母住在一起。但这样的情况不会发生在我身上。我大学一年级上了一半,现在打算辍学。从经济角度来说,上大学毫无意义,并且为大多数学生未来的工作提供的帮助很少:大学学费昂贵;我对相关的课程不感兴趣;此外,商业中的实战经验比学校教育更有价值。

---

[1] 参见:皮尤研究中心《上大学值吗?》,2011年5月15日;2012年4月4日。

推理的支撑论据1：大学学费昂贵，学生要担负巨额的债务。

  大多数美国人都认为，大学教育的花费太高。皮尤研究中心的调查显示，高达75%的人都认为，大学学费对于美国大多数人来说是昂贵的，并且学费一直在上涨[1]。每年，大学理事会都会公布高等教育平均花费的数据。比如，在2011—2012年，公立大学正式注册的学生每年要为学费和食宿费支付17131美元，这一数据表明，大学的学费比前一年增长了8.3%，食宿费上涨了6%[2]。当然，收费标准肯定不会按照以前的，并且每年的费用在不断上升。大学学费的上涨率就达到了5.1%，超过同期五年的通货膨胀率。就私立大学来说，每年38500美元的收费标准，远远超出我的承受范围，以至我根本不用去计算总的花费。

  对于大多数学生来说，不断上涨的费用意味着债务的不断加重。根据《消费者报告》提供的数据，在考虑通货膨胀的情况下，2011年，每个大学生平均负债为22900美元，比10年前上涨47%[3]。这可真是一大笔钱！许多大学毕业生被这些债务所困扰，以至他们需要极大地屈就自己找一份收入微薄的工作，以偿还这些债务。举例来说，像我的朋友，他的税前工资是15200美元。这微不足道的工资让他无力偿还债务。并且，因为需要参加很多相关的工作培训，他将会积欠更多的债务。大学对他来说就是浪费时间。

推理的支撑论据2：列举了一些关于热门职业的课程，但作者不感兴趣。

  大学教育的另一个主要弊端是，我对那些为学生设置的关于求职成功的

---

[1] 参见：皮尤研究中心《上大学值吗？》，2011年5月15日；2012年4月4日。
[2] 参见：大学理事会. 大学理事会报告大学学费将在全国范围内持续上涨的新趋势［R/OL］.［2011-10-25］. http://press.collegeboard.org/releases/2011.
[3] 参见：消费者报告. 2011年大学毕业生达到最高平均负债值［R/OL］.［2011-05-19］. http://news.consumerreports.org/money/2011/05/2011-college-grads-have-highest-average-debt-to-date.html.

课程不感兴趣。根据大学理事会的报告预测，从2008—2018年，大学毕业生从事的热门职业是与教育、会计、计算机相关的工作[1]。教师将像会计师、审计员、计算机系统分析师一样，受到人们的热捧。我对这些领域都不感兴趣，我真正感兴趣的专业是人文学科。但是，学校对我的工作需求不能有所帮助。事实上，在2010级的所有毕业生中，只有56%的人找到了工作，并且平均年薪是27000美元，比2006至2007级的毕业生下降了10%[2]。这些令人沮丧的数据促使我不能再留在学校。

承认问题的对立面，然后作者进行反驳。

———————————————————————————

我承认，接受大学教育有一些优点，它能拓宽我的知识面，强化我的沟通技巧，能让我成为一个全面的人才。如果我多上些英语课，我的写作水平会更高；而且哲学课能让我更加明智；一些历史课程也很有好处，可以让我在分析问题时更有前瞻性。但是，不用花费过高的大学教育，我也可以自学这些课程——毕竟，当地图书馆里的知识都是免费的。大学教育的另一个优点是，大学毕业生能比高中毕业生赚更多的钱，但这只适合那些聪明、有抱负的孩子。这些孩子如果决定从商而不是进入大学，他们也有可能在工作上取得相当的成功。

推理的支撑论据3：对在工作中获得实践经验进行说明解释，并举出一些大学辍学的学生在商业上取得成功的例子。

大学教育可以提供研究学术的基础，但不能教给你实践经验。它不能教

———————————————————————————

[1] 参见：大学理事会. 大学毕业生的最热门职业［R/OL］.［2012-03-29］. http://www.collegeboard.com/student/csearch/majors_careers/236.html.

[2] 参见：凯瑟琳·兰佩尔. 在工作市场中，许多刚毕业的大学生都很卑微［N］. 纽约时报，2011-05-18.

给你工作中需要的技巧，比如，怎样出售一个产品，或者怎样发展商业网，你只能在工作中才能学到这些技巧。或许有些时候你会失败，但这正是你要学习的另一种实践课——如何把商业失败转化为成功。大学里的失败是你的成绩单上的污点，但在商业中却不是这样，而且，大学学位对于商业上的成功而言，也不是必要的条件。我们这一时代的两位巨人——史蒂夫·乔布斯和比尔·盖茨都是大学辍学，Facebook 的首席执行官马克·扎克伯格也是这样。事实上，在福布斯富豪榜上，400 位榜上有名的美国人中，有 15% 的富豪，不是大学辍学学生，就是高中毕业生[1]；只有 5.3% 的富豪有博士学位。当然，我不是史蒂夫·乔布斯，但我也可能靠自己的一个小生意，学着成为一个好企业家。奥巴马总统在国会上也这么说："这里的每一位都知道，小企业正是大多数新工作的开始。"要早点开始工作，越早越好！

结尾：重申论点。

上大学对于那些有时间和金钱的学生来说，真是很好的事情。但我二者都不具备。学费太高了，得到的工资又如此微不足道。就我的经济状况而言，在工作中挣钱，并获得更多的实践经验，是更有意义的。因为更多的职业需要的是在职训练，而不是课堂学习。那些有抱负、有头脑的人不上大学也能成功。

有效地组织推理

对于撰写一篇论证性的文章来说，或许最难的部分就是提供有说服力的证据。以合乎情理的推理开头并不够，你还需要做的是，说服读者相信你的推理。以下是几点相关的指导原则。

---

[1] 参见：福布斯网站. 亿万富翁大学：福布斯前 400 名的教育 [R/OL]. [2012-01-16]. http://www.forbes.com/forbes/2012/0116/leaderboard-education-billionaires-forbes-400-university.html.

提供具体的证据

如果可能的话，提供具体的证据。举例，引用数据，对比或者比较相关的材料以及利用真实的信息。推理能被具体的信息所证实，比根据一些概括性的话来解释更有说服力。

通常，这类具体的信息主要从以下三个途径获得：

1. **个人的经历**：假设你的文章的论点是，学校提供的食物应当加以改进。在这个例子中，你的个人经历可以用来支持你的立场。每次你在学校自助餐厅吃午饭，都觉得食物非常难吃：面包坚硬如石，意大利面如橡胶一样等。引用这些个人经历，可以为你的推理提供很好的支持。当然，在通常情况下，你也需要其他的一些证据。

2. **别人的经历**：当使用这类证据时，你要确保这些信息是真实的。你知道自己的经历是什么，但是，在评价和叙述别人所声称的亲身经历时，判断是必不可少的。

3. **权威性的资源**：这包括如下资源，如参考书目、杂志、在某一学科具有广博知识的专家等。即便是来源可靠的信息，判断也是必需的。关于明显的事实，或者在政治上没有争议的事件，我们可以相信著名的百科全书、词典、具体学科的指导手册等。但你不得不对杂志、报纸和电视节目所提供的信息多加小心，特别要谨慎地对待网络，因为人们可以在网络上发布任何他们想发布的东西，并声称他们是权威的，而事实并非如此。

还有一点要注意，在行文过程中，权威性的资料来源都应该加标注。或者是用脚注的方式，或者是在文本里用直接引语的方式。使用别人的资源而没有标注来源，会构成剽窃，这是极端的严重侵权。

合理过渡

一篇好的文章要有一个明显的逻辑结构，过渡词的使用会突出文章的流畅性，帮助读者了解接下来要讲的内容，进而知道哪些表达方式对推理过程有用，哪些对结论有用，以及事件之间是如何联系在一起的。用于过渡的词语包括"但是""然而""相反""此外""当然"，以及"例如""另一个优势是""按理说"等。

从头到尾贯穿自己的立场

写作是为了让人信服。撰写一篇好的文章需要智力上的训练，你应该坚持自己的观点，并排除前后不一、模糊不清的想法，把所有的想法整理成一个连贯的整体。

顾及你的读者

一个作者如果想感染别人，就要坚定地牢记你的读者。当独自坐在桌前匆匆撰写时，很多作者都容易忘记潜在的读者。但是，经验丰富的作者知道，他们写作时脑中必须一直顾及潜在的读者。之前的失败经历，如已经有手稿被退回，或受到严重批评，都促使这些作者知道他们是在为谁而写作，怎样才能更吸引读者。

树立读者意识的方式可以是直接有一个读者。虽然树立读者意识很重要，但如果真的有人能回应你的写作，那将大有裨益。在大学里，文章通常是定向地写给一个读者，即你某门课的老师，他会评估你的文章，并提供有价值的建议来提高你的写作能力。

然而，在写作的构思阶段，当你有一个微弱的想法但又不确定它是否能起作用时，或者是，你想到一个论点和一些推理但不知道它们是否能令人信服时，你应该怎么做？把你的想法告诉其他人是有帮助的。他们的反馈将让你与读者产生一种共鸣感。有些老师会把一个班级的学生划分成许多小组，以便让学生讨论他们的想法，并相互理解他们各自的文章。一些学校会设立助教，来扮演读者的角色。关键在于，无论用什么可能的方式，都要培养自己的读者意识。

以下是一些关于读者的问题：

1. 谁是你文章的预期读者？
2. 他们的世界观和背景性信念是什么？
3. 什么样的语气是恰当的？

想象一下，在看待枪支管制问题时，一位母亲的看法肯定与当地枪支拥有者组织的看法有所不同，因为他们的世界观和背景性信念肯定存在着明显的差异。一旦你确定了自己的潜在读者，你就会从这些读者出发，来组织更有效的论证和证据说服他们，并且会清楚用什么样的语气更加合适。

"据说"不等于就是证据。

——加利福尼亚州总检察长　比尔·洛克耶

不要使用比喻！

比喻是一种由来已久的修辞手法。对于很多作者而言，比喻能够快速地表达自己的想法，并且更能让人印象深刻。问题是，不少作者太热衷于使用这种修辞手法，结果却适得其反。下面一段文字摘自《华盛顿邮报》：

执行主席马修·F. 麦克休上周说，委员会已经厌倦了因掩盖（gobbet）丑闻而引起的公众质疑和各种侮辱，并决定把所有细节和问题都公之于众。

机构里养了435个寄生虫，如今每个人都会被看成一路货色。而且，这个错误观念会永远存在于公众意识里，现在公布的真相就像给公众注射了另一支肾上腺素。

这段文字也很好地说明了写作的另一个禁忌：使用生疏的词语，会给人们的理解带来困扰。如果不查阅字典，你知道"gobbet"这个词是什么意思吗？

改写！改写！改写！

始终如一地贯穿自己的思路，是一件非常困难的事情，因此，改写已成为写作过程中必不可少的组成部分。当撰写一篇评论性文章时，我们经常会意识到，我们的观点并不像我们想象的那么引人注目或有洞察力。因此，写作过程本身，就构成了组织推理的重要环节。

这就是为什么大多数作者撰写的第一份草稿，通常被用作理顺思路的一种方式。在第一份草稿中，他们会尽自己最大的努力进行写作，然后对这份手稿加以批判性的评估。接下来的修改和改写，能把他们学习到的新内容考虑进去，这些新内容不只是重新组织了推理，也可能是增加了新的证据。

当然，的确有一些优秀的写作者，他们能在第一遍草稿中就创作出真正优秀的文章。像哲学家罗素这样的作者（他的手稿上往往全篇只有一两个词的改动），在这个世界上是非常稀少的。大多数人至少要写两遍草稿，有时候需要重写多次，才能使想法更加合理，并且使得语言表达让读者更容易理解。但是，要做好这些，你只需要练习、练习、练习！（当然，好消息是，在现代社会，那些神奇的文字处理软件，让这个似乎无止境的修改过程，变得更为容易！）

好作者懂得尊重他们的读者

F. L. 卢卡斯，剑桥大学国王学院教授，在他的文章《什么是风格》中强调了作者对读者的义务。以下是节选部分：

好作者应该尊重他的读者，因此他应该表现得非常谦和。基于此理解，以下是几个有关写作风格的原则。其中一个原则是明晰性。让你的读者绞尽脑汁才能理解你的作品，这是一种粗野的行为。写作的重要目的是，不让人误解，尽管很难做到完全不让人误解。因此，莫里哀和白居易都会转换到读者的角度，把自己的作品读给自己的厨师和仆人听，"如果这些人不能理解，他们就一直修改，直到自己的作品能完全被理解"（《假日杂志》，1960年3月）。

> 很不幸的是，在当代社会，我们的公务人员和专家却不会如此体谅读者。
>
> 　　简洁性是写作的另一个基本原则。浪费或挥霍读者的时间是不对的。日常生活中，人们不会去偷窃别人的钱包，却理所当然地偷走别人的时间，这真是让读者愤怒的事情！因此，任何作家都不应该无谓地花费读者的时间。此外，简洁的表达通常是更富有成效的……很多人是如此习惯于在引言部分就开始摆弄辞藻，以至有一位苏格兰教授总会这样质问自己的学生："文章开始的那页撕掉了吗？"

小结

　　一篇文章的基本内容是一个论点和支持论点的论据（前提）。通常，论据本身也需要由证据或者推理来支撑。

　　1. 有经验的作者倾向于在他们准备写作时，把自己的基本目标牢记于心，制订一个实现那些目标的计划，并根据新的证据反复修改最初的目标。写作过程一般不会是一帆风顺的。

　　2. 当准备写作时，你的第一个任务是，准确地确定你的论点。当然，你也可能会改变当初的想法，或是缩小话题范围，以便更好地聚焦自己的论点。在写作过程中，为了好的推理方式而改变思路，是明智的。

　　在确定了论点和支撑论点的论据后，拟订一个写作提纲是非常有用的。当进行相关调查时，应做一些笔记，包括要引用的参考文献。如果调查所获取的资料逐渐推翻你当初的论点或论证，你就需要进行相关的修正。决不要轻易地忽视相反的论点或论证。在开始写作之前，确保你的论点和论证在逻辑上是有效的。

　　3. 一篇典型的论证性文章一般分为三个组成部分。其中，背景介绍部分通常为阐明论点做铺垫。主体部分应该包含推理和证据，或许推理之间能相互支撑，但如果纳入一些例证，推理可能更有说服力。如果要关注或反驳相反的论点，放在主体部分是最合适的。结尾部分可以重申论点，或者对文章的要点进行简短的总结。

4. 撰写一篇论证性文章的核心问题是,说服读者接受你的论点。为了达到这个目的,有经验的作者会提供有说服力的推理和正确的证据。他们也会通过考虑读者的背景性信念和采用恰当的语气表达方式,把读者牢记于心。

5. 好的作者也会提供过渡词,如"但是""然而""此外""例如"等表述方式,以让整篇文章通顺、流畅。

一篇文章无论怎样精心计划,改写几乎是必不可少的步骤。因此,撰写的第一遍草稿可以作为一种学习和反思的手段,以便把新学到的东西添加进去。

6. 始终如一地贯穿自己的立场,像审查、评估别人的文章一样修改自己的文章。写作,改写,如此反复,文章才能够表达你想要表达的想法。

第十章
用于销售产品的广告

▷▷

广告是对当代社会各种日常活动最丰富和最忠实的反映。

——20世纪原创媒介理论家　马歇尔·麦克卢汉

广告是合法化的谎言。

——英国小说家　H.G.威尔斯

做生意不打广告就像在黑暗中对女孩暗送秋波。你自己知道你在做什么，但别人不知道。

——斯图尔特·亨德森·布里特

投其所好，不是理性推理。

——美国著名政治家　本杰明·富兰克林

广告说服人们，用还没有到手的钱来买不需要的东西。

——美国喜剧演员、报纸专栏作家　威尔·罗杰斯

当你没看到明星本人时，就让你按臆想的明星的生活方式去生活，这就是广告。

——广告执行官　费尔法克斯·科恩

虽然人们对广告颇多怨言，但不可否认的是，它们很有用。广告告诉我们，什么产品是新推出的，是可用的，在哪里、何时、用多少钱可以买到。它们告诉我们产品的质量和细节。你只需要付出一点精力和时间去关注和阅读，所有这些信息都是免费的。

人们对广告也有很多合乎情理的抱怨。广告并没有告诉我们相关产品的缺陷。它们经常通过夸张，偶尔也用彻头彻尾的谎言来误导人们。有些产品被宣传得比其他产品更重要、更有效，并用这种不合理的方式来影响我们的选择。

广告另一个饱受争议之处是，它们实际上增加了商品的价格。用于广告宣传的费用支出，使商品的价格上涨四分之一，甚至三分之一，都是再正常不过的。很多批评者认为，这是一种巨大的浪费。

但这种对费用的指控是一种误导。广告的确要花费很大一笔钱，并且，这种支出被计入最终商品的成本中。不过，相比不做广告或者做很有限的广告，大规模宣传的广告实际上大大降低了相关商品的价格。生产商之所以做广告，是为了通过大规模批量生产降低生产成本，从而赢得更大的市场。简而言之，制造商之所以投放广告，是因为广告能够减少销售产品的费用。几乎所有商业行为都会投放广告，这绝非偶然，他们知道这是一种更好、更廉价的销售产品的方式。否则，一个公司如果不做广告，它会不得不去开拓别的销售渠道，从而增加了销售成本，尤其是销售佣金。

不管怎样，在过去 40 年间，广告的宣传技巧和投放渠道发生了巨大变化。1965 年，企业将其大量的广告费用投入到三大主要的电视网上：美国广播公司、美国全国广播公司（NBC）和哥伦比亚广播公司（CBS）。这种销售方式引起了80%目标消费者的注意——18—49岁的消费人群。现在，美国有超过100个电视频道可供选择。大量涌入的高科技，使得电视和报纸杂志上的广告影响力减弱。更多美国人都转向互联网去搜索信息和娱乐，所以，广告业不得不面对更广阔、更复杂的市场。另外，如果广告做得没有创意，那么广告商也将一无所获。因此，近些年来，通过举办商品展览会和直接邮寄广告宣传册，广告商们开始变相地进入销售市场来售卖产品。他们也会在电影院采用植入式广告，在网络上植入弹窗式广告，把广告推进到YouTube和Facebook这样的知名网站里，以此来获取更多的关注和宣传效应。但无论用多么炫目或层出不穷的创新方式，广告的基本原则都是：它们通过操纵消费者关于美、地位、社会关系和性别的看法，来让我们为相关的商品埋单[1]。

承诺型广告与识别型广告

事实上，所有的广告都可以分为承诺型广告与识别型广告两种类型。承诺型广告，通常用来满足人们的购买欲望，并缓解人们的忧惧心理。你所做的就是购买广告中推销的商品（用宝洁公司的老香料牌止汗剂去除体味，开福特汽车享受生活）。大部分承诺型广告阐明了自己的产品为什么可以胜任，或者为什么比别的品牌做得更好（克里奈克斯纸巾更柔软，全麦麦片含有更多的维生素和矿物质）。有些广告承诺可以满足我们的生理需求，比如，士力架的广告语："饿了？就来块士力架吧！"还有："饿了？你还在等什么！"这暗示士力架是能够充饥的产品。事实上，士力架里面只有几粒花生具有营养价值，剩下的白糖、巧克力、牛轧糖、焦糖是不能够长时间耐饥的。而士力架的销量却在以150%的速度增长，这在所有畅销的巧克力产品中，都是一个不容小觑的数目。

---

[1] 参见：肯·奥莱塔. 新市场[J]. 纽约客，2005-03-28.

> 承诺，更大更多的承诺，是广告的灵魂。
>
> ——英国作家　塞缪尔·约翰逊

识别型广告，通过产品标志来销售产品。既然识别型广告也向顾客承诺该产品比别的产品更好用，那么按理说，识别型广告其实也是承诺型广告的一种。但是，识别型广告的承诺是通过著名公司或明星来间接体现的。普通人总是想和自己崇拜的人保持一致，而不管他们是明星、富人、学者，还是英雄或有权有势的人。识别型广告就是利用了人们的这种心理。名人代言广告在这个方面最为有效，因为人们都想效仿明星，所以就会购买明星代言的产品。通过使用欧莱雅的化妆品（碧昂斯代言），穿阿玛尼的衣服（拉菲尔·纳达尔代言），或者是阅读高质量的书籍（奥普拉·温弗瑞推荐），我们会变得像明星一样。

的确，包括识别型广告在内，所有广告之所以如此奏效，也有其他一些深层次的原因。比如，在购物的时候，人们常常会倾向于购买那些名牌产品。很少有人会购买一款没听说过也没做过广告的牙膏；相反，人们经常会买我们有所了解的牙膏，即使他们自己都意识不到，为什么要买这款牙膏，而不是其他的牙膏。

在各种类型的广告中，名人广告最具吸引力。因为名人的各种生活场景都被曝光在互联网、小报以及电视上，所以人们很想和名人穿同款服装，喝同款啤酒，开同款汽车。妮可·基德曼代言香奈儿5号后，女性们都一拥而上购买香奈儿5号，香奈儿5号在她代言之后销量增加了30%；在贝克汉姆代言阿迪达斯之后，这个运动品牌变得更为时髦了；在凯特·温斯莱特推荐运通卡之后，运通卡在美国吸引了更多的消费者；格温妮丝·帕特洛买了蔻驰的手提包之后，这个品牌的手提包变得更时尚、更昂贵、更合意。因此，销售行业很青睐名人。消费者想和名人一样，因此他们会选购名人代言的产品。

看广告时的注意事项

说起广告的优点，你会想起这些：广告经常为消费者提供大量真实有效的信息,并且它们经常用幽默的笑话、讲故事或美丽的风景来娱乐我们,让我们为之莞尔。而且,在广告中,愉快、轻松地度过时间并不是一种浪费,它们还具有某种启迪。比如,百威啤酒在圣诞节前投放的电视广告,用冰天雪地中的克莱兹代尔马展示出来;居可衣内裤的广告标语是"全城最佳席位";大众汽车的广告语是"缓解汽油之痛";连锁餐饮品牌塔可钟的广告语是"面包之外"。还有,美国葛培理福音布道会的广告语是:"出生,受苦,死亡!还好,我们还有机会救赎!"而广告的缺点也恰恰源于其不断上升的宣传能力,以及其通过圆滑的心理策略来操控消费者消费观念的本性。其实,在实际生活中,每个人都知道别的消费者是怎么被广告欺骗的,但大部分人还是抱着侥幸心理。包括大学生在内的很多年轻人,常常否认自己受到广告的影响。他们经常说,他们不是因为广告才穿名牌牛仔裤或者阿迪达斯的鞋子。相反地,他们一再强调自己就是喜欢那些东西,并以此有意忽略广告对他们偏好的影响。实际上,我们每个人都受到广告的影响。(一位美国广告业大亨曾坦白,连他自己都会受到广告的影响。)所以,我们现在面对的最大问题就是,如何最大限度地利用广告而不受其影响。这就要求我们熟悉广告常用的宣传策略,比如,它是如何利用消费者的弱点、偏见、感情的。毫无疑问,无论怎样,我们仍会受到广告的影响,但明白这些,会让我们尽可能少地受到伤害。

广告引导消费者错误推理

我们已经注意到,广告常常利用名人效应来操控消费者的选择。所以,他们常常误导消费者诉诸权威。我们很少会去追问:比起百事可乐,林书豪是真的更喜欢可口可乐吗?或许是因为他为可口可乐代言,得到了代言费?另外,假如林书豪本人根本不喝软饮料,这对你购买可口可乐有影响吗?(顺便说一下,《消费者报告》所进行的口味测试结果显示,消费者一般区分不出百事可乐和可口可乐味道的不同。那么,林书豪能区分清楚吗?你呢?很有趣的事情是,这项测试的发起者在长达数年的实际课堂测试中发现,学生基本上区分不出自己喜欢的品牌啤酒和其他啤酒之间的区别。)

表面看来,林书豪只是推荐了可口可乐,他本人在软饮料的口味上并没有什么权威，这仅仅代表了一种个人偏好。但是，他是名人，广告效应就会被放大，体育代言广告就是很好的例子。在桃色新闻破坏泰格·伍兹的形象之前，伍兹几乎霸占了全部的高尔夫广告，并被认为是最棒的高尔夫球手。所以，他为耐克的高尔夫系列代言让那些高尔夫迷们相信，买这个牌子可以得到更高的分数。而事实上，伍兹从不在锦标赛上使用这些普通的高尔夫球，他用的都是定制的高级高尔夫球，这种球一般人是接触不到的。（当然，他也使用过其他品牌的高尔夫球。）

在伍兹的桃色新闻被曝光之后，他所代言的广告都不见了，这证实了名人的成功与他们代言的产品之间的密切关系。在伍兹代言的广告中，这种结合得到了加强。这不仅因为他是一位明星级高尔夫球手，还因为他是理想美德的典范。在球场上，他是一个天才，更是一个努力、专注、遵守规则、意志坚强、道德高尚的男人。换言之，他的品德和英勇吸引了大量消费者来购买他所代言的运动产品。但他的丑闻曝光后，这种效应就不复存在。消费者都愿意相信一位道德高尚的名人，即使这位名人实际上并不使用他所代言的产品。所以，从那以后，"来吧，像泰格那样"这句广告语再也没有出现。但是，现在，伍兹的形象开始慢慢恢复，尤其在国外，很多人可能会卷入到下一波"泰格产品"中去。

无论如何，下一个与此紧密相关的话题就是，广告总是试图让我们忽视它们隐匿证据的行为。广告宣传总是只提及相关产品的优点，而绝口不提或掩盖它的缺点。香烟广告就是最好的例子。雷诺兹烟草公司发布了一个叫作"骆驼9号"的女性版骆驼牌香烟，该广告并没有提及当前更多女性死于肺癌而非乳腺癌的事实。相反，该产品很吸引女性，很容易使人们想起香奈儿19号香水，而且，该香烟用粉色、绿色的花形做外包装，标签上写着"轻便，甜美"。得到女性的认同，使得骆驼牌香烟在女性香烟市场异军突起，并成为维珍妮牌香烟的最大竞争者。维珍妮牌香烟的经典广告语是："亲爱的，你已经走得太远了！"女性确实在通往肺癌的路上越走越远，这真的是很大的讽刺！

> 只讲一半事实，实际上是把一切都转化为谎言的艺术。
> ——克里斯提·马修森（代言烟草的著名棒球投手）

广告也会引导受众去做不公平的比较。比如，必胜客的广告只把他们的外卖服务与那些根本不提供外卖服务的比萨店进行对比，而对他们真正的竞争对手却绝口不提，实际上，多米诺比萨也有外卖服务；威斯克洗衣液的广告中宣称，他们的产品比汰渍洗衣液更有效，用很少一点就足够，这使得威斯克洗衣液看起来比汰渍洗衣液便宜，而事实并非如此。

当然，有的广告就是使用幽默的方式推理，我们不能从字面上来理解这类广告。比如，宝马汽车公司的广告："医生建议，增加活动次数，可以减缓衰老速度。无独有偶，开宝马汽车的司机比开其他奢侈汽车的司机都年轻10岁左右。"使用这种幽默方式的推理并非是原因虚假推理，只是它故意不按照字面意思来讲。当然，美国长途客运公司（American Coach Lines）的广告语"如果人本来会飞，那么上帝就会调低车费"，也是这样。尽管如此，这种广告的目的还是想让潜在的顾客购买它们宣传的产品。

广告打出同语反复的标语和无用术语作为旗帜

事实上，广告中包含了各种谬论，比如，他们会打出各种假大空的标语，以引导我们错误推理。经典的例子包括："你值得拥有（Because I'm Worth it）"（欧莱雅），"非同凡想（Think Different）"（苹果公司），"钻石恒久远，一颗永流传（A Diamond is Forever）"（戴比尔斯珠宝）等。

广告标语的尺度跨越也很大，从适当的教育性（米勒莱特："好味道，不长肚"），到有几分暗示性（雪佛兰："坚如磐石"），再到完全的不相干（耐克："想做就做"）。总体而言，这些广告都非常奏效，因为它们被不断地重复播放，这样广告语就在我们的脑海中根深蒂固。在视觉传媒出现之前，广告语主要是通过电台进行宣传。大部分70岁以上的人都可以立马听出林索皂片广告歌，因为该广告歌多年前在电台上播放了无数次："林索牌皂片，又白又亮，每天洗洗超开心！"

> 最明智的宣传策略就是把观点凝练成简洁的标语，并不断地重复。
>
> ——阿道夫·希特勒

而那些把产品作为"官方"出品加以宣传的广告标语又是另一种情况了。2004年,泰勒诺药厂打出广告,说自己是"2004年奥林匹克美国队官方指定的唯一镇痛药"(同时还伴有运动员肌肉受伤的展示图片)。这种宣传广告所暗示的内容,大部分是错误的。泰勒诺药厂的广告暗示人们,比起其他牌子的药品,奥林匹克运动会的运动员更喜欢该品牌;或者,泰勒诺药厂的药比其他镇痛药更有效。但是,在生活中,真的遇到受伤情况,这些运动员真的不会服用像维柯丁那样更有效的药品吗?事实上,这种标明官方的做法只是想让人们记住该产品。泰勒诺药厂想要在奥林匹克运动会上冠名,就像可口可乐、雪佛兰、百威啤酒一样,成为奥林匹克运动会的赞助商。

广告利用人性的弱点、情绪、偏见与恐惧

有些特定的广告产品比其他广告产品卖得更好,就是因为它们利用了人们的弱点,或者恐惧心理。除臭剂、漱口水、生发剂、染发剂等广告都是如此。这些广告有一部分的确具有教育性,但是,很多产品并不像广告中所声称的那样。比如,水晶莹牌(Aquafresh)漱口水对减弱口气没多大用,因为口气是从其他地方产生的;但是,水晶莹牌漱口水的确能够消灭一部分口腔细菌。很多做广告的产品并不比没有做广告的产品更有效。比如,胃能达在中和胃酸方面,并不比美乐事抗酸剂、健乐仙等其他品牌强;劲量电池的质量与金霸王电池的质量差不多。

广告采用狡猾的言论、图片和布局设计

遁词在广告中也十分常见。一款漱口水在广告中说它能抗(fight)口臭,而不是声称它能治好(cure)口臭,这样的宣传对这款产品而言,就变得好办多了,因为它可以逃脱任何可能的指责和麻烦。像"经常使用该洗发水能减少头皮屑""使用该洗涤剂让盘碟变得一干二净"等广告语,也是如此。

另外,我们需要注意广告中隐含的比较性与评价性术语。比如,"好""更好""最好"等,"最好"这个词至多可以理解为"与所有其他领先品牌并列第一"。广告中所说的"去欧洲最便宜的机票",可能只是每条航线的原价机票。也有广告

号称是"史上最低价",那么,你完全可以肯定别的公司也会以此价出售。当"免费"这个美好的词语出现的时候,该词本身可能并不狡猾,但是它常常诱惑了那些容易上当受骗的人,而且我们每个人在不注意的时候也很容易上当受骗,这个词语会让我们觉得自己平白无故就能得到点什么。

不过,这种广告与小字体印刷的免责声明还是有区别的。比如,膳食补充行业可以通过不确切的治疗效果的宣传,来误导人们相信且赚得丰厚的利润,而那些小字体印刷的免责声明,并不是意在阻止消费者购物,相反,它们规避了法律风险并利用了监管的漏洞。比如,关于"新型关节膳食补充品",其广告宣传语声称,"临床实践证明,该产品能迅速改善关节灵活度和关节舒适度",这虽然没有直接表达为治愈关节炎,但却暗示该产品有如此功效[1]。而免责声明却以小字体印刷的方式表明,"该产品并没有被美国食品药品监督管理局评估;该产品不用于诊断、治疗、治愈或预防任何疾病",从而让制造商脱身。当然,也有谨慎的消费者会去查一下该产品所谓的临床试验,去看看该产品的临床试验结果是否真的发表在合法的科学期刊上,或者这只是保健市场营销中的小伎俩。

相比于误导性广告语,图片更具有欺骗性。比如,减肥药广告经常展示名人已经修饰过的完美身材。还有些食品广告,图片看起来十分美味,但事实上并不那么好吃[2]。在令人垂涎的食物图片里,意大利面实际上是被粘在餐叉上以保持形状,饮料中的冰块其实是丙烯酸仿制品,焦糖冰激凌实际上只是一块浇上卡罗糖浆的猪油。当我们看到在焦糖糖果上涌出巧克力糖浆,画外音说着"巧克力"时,微妙的欺骗就开始出现了——这个图片将我们的大脑强制切换成巴甫洛夫式视觉反应。可以肯定地说,它实际上没有广告里看起来那么好吃。

---

[1] 参见《关于产品的坏消息,它们宣称得如此之好以至不太真实》,《塔夫茨大学健康与营养简报》,2009年9月。
[2] 参见:大卫·西格尔. 烤鸡:一个喜怒无常的明星[N]. 纽约时报,2011-10-09.

> 蓄意行骗：嘉信理财广告镜头展现的是一对夫妻，他们在兴高采烈地谈论着自己的成功投资。然后，有 10 行字的陈述出现在屏幕下方，描述他们是嘉信的真实消费者。这 10 行小字只在屏幕上闪现了 3 秒，只有那些快速阅读者才能看到小字体中的一句话：这对夫妻是被广告商雇来做广告的。

最后是布局设计。什么时候广告看起来最不像广告？当广告被设计得像一篇新闻报道时。事实上，《洛杉矶时报》为美国全国广播公司的戏剧《洛城警事》发布的一则首页广告，就使用了新闻报道的形式[1]。而这则广告的真实面目可以通过一个非常微小的"广告"显现出来。另一则广告则是用了四页版面为电影《独奏者》进行宣传，以新闻报道的形式出现在娱乐版。考虑到最近《泰晤士报》新闻编辑部大量裁员和急需用钱，这也许只是它在市场营销中一时失误才出此下策，也许这是可以原谅的。（事实上，到目前为止，已经有百余名记者签署了抗议书。）像营销新闻一样来发布娱乐广告，这种方式也许不是一个严重的欺骗，但必然会在社会上造成大范围的负面影响。

广告利用新闻中的热点话题炒作

整个国家都关注的话题，是广告炒作的沃土，因为这样的广告可以利用我们的恐惧和欲望。整个社会出现越来越多的肥胖者，已经激发了一大批的低脂、低糖、低盐、低碳水化合物的商品。麦当劳也推出了素食汉堡和 McGriddles 汉堡（用薄饼夹着芝士、鸡蛋、肉类等）。卡夫食品公司正在推广一种叫作"趣味燃料"的方便午餐盒，里面有水果、肉类、谷物和奶制品。以"在推荐日摄食量上放纵一把"为标语，好时公司也发起了一场无糖巧克力运动。

近些年来，减肥广告都夸张地利用了美国联邦贸易委员会 2003 年发布的识别虚假减肥产品的指南。你觉得人们现在已经足够理智，他们已经不可能再不认真对待"不用节食不用锻炼就能减肥"之类的标语，但你错了！就像泰勒·巴纳姆

---

[1] 参见《我们所信任的广告商》，《号外！》，2010 年 5 月。

所言,"每分钟都有一个傻瓜在诞生"。

也许一些广告是可以理解的。鉴于在"9·11"事件后航空旅行的大幅下跌,美国联合航空公司推出了一系列的广告策划。这种广告以纪录片的方式宣称"我们是美国人,我们不会被打败","我们是被袭击了,但我们现在正在崛起"等。这样的广告以美国员工的爱国言论为特色,广告所引发的评论也是褒贬不一。整体而言,虽然这些广告提升了美国的国家形象,但是它们并没有挽回美国联合航空公司的销售局势——袭击发生之后,航空旅行低迷了至少两年。

广告粉饰了企业形象

每当一个企业开始用广告重塑企业形象而不是用广告来销售产品时,你必须得知道发生了什么。随着环境问题的爆发并呈上升趋势,对环境产生重大影响的企业就赞助了一大批绿色广告。杜邦公司经典的"猎捕海豹"就带有环保的味道。这个广告用镜头特写展现了风景优美的海岸线、潜水的海豚、蹒跚学步的企鹅和鼓掌的海狮,并伴随着优美的贝多芬《欢乐颂》旋律。远处的地平线上还隐现一艘油轮,这时,画外音告诉我们:"最近杜邦公司宣布,其能源部门为了保护环境,将启用新的双壳油轮!"在该广告播出后不久,美国环境保护局发布了一份报告,指明杜邦是美国最大的有毒废物排放公司。

美国通用电气公司启动了一项"绿色创想"活动,旨在重塑公司形象,使其成为环境清洁技术的领导者。在广告中,一只大象伴随着《雨中曲》的优美旋律,在热带雨林中踏舞前行(尽管大象并不生活在雨林中)。舞动的大象跃过一群喜气洋洋的猴子、犀鸟和火烈鸟——这一田园场景旨在告诉我们,美国通用电气公司的低排放产品使得环境从中受益。广告的画外音吟诵着:"技术是自然进步的一部分。"根据一个广告调查公司的跟踪调查,这个广告是2005年最具吸引力的广告之一。美国通用电气公司通过该广告顺利将其形象转变。

无孔不入的广告和感官超载

广告营销人员如果不足智多谋,将一无所获。随着传统阅读方式和电视的逐渐衰落,他们再也不能指望通过杂志、报纸和电视来说服消费者。因此,广告营销人员开始采取无孔不入的做法，到处张贴广告[1]。微软公司在美国航空公司飞机的托盘单上做广告；盖可保险公司在地铁入口处做广告；美国大陆航空公司在中国食品的纸箱上和比萨盒子上做广告；佩里·埃利斯（男装品牌）在干洗店衬衫盒和吊牌上做广告；哥伦比亚广播公司在超市的鸡蛋壳上印制电视节目单。出租车和电梯间的视频屏幕，表面上是播放新闻，实际上充斥着大量的广告。建筑物的外墙和老式广告牌都被改成了电子屏去做广告。

鉴于这种营销手段的迅猛攻势，消费者简直无处可逃。扬克洛维奇营销研究公司的调查数据显示，30年前，生活在城市里的人们每天可以看到2000条广告；而现在，人们一天能看到5000多条，比之前多了一倍多。除此之外，人们还经常被垃圾邮件、互联网跳页和宣传公司服务的手机短信所困扰。越来越多的人被骚扰，这让市场营销者很担心，但这一切不足以阻止他们尝试更巧妙的方式兜售商品。

夸大的广告是合法的，但虚假的广告不是

其实，关于广告，如何界定"夸大"并不重要。不管是广义、模糊或者夸大的广告，特别是那些使用幽默的广告，都是合法广告，宝马的广告就自诩为"终极驾驶机器"。然而，有的广告却超越了法律底线并因此引发欺诈性索赔。尤其是烟草行业，很容易引发关于欺骗性广告的诉讼。比如，2003年春季，菲利普·莫里斯公司被发现在其轻型香烟广告中有欺诈消费者行为。法官尼古拉斯·拜伦裁决该公司故意误导消费者，让消费者误以为万宝路香烟和剑桥牌香烟比其他的香烟更安全无害，并裁定莫里斯公司赔偿原告108亿美元。这件案子是近几年来反对烟草公司的著名案例之一。

广告的积极方面

尽管大多数广告是向消费者销售商品，但也有一些广告是试图教育或者警醒我们反对有害活动的。一个"无毒美国"合伙企业已经发布了一系列广告，旨在

---

[1] 参见《眼睛能看到的任何地方，都有广告》，《纽约时报》，2007年1月15日。

倡导大家与吸毒活动做斗争。这一系列广告把年轻人和父母作为受众，讲述了摇头丸、大麻和其他毒品的可怕危害。例如，其中一则广告聚焦的是吸毒少年因毒瘾发作而饱受煎熬、令人恐慌的场景；一则广告展现了一个女孩在课堂上极力隐瞒因毒品诱发突然出鼻血；另一则广告特写的是，一个男孩在快餐店的柜台前不小心掉下一包毒品。还有一些更令人震惊的系列广告，通过给现在长期使用毒品的年轻人拍照，来揭露青少年的空虚，他们怪异的面孔显现了吸食冰毒的毁容作用。例如，在"吸食冰毒的身体"的标题下，一个年轻男子站在那里，叉着腰，整个身体被毒品侵蚀得骨瘦如柴。这些针对父母的广告旨在力劝父母监督孩子的活动轨迹和社交生活。他们以父母的口吻提出问题："放学后你去哪儿？""踢完足球后你打算干什么？"等等。这些广告也显示出，有的青少年会在父母问出此类令人恼怒的问题后，打消了吸食毒品的念头。很明显，这些广告在劝诫父母，让父母通过询问问题、关注孩子做什么、跟谁一起出去玩、去什么地方的方式，参与到孩子的生活中。他们希望这样的广告能成功地阻止年轻人的吸毒行为。

  精心制作类似的公益广告，是用来公布不道德行为并引起社会改变的重要策略。为了查获华尔街的内部交易，美国联邦调查局邀请迈克尔·道格拉斯拍摄了一个1分钟的视频。道格拉斯在《华尔街》这部电影中因扮演犯罪的金融家戈登·盖柯而出名，他的名言是："贪婪就是美德。"在这个视频中，道格拉斯阐明内部交易是非法的。他说："电影是虚构的，但反映的问题是真实的。"通过利用道格拉斯的名人效应，联邦调查局希望这类犯罪活动引起社会关注，并鼓励检举者揭发金融界的非法交易。

广告的市场调查

  尽管广告商很擅长做生意，但是由于广告商之间不断竞争，以及消费群体的差异，使得市场调查必不可少。这也正是为什么在当今时代每一个成功的广告策划背后，都有大量的统计调查。就消费者来说，了解广告调查的手段和方法，对于抵制广告的狂轰滥炸和保护自身利益，都非常有益。

  埃里克·克拉克在《需求创造者》一书中说："实际上，一个广告大亨所得到的广告文案，都是经过民意测试、市场调查等程序，并把消费者的观点和态度转化成统计表，然后在心理学家分析的基础上才形成的。"许多大的代理机构会让自己的员工进行调查研究，此外，他们还会利用专门的调查机构，如 A.C. 尼尔森公司。

各种类型的调查都存在着差异，但总体而言可分为两类：定性调查和定量调查。其中，定性调查是深入人们的大脑来发现他们的想法和感受，定量调查是通过观察、实验、调查等方式收集信息。

定性调查来源于弗洛伊德的理论，即人们的潜意识经常影响他们的行为。这里暗含的预设是，人们并不总是合乎逻辑地做决定，有时候，他们自己都不知道自己购买的原因。因此，调查者尝试着去弄清楚人们对商品的真实感受，而不是假想人们的感觉会是什么。例如，在采访 300 位母亲如何喂养她们的孩子后，调查者发现，母亲更关注喂养方式的便捷性，而不是关注孩子的需要，即使那些声称孩子满意才是最重要的母亲，也是如此。鉴于此，一个成功的销售策略，只是提及婴儿在被喂食时很享受，并重点强调喂食时间很短，喂养方式很便捷。

这些销售技巧，正是利用我们所有人都会被未意识到的欲望所驱使，从而让我们在购物时，更难做出理性的决定。因此，我们需要仔细地考虑我们要买什么，在付款前问我们自己一些常识性问题：我真的需要这个产品吗？我能买得起吗？与其他同类产品相比较，这个到底怎样？我是否被骗了？我是否过于被广告所左右？

与这些问题密切相关的现象是，当我们相信一个商品的宣传时，甚至没有一点证据能证明它的功效。比如，商场的销售人员会竭力给我们推荐塑身鞋（最近流行的运动装备），并宣称这种鞋有助于消耗脂肪、强健腿肌、塑臀、增强核心肌肉[1]。为了美化这款产品，广告中展现出一个男人，他的目光越过一个穿着过时鞋子的女性，而饶有兴味地一直盯着另一个穿着这款鞋子的女性。同时画外音响起："燃烧脂肪，触动肌肉，塑身鞋不只是一双鞋子！"你也许会怀疑人们不会迷恋这

---

[1] 参见：安德鲁·亚当. 如果消费者相信销售市场，那么任何研究也不起作用 [N]. 纽约时报，2010-09-20.

种东西，而实际上，人们就是如此迷恋，尽管已经研究发现了这种鞋子的缺陷。通过对三个品牌鞋子的对比测试，美国体育运动理事会发现："没有证据显示这种鞋子能帮助人们提高锻炼强度，燃烧更多的脂肪，或者强健肌肉。"虽然美国国家公共广播电台（NPR）和一些报纸都公布了这个调查结果，但依然没能阻止消费者的狂热购买。正如一个市场调查者所揭示的："美国人特别相信神奇，他们认为自己所要做的就是四处走走，就会更健康。"而这个奇思妙想的广告，就是利用了人们的无意识。

定量调查的方式，从调查者询问街道上的行人更喜欢什么品牌的肥皂或者谷物开始到如今，已经取得了长足进步。现在，购物时，收银台读出来的条形码能给零售商提供大量的信息。关于商品的价格以及人们的购买清单等信息都被存储在电脑里，市场调查者就是利用这些信息来发现人们真正购买的物品是什么。市场调查者一直记录人们的购物情况，并把这些信息与进一步的数据联系在一起，如家庭的收入、孩子的数量、喜欢的电视节目等。这样一来，这些销售专家就能有效地发出定向广告，并策划更有针对性的大规模促销活动。当前流行的购物卡，表面上承诺就特定商品给消费者打折，其真正的目的是，保存消费记录，分析出消费者的购物习惯，从而给商品的营销活动提供基础信息。在很多商场，销售员会询问消费者的邮政编码，其目的是为后续的销售项目提供信息（这被称为按行政区划分潜力等级）。在这样的广告时代，定量调查就是为经销商提供营销的靶子。因此，一个标语很是恰如其分："经济的偿还能力，需要我们时时警惕。"

所有这些市场调查的对象，并不只是瞄准低收入者，而且更注重高收入者。就像迈克尔·舒德森在《广告，艰难的说服》一书中所指出的，经销商更感兴趣的是那些花10万美元购买非必需品的人，而不是那些只花1000美元的人。因此，在奢侈品市场，消费人群经常是那些高收入者。舒德森认为，这样的趋势对低收入者是一种损害，因为它会极大地缩小低收入者可购商品的范围。他给出的例子是汽车业的做法："对于汽车而言，越来越多的额外物成为汽车的标准配置，这使得低收入消费者别无选择，他们只好负担更重的债务来支付一种最普通的车型，甚至还要负担这些所谓的标准配置。"

> 奢侈品过去只针对少数人，但现在却被销售给各个阶层的人们。就连普通的商品也被肆意夸张为奢侈品进行销售。在发表于2007年5月20日《旧金山纪事报》的文章中，詹姆斯·B.特维切尔用"奢靡风"来概括这一趋势：
>
> 这些新奢侈品的推崇者会认为，一旦拥有了这些奢侈品，他们就获得了一种超越社会阶层的幸福感。在他们看来，拥有最好的东西，是他们与生俱来的权利，即便他们可能出生在一个卑微的家庭，其祖先的遗产只是郊区的一处房子，并且整个家庭的成功史只是从网上下载的，甚至家族的图章和戒指也是如此。语言也捕捉到了这种有趣的趋势。"美味的""优质的""精品的""雅致的"等词语，过去专属于稀少的尤物，现在它们已经与高层次的所指物日渐疏远，并不断地用来描述爆米花、汉堡包、折扣经纪人、洗发液、披肩、冰激凌，甚至是活动房屋。

以富人为目标也是一种心理暗示。为高端商品定制的广告宣传，使得低收入消费者开始对奢侈品产生超出他们的支付能力的渴望。有多少人能付得起劳力士手表、宝马X3系汽车，或者蒂芙尼钻石？但是被奢侈品广告所驱使，很多人也许会刷爆信用卡来拥有它们。

即便是最佳的定向广告，也经常面临着被忽略的风险。很多人认为，现在人们已经更擅长忽视广告，越来越多的科技手段几乎可以让每个人用遥控器快速调台，或者用视频录像机完全跳过广告。但实际上，即便如此，我们也没有真正地战胜过广告商。人们认为，当快进时，广告就不会达到预期的效果，而事实并非如此。美国全国广播公司的测试表明，一条慢速播放的已经看过的广告，当快进播放时，人们表现出了同样的情绪反应[1]。

在当今时代，随着无注册商标产品的不断涌现和价格战争的不断加剧，广告商也必须适应这样的趋势，尝试新战略，来赚取利润。在过去10年间，销售宣传

---

[1] 参见：路易斯·斯托里. 以什么速度播放有吸引力？广告能测试出[N]. 纽约时报, 2007-07-03.

资金的投放已经从传统媒体转移到无媒体方式中，如促销、公关、邮寄广告、目录营销、贸易推广等。现在，几乎每个人每天都会收到大批的广告邮件。消费者在面对应接不暇的推销电话时，所能做的只是将其加入到拒绝来电名单里。

购物中心作为一种营销方式

戏剧化、制造假象、夸耀、控制和实施诡计，是购物中心的本质。购物中心每一个细节的设计都是为了行为控制：让购物者看得更多，停留的时间更长，并且买得更多。商场里各个通道的设计，都是设法让消费者经过最多的购物商店才能到达目的地，这会促使他们打破原来的购买清单，购买更多的东西。引人注目的横幅、生动的标志、夸张的灯光、吸引眼球的颜色设计、郁郁葱葱的盆栽、欢快的音乐和舒缓的声音提供了强烈的感知刺激，让每一个观者放松警惕，直到他摆脱常规的克制，产生购物的欲望。

——卡萝尔·里夫金德《美国人的都市生活幻想：商场的兴起和文明的衰落》

基于数据的个性化营销是广告宣传的另一种趋势。斯坦·拉普和托马斯·L. 柯林斯在《超越极限的营销》一书中指出，广告商正在减少对大众营销的关注，并转向更为定向和更为低损耗的个性化营销战略。比如，田纳西州一个百货连锁店的数据库识别了1400位购买高级服装的消费者，他们只在商场促销时购买安妮·克莱因和丽诗·加邦等品牌。然后，当这些名牌服装打折时，他们就会通知这些顾客，而这些衣服的销售业绩两天内就会增加97%。个性化营销比大众营销更吸引顾客，更让顾客难以抗拒。

这些年来，在药品行业，制造商采用了一个让医生和美国食品药品监督管理局担忧的新营销战略。过去的惯例是，制造商只会向医生宣传处方药。但现在，药品公司通过广告，直接向所有人销售药品。从治疗抑郁症到心脏病，所有种类的药物都向公众出售。毫无意外的结果就是，病人现在会坚决要求医生开电视广告宣传的药品，而不愿考虑其他可替代的更有效的治疗药物。《新英格兰医学期刊》

刊发的文章指出："调查显示，不当治疗最常见的一个原因是，医生应病人的强烈要求而开出不合适的药品。"对于这种广告效应所产生的医疗隐患，美国医学协会已经着手调查研究广告药品的潜在风险，美国食品药品监督管理局也开始加强对药物广告的监管力度。

当所有其他的营销方法都不奏效时，经销商就会改变产品的外包装和形状来引诱消费者。在过去，企业很少改变他们的产品包装。克里奈克斯纸巾一直是正方形或者长方形盒子，百事可乐在100年里只有10次改装了它的易拉罐[1]。现在，经销商会把商品改为三维立体包装来吸引消费者。克里奈克斯已经推出了椭圆形的盒子；库尔斯淡啤酒瓶在冷藏时会变成蓝色；每隔几周，百事可乐会改变它易拉罐的涂鸦标志（用惊人的短暂的持续时间来吸引年轻人）；法国依云矿泉水用带有雅致的弯头管的瓶子装水。（瓶装水的成功销售是多么具有讽刺意义，显而易见的事实是，这个国家大多数水龙头的水和瓶装水一样好，甚至更好。）其他策略还包括：当你打开易拉罐时，上面能溢出芳香的汽沫；还有，小包装中嵌入扬声器，当你路过的时候和你打招呼；等等。

销售产品的策略如此奏效，以至军队也开始使用广告来征募军官[2]。随着经济的下滑，很多年轻人已经报名去服兵役，尽管现在的世界局势日趋紧张。为了选拔出优秀的军官，军队已经创作出识别型和承诺型广告来展示军人的风采。他们打出乔治·华盛顿、道格拉斯·麦克阿瑟以及科林·鲍威尔等著名将军的头像，同时画外音说道："美国军队培养的军官能应对任何挑战，你能吗？"还有一些广告，把在军队的成就与在商业界的成功联系在一起，并列举了那些首席执行官曾经是军官的例子。这里所采用的很明显的策略就是，通过这些成功的名人建立一种身份认同感和名人效应。而实际上，一个普通人很难在军队获得那样的地位。市场调查的数据显示，当把"强军"作为成功的前景时，大学生会毫不在意；但当把像名人那样的成功作为前景时，他们就被吸引住了。是的，在当今时代，军队也像商界一样做同类的调查。把一位将军放入广告里，其目的不仅仅是征募军

---

[1] 参见：路易斯·斯托里. 用产品包装抓住你的注意力[N]. 纽约时报, 2007-08-10.
[2] 参见：道格拉斯·昆克. 有足够的士兵，军队还想找一些好军官[N]. 纽约时报, 2009-08-03.

官,而且也是把军队作为一个产品更好地推销给美国的年轻人。

对儿童做广告

把儿童作为目标的广告,实际上是一种商业欺诈。监管机构已经向许多相关的产业施压,消费者保护团体对这种销售恶行更加直言不讳[1]。鉴于儿童肥胖症的不断增加,食品经销商被认为是罪魁祸首,因此许多食品公司,如百事可乐、好时公司等,已经同意不对儿童做广告。但是,经销商总是充满了创造性,他们谨慎地进行着广告宣传,并且调整了广告宣传的策略,使之看起来一点也不像广告。他们构想出一些游戏、竞技比赛或者其他吸引儿童的方式,来间接地向儿童销售产品。因此,像《体育画报》(儿童版)这样的杂志,创造一些项目(如"年度运动老爸")和游戏让儿童模仿参与,前者由温蒂汉堡赞助,后者由非凡农庄的金鱼牌饼干赞助。这种狡猾的销售方式看起来是无害的,但是很多人担心儿童会被这些品牌洗脑,这对广告的发行公司而言,正中下怀。

在网上做广告

网络的非营利性已经日渐遥远,越来越多的生产商开始在万维网页面上宣传他们的产品。用户可以点击这些产品,立刻下单,如此的快捷、方便和吸引人。

鉴于电视广告已经没有过去有效,经销商现在把网络和电视连在一起进行更大范围的广告宣传。而网上销售的一大策略就是把互联网空间与电视广告捆绑在一起。在美国全国橄榄球联盟冠军赛"超级碗"比赛的比赛日,电视播音员插播的一些最吸引人的奢华广告,同时也可以在网络上找到。现在,社交媒体广为流行,这些广告也可以在 Facebook 上让人们观看和进行评估——当然,你还可以把它们转发给自己的朋友,因此,这些广告一次又一次地被浏览。这一点,对于经销商而言,真是天赐良机!他们要做的只是让这些广告动起来,以便人们把它们发布在博客和 Twitter 上。(不过,也难怪广告商如此卖力,在 2011 年美国"超级碗"比赛中,30 秒的广告就要花费 300 万美元,他们至少想做到物有所值。)

---

[1] 参见:斯蒂芬妮·克利福德. 广告与孩子的最佳分界线[N]. 纽约时报,2010-02-15.

事实上，现在社交媒体是销售产品的主要渠道。尼尔森调查显示：60% 在网上寻找商品信息的消费者，都是通过社交网络了解具体品牌的；五分之三的人都会追加自己的评价，女性尤其会与别人分享自己对于产品的体验。因为大部分使用社交媒体的人，都有可信任的朋友和家人，他们会自然而然地接受朋友和家人的推荐。社交网络就是利用这种方式来进行广告的口头宣传的，对于经销商来说，这无疑是一种不停地推出低成本广告活动的新方式。

然而，在网络上，消费者更会被广告商所利用。社交网络的每一次点击和链接信息都会被记录，所有点"赞"、分享链接、听歌曲、玩游戏的信息都会被悄悄地归档。当经销商想把商品和顾客的喜好联系在一起时，这些都是无价之宝。

在紧要关头，这些狡猾的广告系统会把那些网络用户的私人问题立刻清空。早在 1999 年 11 月 19 日，美国哥伦比亚广播公司电视新闻节目《60 分钟时事杂志》揭秘了网络广告商的伎俩——他们是如何启用跟踪装置，如何在我们不知情的情况下记录我们的信息：我们在哪儿上网，我们对什么感兴趣，我们的购物偏好，甚至我们的就医数据。根据这些信息，他们就能建立一份关于我们的数据图表，并为我们量身定制出现在我们网络屏幕上的广告。为了引诱用户提供个人信息，网络广告公司会提供大量的个性化服务。比如，当我们告诉它自己的旅行计划时，它就能告知我们很多相关的信息：我们的航班是否会延误，相关的天气预报，我们要去旅游城市的游玩攻略。

而这类做法最可疑的特征就是，我们提供给网络公司的信息，经常被"现实世界"所分享，并且成为雇主或者保险公司背景调查信息的一部分。到目前为止，还没有相关的网络管理规定出台。谨慎的网络用户会提供虚假姓名和信息以防隐私被侵犯，但大多数人不会这样。因此，网络用户要谨防隐私被侵犯，你所提供的数据是你为接入互联网而付出的代价。

在博客和社交网络上的秘密营销

现在，很多消费者已经发现，博客和社交网站上充满了对商品和服务的虚假好评。不少公司会向博客的知名博主和消费者提供免费的商品来推销其产品，或替他们负担促销的费用。这种做法是如此普遍，以至美国联邦贸易委员会已经修订了指导方针，需要广告商和博主公开相关的报酬，或注明是否是免费试用品。美国全国广告审查理事会调查了那些尝试用虚假评论欺骗消费者购买产品的虚假博客[1]，结果发现，一个宣称独立于经销商的商品评论网站，其关于膳食药品发布的博文，事实上却采用"客户选择奖"的形式支付给那些好评者以酬劳。另一个公司用"前列腺健康博客"的名义开博，其目的实际上只是为自己的前列腺产品做广告。在这种情况下，广告审查理事会建议，因支持产品而支付的酬劳应该公开，一些特定的声明应当删除。所有的公司都应该遵守这些约定，但是并没有强制措施要求它们必须这样做。毕竟，联邦贸易委员会的指导方针只是指导意见，而不具有法律约束力。

更为差劲的是，网络上会出现虚假的广告信息网站。这些网站总是宣称有名人支持他们的产品，实际并非如此[2]。虚假信息网站会声称他们的产品非常有效，然后，邀请你点击一个链接进行免费体验，你只需要提供你的信用卡或者图书借记卡的信息。如果幸运，你只需要支付邮费，就会得到免费的样品。如果不幸没有读到那些小字体免责声明，你将会每周或每月被卷走一定数额的钱，直到骗子被抓住。当然，这是最差的设想，重点是消费者要谨防被骗。网络是骗子们的港口，他们会把骗术施展到整个网络。

司法部门也在尽力规范类似的广告行为。最近，他们已经在调查谷歌公司，因为谷歌公司在没有医生开处方的情况下，故意向加拿大药房展示一些药品广告，并已签下一些国家管制药物的订单，谷歌公司因此面临着 5000 万美元的罚单。尽管谷歌公司没有直接参与这则广告的宣传，但是它为非法广告宣传提供了场地和渠道。现在，司法部门已经尝试通过搜索引擎追踪不法广告，一些诈骗广告会悄悄地消失一阵子，然后再用另一个不同的名字重新出现。对于这种方式，政府更要警惕，这就像谷歌公司的一个辩护律师所称，监督网络的非法活动是一种"持续的升级版的猫和老鼠的游戏"。但如果不这样做，消费者还有什么指望？

---

[1] 参见：斯蒂芬妮·克利福德. 监管者也要注意那些广告博客 [N]. 纽约时报, 2009-08-11.
[2] 参见：帕姆·贝克. 网络广告的诡计：对束腹带和其他蛇油的建议 [EB/OL]. 电子商务战略 [2011-09-16]. http://www.ecommercetactics.com/2011/online-ad-scams-part-1-tip-for-a-tiny-belly-and-other-snake-oil/.

政治的宣传造势

现在,所有人都知道,政治候选人以及政治事件的宣传造势,已经与早餐食品还有洗衣粉的销售宣传方式差不多。这意味着,当感情诉求泛滥的时候,理性诉求是稀缺的。

在很久以前,只有当地政府机关的候选人才能接触到他们预期的一小部分选民——通过"短暂停留"活动,他们在少量的观众面前做演讲,并且"握手致意"。那时候,广告牌、草坪牌、报纸广告、海报、爱国旗帜,都是保障竞选成功的重要组成部分。

那时候,除了听过一些总统候选人的演讲,普通选民一般很少听过竞选其他高职位候选人的声音,他们也从来没有见过这些候选人的图片或者照片。因此,那个时候,政党和社会所提供的平台要暗淡得多,政党候选人的魅力也不那么广为流传。

20世纪以来,随着电子技术和其他科技设备的迅速发展和引进,这种局势发生了很大改变。先是报纸上登出了竞选人的图片,继而越来越多的家庭拥有收音机,富兰克林·罗斯福就敏锐地捕捉到收音机会带来奇迹,他也因此获得了重要的政治优势并成为新一任总统。他的"炉边谈话"节目是一个极其成功的公共利器,他的声音能让每一个美国人立即辨认出来。

第二次世界大战以后,政治言论宣传战术的变化更为巨大,并使得先前的策略都不值一提。初选数量上的大规模增长,减少了政党和政党领袖的特权。更为重要的是,电视把候选人和他们的竞选口号带进了家家户户的客厅,政治竞选由此发生了彻底的变化。近些年来,形象顾问以广告专家的身份频繁出现。

第一位有效利用新媒体的总统候选人是艾森豪威尔。在1952年的总统选举中,他成功地击败了史蒂文森。那次政治竞选的电视宣传增加了互动环节,艾森豪威尔将军从大众来信中选取了一些问题,然后一一"回答":

民众:艾森豪威尔先生,您怎么看待当今人们生活成本的大幅增加?

艾森豪威尔:我的妻子曼妮也被这个问题所困扰。我告诉她,在11月14日这一天，一切都会改变，这是我的职责所在[1]。

他没有告诉观众，他究竟将如何去改变这个状况。

但是，他为民众塑造了一个非常完美的形象——战争英雄和父亲般的领袖，大多数人因而非常认同他。战争英雄、父亲般的领袖、有魅力的候选人，这三个角色的完美结合，使得他很难被打败。约翰·肯尼迪也是如此。在肯尼迪参加竞选的时候，他的父亲，由于在好莱坞拥有良好的人脉关系，因而聘请了电影专业人士，使用有效的电影制作技术，把肯尼迪塑造成一个象征性典范，即一个强壮而勇敢的英雄，并且有着其毋庸置疑的迷人的吸引力。如今，很多总统候选人都会聘请形象顾问，来帮他们塑造整个竞选团队的形象以及自己的个人形象。

近年来，形象顾问的从业者也不断提高自己的技艺和策略。例如，制造攻击对手的负面广告，这是非常具有爆炸性的；甚至连揭发隐私也不再是什么新鲜事。约翰·亚当斯就被贴上了空谈的君主主义者标签；托马斯·杰斐逊因为在1775年没有参军而被嘲笑；林肯则被封以"诚实的猿猴"称号。在美国历史上，最恶意的总统大选中，约翰·亚当斯被指控为俄罗斯沙皇拉皮条；他的对手安德鲁·杰克逊则被人们叫作凶手、酒鬼、重婚者，甚至是食人狂魔。控告的人说，杰克逊残忍地杀害了一村子手无寸铁的印第安人，还拖着他们的尸体去烧烤，然后把他们作为第二天的早餐吃掉！所以，当我们抱怨负面广告的劲爆冲击时，不要忘记，我们的政坛是多么热衷于炮制负面新闻，并揭发隐私。而电视和网络会把这些负面的东西传播给更广泛的观众，并使其变得更加具有冲击力。最早使用这种策略的电视竞选广告是1964年的"雏菊女孩"广告，这也是政治竞选广告中最著名的案例。作为付费广告，它只播放了一次，但收到了广泛的反馈，以至作为新闻事件在电视上重播了多次。

---

[1] 参见：大卫·奥格尔维. 一个广告人的忏悔[M]. 纽约：阿森纽出版社，1963。在书中，奥格尔维引用了艾森豪威尔的谈话——《想想一个老兵也就是这样》，表明他使用的手段是对满足一个强烈欲望的承诺（对于更低价格），而没有提供任何的理由去相信这个诺言将会实现。

打击对手的竞选宣传如今已经成为一种完美的艺术。几乎每一个政治竞选团队都有专门的关于反对党的研究者，他们相当于政治的职业杀手。下面这段话就来自这样的一个人，他因为对这种职业的道德愧疚而退出，并写了一本相关的书：

第一步：政治职业杀手深入挖掘负面污点。

第二步：把这些负面污点告知主持民意测验的人，这些人通过娴熟的民意调查，能进一步确定哪一个负面污点在选民心中是最具破坏力的。

第三步：民意测验人把他们确定的结果透露给媒体广告商，广告商会把这些最有破坏性的污点用电视、收音机和直接邮寄的方式狂轰滥炸，从而把政治对手拖入泥潭之中。

——史蒂芬·马克斯《一个政治职业杀手的自白》，2007

最后一步得以完成，其手段就是广告商把几十页针对竞争对手的调查文字，变成30～60秒的有声视频片段来不断播出，民众很容易就能理解，并且对看到的这些深信不疑。

畸形矫正术和吹风机对获取政治权力都变得至为重要。

——英国间谍小说家　莱恩·戴顿

这则政治竞选广告展现了一个小女孩在摘雏菊的花瓣，同时嘴里数着："1，2，3，4，5，7，6，6，8，9，9……"而画外音则是一个男性的声音，他也在报数："10，9，8，7，6，5，4，3，2，1，0……"紧接着，一枚原子弹发射并爆炸，配音是总统林登·约翰逊的话："这些就是利害关系，既能让上帝的子民们生存，也能让他们陷入永久性的黑暗。要么我们相互关爱，要么我们共同灭亡。"然后，一个画外音说："在11月3号这天，请给约翰逊总统投票！这些利害关系是如此的生死攸关，以至我们每个人都不能置身事外！"

这个广告影射了约翰逊的竞争对手——共和党的巴里·戈德华特，作为主战派的代表，他非常愿意按下按钮发射原子弹。而作为对比，约翰逊被包装成一位有责任心的主张和平的候选人。这个广告所表达的思想很不准确，充满恶意，并失之偏颇，但这只是政治竞选的一个偶然事件吗？事实上，根本不是，它只是政治竞选宣传中的沧海一粟。

在那以后，国会通过各种政治竞选资金改革法案，来规范竞选行为，并逐步限制有钱人或者利益集团对选举的影响。参与选举的人们则试图规避各种法规的限制，这对于他们来说，并不困难。鉴于法案对竞选活动的限制，政治行动委员会通过将大笔资金用作慈善的方式，变相地资助政治竞选。按照法律规定，这些组织应该与政治候选人的竞选团队相互独立，但事实上，他们就是这些竞选团队的左膀右臂，他们利用金钱和自己的影响力来左右选举。

政治行动委员会就负责炮制那些负面的广告宣传。1988年，在乔治·布什和迈克尔·杜卡基斯竞选总统期间，政治行动委员会构思了一个关注国家安全的公益广告。这个广告描述的是一个非洲裔美国人杀人犯，他在某一军队休假日从马萨诸塞州的一所监狱越狱，随后，他强奸了一位白人女性，并捅死了她的未婚夫。这则广告聚焦和助长了选民们对种族和犯罪问题的焦虑，尽管因其中种族主义的内容而受到广泛的批评，但一个毋庸置疑的事实是，这则广告帮助乔治·布什推翻了迈克尔·杜卡基斯。在就任马萨诸塞州州长期间，迈克尔·杜卡基斯因为支持和推行休假法案而闻名。

现在看来，那些不利用负面广告，不让广告宣传占据政治竞选主导地位的时代一去不复返了。2010年，最高法院彻底解除了联合公民诉联邦选举委员会一案中的限制，裁定公司、工会和个人可以无限制地帮助政治行动委员会，只要他们没有对政治候选人进行直接的资金援助即可。从此以后，大量的资金源源不断地涌入政治竞选中，从而使得负面广告像病毒一样广为传播。

当奥巴马和罗姆尼进行总统竞选时，奥巴马竞选团队对罗姆尼曾经就任贝恩资本投资公司的首席执行官的履历展开了猛烈的攻击。在一则尖锐的广告中，钢铁工人乔·索伯提克暗示，罗姆尼应该为他那罹患癌症的妻子的死亡负责，因为贝恩资本关闭了他工作的钢铁厂，他因此失去了健康医疗保险。他说，罗姆尼根本不知道他自己都干了什么。索伯提克还说："我认为，罗姆尼也根本不会在意！"

这真是一句击中要害的话！像大多数的负面广告一样，这则广告毫无疑问也是疑点重重。索伯提克工作过的钢铁厂是在罗姆尼宣布离开贝恩资本两年之后才倒闭的，而他的妻子在钢铁厂倒闭五年后才去世。

随后又爆出了一系列的广告，它们声称，罗姆尼将进行"医疗拆分"和"社会保障私有化"。广告对他随口说出的话进行断章取义，好像是他在不经意的瞬间说的真心话。还有罗姆尼的另一句话："我喜欢引爆舆论。"说这句话时，他实际上是在批评保险公司没有尽职尽责，但是，广告人根本不关心这个，他们只会制造舆论。正如一个媒体顾问所言："我从20世纪80年代初就开始做这一行，媒体的门槛和标准已经越来越低了。并且，因为一些组织（如政治行动委员会）的庇护，媒体很少被追责。"[1]

有趣的是，针对奥巴马总统的攻击性广告宣传并没有如此激烈，这不是因为对手基于同情的保守主义，而是因为很多民众不买这个账[2]。政治宣传的市场调查与销售化妆品和洗涤剂的市场调查是一样的。它们都是针对典型的民众尝试多种策略，以此来发现民众会不会有激烈的回应。市场调查发现，对于奥巴马缺乏正直品质的攻击，和宣称他是一名会导致国家衰落的自由政策的狂热支持者的策略，都没有得到选民们的积极回应。选民们真正关心的只有两个问题：政府肆意的财政支出会让他们的孩子这一代面临经济困难；另一个则是奥巴马所承诺的改变也从未实现过。而正是这些问题引发了竞选初期的一些有针对性的广告。比如，一则广告展现的是，一位妈妈半夜起床去看她那正在熟睡的孩子。她说："近来，我非常担忧我的孩子，他们的未来会是什么样的呢？"这则广告发挥了很大的作用。随着竞选活动的升温，致命的竞选广告会横空出世。2008年，当希拉里与奥巴马竞选总统提名时，希拉里团队就爆出了一则攻击性广告，这则广告通过揭露奥巴马挥霍数百万的财政支出却没有取得成效的方式，猛烈攻击奥巴马。如果当时有潜在的炸弹，它一定来自希拉里。不过，后来，希拉里成为奥巴马的国务卿，他们成为盟友，危机因此得以解除。

---

[1] 参见：珍妮特·梅. 警犬［J］. 纽约客，2012-02-13；2012-02-20。
[2] 参见：杰里米·W. 彼得斯. 攻击性宣传广告控制者的微妙原则［N］. 纽约时报，2012-05-23。

> 希特勒的宣传部部长约瑟夫·戈培尔，用广告的方式总结了纳粹立场："能够制造出预期效果的宣传动员都是好的，不能够达到预期效果的宣传动员都是不好的……因此，无论别人如何评价你的宣传动员，说它太粗俗、太刻薄、太残忍或者太不公平，都无关紧要。宣传动员就是一种达到目的的方式。"

明显的政治诽谤只是为了毁灭政治对手的众多手段之一。越来越多的政治诽谤被不露痕迹地渗透到各种图像和语言中。比如，一个视频编辑可以通过修改照片、收紧脸部或者把颜色换成黑白色以及把一个人的动作放慢的方式，让一位候选人显得很缺乏吸引力和魅力。编辑实际上具有巨大的影响力，他们可以不露痕迹地操纵每一则广告，从而左右观众的情感倾向，而观众对此却毫无觉察。

> 对于需要你一直关注的人，你甚至可以持续地欺骗他们。
> ——乔治·W. 布什，2001 年在烤架俱乐部活动上的谈话，
> 引自罗伯特·斯特劳斯

> 很多人都被虚构的民主言论和神话所欺骗。过去，我们有一门专门的学问——公民学——来专门应对和解决复杂的问题。但现在，这些问题都被人们以各种方式加以操控，强有力的公关公司和塑造良好形象的政治顾问不断涌入，使得我们在这些事情上越来越无知。
> ——引自：格雷·布里金.至高无上的旧金山：城市力量的崛起与地球毁灭[M].伯克利：加利福尼亚大学出版社，1999.

尽管选民们对这些攻击性的广告充满了怨言，但媒体依然在发挥着自己无可比拟的优势。也许，全世界最好的选举方式是，人们仔细地查看每一个候选人的

档案，并根据他们的信用和品质进行投票。而现在的实际情况是，太多的人坐在电视或者电脑前，他们从海量的广告和新闻中听取只言片语，就开始盲目投票。难怪所有的政治竞选活动都要诉诸广告。这些竞争团队总是提供一些竞选者的虚假档案信息来抓住人们的注意力。因此，当我们抱怨这些广告的猛烈冲击时，请记住，政治竞选活动从来不会白白浪费钱，他们这么做，不过是投其所好。

现在，一个很明显的事实是，政治竞选活动已经成为声势浩大的广告宣传活动。事实上，关于销售产品，一个最成功的因素就是品牌认同感，这对于推选一位政治候选人也同样有效。只不过在政治上，品牌的名字是候选人的父亲、叔叔、丈夫这样的政治家族。比如，乔治·布什、希拉里·克林顿，他们都来自美国非常有影响力的政治家族。选民们能够非常容易地识别他们的姓氏，并具有很强的品牌认同感。这种根据姓名来支持候选人的趋势，在美国政治中有着很深的渊源。在布什家族和克林顿家族之前，肯尼迪家族一直在政治领域占据绝对的优势。而在肯尼迪家族之前，还有罗斯福家族和亚当斯家族等。选民们似乎都认为，根据家族的荣耀，更能在候选人中选出绩优股。

我不是一位政治老手，但现在的我经验足够丰富。我已经知道政治竞选中最难的事情就是，在没有机会证明你的能力的情况下，如何去赢。

——阿德莱·史蒂文森（1956）

这是一位两次败选的总统候选人的所感所悟。

当然，大部分候选人并不是来自政治家族，他们的竞选团队会采取其他方式来推销他们，其中一个最重要的策略是形象塑造。而对增强候选人的形象来说，最有效的手段莫过于总统辩论。总统辩论能够为候选人提供最多的观众。在整个竞选活动期间，他们也可以做广告宣传自己。（当然，现在，总统辩论已经成为美国的一个传统，以至所有的候选人都要面对或者辩胜或者丢脸的风险。）进行政治辩论其实不是一个新想法，早在亚伯拉罕·林肯与史蒂芬·道格拉斯竞选总统的

时候，他们俩之间就展开了一场名垂历史的辩论。但是，真正意义上的第一届总统辩论直到1960年才进行，它发生在理查德·尼克松和约翰·肯尼迪之间。肯尼迪是这场辩论的赢家，因为他表现出年轻的活力和非凡的个人魅力，而尼克松则表现得过于谨慎并有点狡诈。（尼克松后来解释说，他的表情和反应没有被正确地剪辑播放——这一点非常关键。）这次辩论为肯尼迪以微弱的优势战胜尼克松发挥了重要作用。这个作用到底有多大，我们仍然不能确定，但可以肯定的是，他赢得选举，并不是因为他的纲领和提议比尼克松更好。

到目前为止，所有总统辩论的取胜因素是形象，而不是智商或性格。1988年，老布什和迈克尔·杜卡基斯之间的辩论很好地证明了这一点。当美国有线电视新闻网新闻评论员伯纳德·肖提问说："如果你的妻子被强奸了，你会怎么做？"杜卡基斯立刻用侮辱性的话语回应了这一提问。正是这一回应使得杜卡基斯赢得选举的机会化为乌有。

在2012年的总统竞选中，米特·罗姆尼与奥巴马的第一场总统辩论，罗姆尼占据着明显的优势，他看起来自信、聪明、善辩。之后，他的票数迅速增加。相比之下，奥巴马显得枯燥乏味，甚至疲惫不堪，他经常被罗姆尼的问题难倒，并且看起来极不耐烦而又目中无人。从风格上来讲，罗姆尼很明显是胜利者。但奥巴马在接下来的两轮辩论中改变了形象，他开始对罗姆尼进行有力的反击，从税收、就业到外事活动都是如此。尽管媒体也关注他们在各种议题上的立场，但更关注他们两个所展现出的不同形象。一个重新充满活力的奥巴马就这样一步步走向了胜利。

民意调查

最后，我们还要关注选举的民意调查，这是政治选举中的重要环节。近年来，想要竞选要职的候选人都是在第一次民意调查之后再发言表态。不管他们胜任后会怎么做，参加竞选的时候，聪明的候选人都会让自己的立场非常符合民意调查所显示的选民的情绪和倾向。整个竞选活动期间，那些成功的政治家往往表现得像是在追随民意，而不是在领导民意。他们夸夸其谈、滔滔不绝，其实只是为了赢得选举。他们必须根据选民的喜好，说些选民喜欢听的东西，来投其所好。至于赢得选举后，真正会做什么，他们绝口不提。

民意调查告诉候选人该以何种方式来推销自己，他们的媒体顾问会通过民意调查结果设计相关的选举活动。当今时代，根本不存在盲目的没有针对性的宣传。在2012年选举中，民意调查给广告商提供了重要的信息，那就是透露候选人的何种资料可以说服那些举棋不定的选民。拉拢这些选民，对于选举的取胜非常重要。为了达到这一目的，广告商把力量集中在那些态度摇摆不定的十几个州上。随着选举趋于白热化，这些州的很多选民就会收到各种关于选举的电话，这促使他们在一些重要的问题上坚定态度，比如，病态的经济、衰落的房地产和不健全的医疗法律等。但是，一些大州（像加利福尼亚州、得克萨斯州、纽约州）的选民们，相对而言，看到的广告要少得多。

好吧，既然所有的政治言论都是权宜之计，我们为什么还要关注它们呢？所有的候选人都在夸夸其谈，甚至说谎，我们为什么还要听他们说话呢？答案是，即便是夸夸其谈和谎言，我们仍然可以从这些字里行间读出候选人当选之后的行为导向——从他们的谎言和承诺中，我们可以看出该候选人当选之后会支持哪一派别或立场。奥巴马和他的支持者在总统选举中做出的承诺，与米特·罗姆尼及其支持者的就截然不同，这是因为他们的立场不同。

在政治舞台上，行胜于言。候选人曾经的履历相比于其政治言论能更好地展示他的未来作为。聪明的选民总是可以从候选人过去的表现中，正确估计其当下的政治前景。而做出明智的政治言论评估，就要求我们建立良好的背景性信念。

不是竞选的竞选言论

政治家们在竞选和当选后不只是会用广告的方式来宣传造势，形象塑造是日复一日的累加效应，也成为成功政治家每天的基本任务。对于那些身处要职的人，尤其是国家领导人而言，形象塑造常常与礼仪性职责相关联。比如，乔治·W. 布什将反恐战争称为"十字军东征"，以及他与各派宗教人物合影，从美南浸信会上的基督教原教旨主义代表到梵蒂冈的罗马教皇。候选人想通过仪式活动来改善自己的形象，是不会有太多机会的，这是现任者难以被推翻的重要原因之一。

现任者在举行新闻发布会方面也独具优势。美国总统罗斯福也许是第一个利用这种机会来塑造自己形象的总统,但是这项技术被肯尼迪总统发展得更为完善。肯尼迪不像罗斯福那样,对媒体的提问有求必应。从肯尼迪开始,总统的新闻发布会总是会提前安排好,总统早就准备好所有可能的问题的答案,所以他们很少被迫采取临时措施。这样一来,总统的新闻发布会也可以顺利地进入到当晚的新闻头条。

进一步发展

多年以来,几乎所有的政治广告都是为竞选公职的候选人服务的。但随着民意调查和公投的出现,主题广告(issue advertising)开始出现,在过去的几年中,主题广告已经成为一种非常重要的政治广告。对于一些争议性的话题,很多州和聚居地的选民也会定期地被要求表明立场。现在,参与竞选的当事人在这些主题广告上投入上百万资金。比如,美国商会就在密苏里州投放了一则反对奥巴马的广告。这则广告声称,奥巴马的医疗改革会减少人们的就业机会。"呼叫克莱尔(密苏里州的参议员)",画外音说,"告诉她,密苏里州不需要政府来经营医疗保健!"这样的广告会给相关方带来洪水般的信件和电话。

如今,就连战争也开始向公众兜售。在第一次海湾战争期间,大众媒体就发挥了重要作用。这次战争被冠以"沙漠盾牌行动",其识别度相当高。第二次海湾战争被冠以"伊拉克自由行动",这次战争用最先进的营销技术来包装,关键词是"冲突"(而不是战争)与"震慑"(而不是轰炸),高举爱国主义和道德的旗帜(强调善与恶),并使用了很多委婉语来淡化丑陋的现实,如"斩首策略"实际上就是要杀死萨达姆·侯赛因。这种战争宣传有着悠久的历史,但目前的营销策略则达到了一个新高度。安德鲁·卡德(小布什总统的白宫办公厅主任)曾经告诉《纽约时报》记者,美国政府一直要等到劳动节之后,才会在伊拉克采取军事行动,因为"从营销学的观点上看,人们一般不会在八月份引入新产品"。这样的观点,真让我们震惊。

电话与网络宣传

政治广告中,一个不幸的趋势就是负面电话广告的急剧增加。电话本身不是什么新鲜事物，而其被大规模地利用是在 1946 年。那一年，理查德·尼克松第一次竞选国会议员。一则典型的电话竞选宣传是这样的："我是你的朋友，但是我不能告诉你我是谁。你知道吗？杰里·沃里斯（尼克松的竞选对手）是一个共产主义者！"（啪，挂掉。）到现在为止，电话竞选宣传依然如此，并且，这已经成为政治竞选的标准程序。2012 年大选时，那些态度摇摆不定的州的居民们，就成为这种电话宣传的重灾区。

当下，虽然电视仍然吸引了大部分政治宣传的资金，但一个毋庸置疑的现象是，网络宣传在急剧增加。通过分析数以百万计电脑用户的浏览习惯，政治竞选的战略家们可以识别出谁有可能支持他们的候选人。比如说，共和党会专门针对那些政治保守主义者做宣传，让他们投票支持罗姆尼。而民主党在 YouTube 上投放了一部关于奥巴马的好莱坞式纪录片，让观众捐款或提供志愿服务，并在 Facebook 上评论支持。如今，我们每个人每一次点击鼠标，都会给互联网提供关于我们自己的信息：我们订阅的杂志、我们的慈善和政治捐款、我们的医疗保险的购买和消费偏好等。这一切，都为政治宣传提供了良好的素材[1]。

尽管各种不同的广告方式不断出现，并发挥着独特的作用，但电视宣传仍是最重要的途径。在过去 40 多年间，一个不争的事实就是，一个 30 秒钟的电视宣传甚至会左右竞选的走向。电视宣传早已成为影响选民的重要措施之一，并且如今仍然是最重要的。2012 年，数千万的美国人观看了总统辩论赛和这些候选人在电视上的访谈节目。电子时代的到来，会使政治宣传手段如何改变呢？这是一个有趣且重要的问题，政治家和媒体大师也迫切地想知道答案。

小结

1. 广告可分为以下两种类型：承诺型广告与识别型广告。承诺型广告承诺满足消费者的购买欲并缓解人们的忧惧心理。比如，使用老香料牌除臭剂摆脱体臭。

---

[1] 参见：杰里米·W. 彼得斯. 通过视频，奥巴马的竞选范围扩大到了社交媒体 [N]. 纽约时报，2012-03-15；杰里米·W. 彼得斯. 随着人们看电视习惯的改变，竞选广告开始向网络转移 [N]. 纽约时报，2012-04-02. 两篇文章都是在讲竞选开始倾向于网络。

识别型广告通过产品标志来销售产品。比如，维珍妮女士香烟的广告词是："亲爱的，你已经走得太远了！"将产品指向女性消费者。

2. 尽管广告经常以一种休闲娱乐的方式向我们提供产品的有效信息，但是，它们同样运用狡猾的策略来操纵我们。

（1）广告引导消费者错误推理。比如，利用名人效应吸引消费者，让世界著名高尔夫球手泰格·伍兹代言体育产品就是一个例子。

（2）广告打出同语反复的标语和无用术语作为旗帜。比如，耐克的广告语："想做就做！"

（3）广告利用了人性的弱点、偏见与恐惧。比如，水晶莹牌漱口水的广告。

（4）采用狡猾的言论，包括小字体的免责声明和使用含混不清的文字。比如，在产品并非免费的情况下，依旧使用"免费"一词；还有像"能抗口臭"这样的含糊表达。

（5）利用新闻中的热点话题。比如，用低脂、低糖、低盐、低热量的广告指向美国的超重人群。

（6）粉饰企业形象。比如，美国通用电气公司用"雨中曲"这则商业广告，将公司形象转化为生态友好型公司。

3. 尽管大多数广告都是在向消费者兜售商品，但也有一小部分广告是真正用来教育消费者的，它们提醒消费者远离危险。比如，旨在抵制全国范围内毒品使用的公益广告。

4. 新的市场调查方法包括定性调查和定量调查两种。比如，美国田纳西州百货商店的直邮广告就是建立在客户消费记录之上。新的规章制度的出台，打击了以儿童为目标的市场营销，但是，广告商们通过隐形广告，成功地规避了相关的法律法规。比如，在儿童杂志上，非凡农庄的金鱼牌饼干设计了一个独属于自己品牌的游戏。

5. 近年来，网络广告数量剧增，社交媒体成为网络广告的重地。在社交网络里，消费者可以搜索产品并对产品进行评估。但潜在的危险是，网络广告商可以通过我们的网络活动，在我们不知情的情况下收集关于我们的数据，并用于其目标营销。随着网络市场的拓展，博客和社交媒体上的欺诈也不断涌现。

6. 政党候选人和政治竞选与其他商品一样，被营销宣传。

（1）在电视时代，无论输赢，选举的结果会通过电视节目进行曝光。在电视宣传造势中，起决定作用的是候选人的形象，而非他的理性。正因如此，竞选团队的形象顾问们越来越多地关注负面广告。揭发隐私已经成为我们政治发展史的一部分，抨击性广告更是越来越奏效。比如，"雏菊女孩"广告把竞争对手巴里·戈德华特刻画为好战之人，因而，人民不应该把控制核爆炸的按钮交付给他。"威利·霍顿"广告成功地帮助乔治·布什打败了迈克尔·杜卡基斯。

（2）民意调查的结果左右着候选人的竞选论调。对于候选人而言，赢得竞选更可靠的办法是说选民想听的内容，投其所好，而不是谈论自己的政治计划。这就是为什么那些成功的政治家会夸夸其谈、滔滔不绝，甚至撒谎，他们其实只是为了赢得选举。但是，精明的选民仍然可以从这些字里行间读出候选人当选之后的行为导向——从他们的谎言和承诺中，我们可以看出该候选人当选之后会支持哪一派别或立场。

（3）在推行民主的国家里，政治家们即便是当选之后，也要有忧患意识，并时时注意塑造自己的形象。他们当选之后，塑造形象的途径主要包括以下两种：一是通过参加礼仪性活动来履行自己的政治职责，另一种就是召开新闻发布会。

（4）主题广告近年来开始流行，也被公之于众。主题广告的目的是影响选民的偏好。比如，反对奥巴马医改方案的广告就是由美国商会赞助的。

（5）网络在政治营销中发挥的作用越来越重要。竞选战略家不仅在网上宣传他们的候选人，而且他们还会通过分析成千上万的网民的浏览习惯，来选择自己的目标选民。

第十一章

新闻的运作

▷▷

在报道国会活动时，首先请记住，每一届政府都充满了谎言。

——美国左派激进人士　I.F.斯通

媒体的自由，是由那些拥有媒体的人所提供的。

——美国著名记者　A.J.利布林

如果一个读者知道一些内幕，他就会发现，报纸上的所有报道都是极其不准确的。

——英国作家、出版人　爱德华·维罗尔·卢卡斯

新闻工作者惯用的伎俩是，先区分良莠，然后再把不好的东西炮制成新闻，吸引人的眼球。

——美国政治家　阿德莱·史蒂文森

喜欢读小报的人活该被骗。

——美国喜剧演员　杰瑞·宋飞

我真的很同情广大的同胞们，他们每天阅读新闻并坚信，他们真正了解自己所处的时代和世界。

——第33任美国总统　哈里·S.杜鲁门

媒体，就像公众一样，其大脑一次只能容纳一个故事。

——美国犹太裔后现代派小说家　E.L.多克托罗

如果人们都相信一些党派的谎言，并且所有的文字记录也都这么说，那么，这些谎言就会载入历史，并成为人人信奉的真理。

——英国小说家　乔治·奥威尔

假如林肯想要在今天发表演说，他的演说将是葛底斯堡演说的原声访谈。

——美国专栏作家　鲍伯·格林

相对于电视的出现曾经带来的影响，新闻媒体已经经历了重大的变革。在过去几年里，"卓越新闻项目"[1]一直在追踪和分析传媒业的重大趋势和变化。比如，互联网技术的进步为人们接触新闻开辟了新的渠道，也使得传统的新闻模式日渐萎缩。由于发行量和广告收入的急剧下降，报纸行业从 2000 年以来，数量削减了 43%。2006—2011 年，每年都有 15 家报纸倒闭，还有更多的报纸不得不减少发行量。深受其害的是新奥尔良的一家报纸《皮卡尤恩时报》，在卡崔娜飓风期间，这份报纸还在英勇地报道关于飓风的新闻，数十名记者顶住暴风雨，坚持在报社办公室通过网络向人们传递新闻故事。在他们被迫疏散转移到另一个地方后，他们仍坚持在网上报道飓风中城市的最新状况。正是这种精神，让他们赢得了普利策奖。但令人叹息的是，即便是这样有影响力的报纸，现在也不得不减少到每周只印刷三次。

但是，黑暗中还有一线希望。现在，很多的新闻媒体已经成功地转向了数字订阅，而不是简单地把新闻发布在网络上。经历 10 年的衰退，网络和有线电视新闻的观众于 2011 年后开始有所回升。近年来，做得尤其出色的网络新闻媒体，是彭博新闻社，这是一个主要面向金融市场的出版物，但却包含很多国内和国际新闻。当大部分媒体都在裁员的同时，彭博新闻社却抢到了很多杰出的记者。

然而，彭博新闻社只是个例外。对大部分媒体而言，经济因素是主要问题。

---

[1] 有关出现趋势的详细分析可参考"卓越新闻项目"发布的《新闻媒体状态：美国新闻业 2011—2012 年度报告》，网址为 http://www.journalism.org/。

在 20 世纪，广告是媒体收入的主要来源。但是，随着互联网广告的不断增长和免费分类广告网站的不断涌现，广告所带来的收入正日渐枯竭。自 2006 年以来，报纸业已经损失了一大半的广告收入。很多投资者已经不愿意资助新闻编辑部，报纸就不可避免地出现了大量的裁员。既然大多数人都是通过网络尤其是移动设备获取信息，广告商就紧紧追随人们的爱好，转向网络。新闻业的这种变化让人喜忧参半。喜的是，现在能够接触到新闻的人比过去任何时候都多；忧的是，少数科技巨头联合起来，通过研发操作系统、浏览器、邮件服务等方式，在控制着尽可能多的数字世界，并同时获取网络用户详尽的个人信息。一个更让人担心的趋势是，这些网络巨头会收购主要的新闻集团，从而控制新闻的内容。

过去，网络公司并不雇用员工来制作新闻，它们只是汇总推送全国各地新闻编辑室播发的新闻。而现今，他们开始资助传统新闻媒体在线制作原创性的新闻，比如，雅虎已经赞助美国广播公司制作它的大部分新闻视频，Facebook 已经与《华盛顿邮报》《华尔街日报》和其他出版集团进行合作。这种合作关系给传统的新闻编辑室带来了收入，但问题是，这些科技公司会企图垄断这些行业。

新闻业的这些新趋势，促使我们对新闻的操作方式和呈现方式进行更谨慎的思考。尽管现在的新闻比过去任何时候都多，但并不是越多越好。关键是知道如何区分良莠，把小麦和谷糠分开；同时，就像史蒂文森所言，把注意力集中在有价值的事情上。（另外，有一点不好的是，广大民众关注的，更多的是新闻中的次品，而不是新闻中的珍珠。）

媒体与金钱的力量

在法国，一个贴切的表达是："cherchez la femme（跟着女人走）！"在美国，或许也包括法国在内，更贴切的表达是："跟着钱走！"

民众的力量

关于新闻媒体，一个最重要的事实是，它们在做的是一种生意，它们的存在就是为了赚钱。它们推销产品，我们购买产品。如果我们不购买，它们就会破产倒闭。这就意味着,作为电视节目的观众、收音机的听众和报纸杂志的读者,对于需要什么样的新闻报道和媒体该如何报道,我们有着最重要的表决权。这就是为什么媒体经常会重点报道一些相对不那么重要的事情,而忽略了更为重要的新闻,这是因为大部分人更感兴趣的是这些无关紧要的事情,而不是极为重要的事件。比如,在美国的新闻播报中,有关国外新闻的报道总是放在国内新闻之后。当然,也有例外,比如阿富汗战争,美国也牵涉在内;或者是发生像"阿拉伯之春"这样重大的革命,国际新闻就会首先播出。之所以会这样,是因为现在的新闻都受到收视率的驱动,而公众对于国外新闻的兴趣较低,从而导致有关国外的新闻报道一直在减少。新闻业收入的下降,也使得国外新闻遭受重创。自1998年以来,18家报纸和两家全球性媒体已经关闭了它们所有的海外办事处。所以,我们现在从媒体上看到的,不再是国际新闻,而是更为耸人听闻的新闻故事、真人秀、名人八卦和其他很多观众更感兴趣的琐碎新闻。

因为大量观众都更关注自己所在的地区,因此大众媒体关注的重点是国内事务和土生土长的名人,而对于其他国家的新闻事件都轻描淡写。同样的,人们的本性都趋向于轻松的题材、具有人情味的故事和幻想,因而,更重要的事情往往会被挤掉。比如,当《纽约时报》报道基地组织在巴基斯坦北部山区为恐怖活动建立据点的同时,很多大众媒体却沉浸于布兰妮·斯皮尔斯新修剪的发型和珍妮弗·安妮斯顿的鼻子整形手术之中。

正如第六章我们所谈及的,很多人会迷信或者盲从这样那样的伪科学,我们每个人在某种程度上都是一厢情愿的幻想家。这也是为什么很多电视节目关注伪科学,而不是真正的科学。广受欢迎的电视名人提供无把握的医疗建议和伪科学主张时,尤其令人头疼。比如,奥普拉·温弗瑞就被一些资质可疑的名人和医生的噱头欺骗过。影星艾尔克·萨默滔滔不绝地谈论雌性激素、生长激素和维生素补充剂的好处,这给奥普拉留下了深刻的印象。奥普拉还曾推崇过演员詹尼·麦卡锡声称的"疫苗导致自闭症",这已在科学上被证明是不足信的。奥普拉本人还曾"主演"过一个新时代的医生,用预卜命运的塔罗牌来帮助自己诊断疾病。如果奥普拉不是这么一位能影响数以百万计女性的偶像,那么这些奇怪的热情也就不值一提了。但鉴于她巨大的影响力,这些热情会导致人们轻信虚假信息,甚至会导致生命危险。

> 美国喜剧中心频道的斯蒂芬·科尔伯特,在一年一度的白宫记者晚宴上这样嘲讽媒体:
>
> 整个工作流程是这样的:总统是决策者,他做出决定;新闻发言人宣布这些决定;媒体记录这些决定。做出决定,宣布决定,记录决定。媒体只需要检查一下自己的记录是否有拼写错误,就可以回家了。在家里,好好和家人谈谈心,好好爱自己的妻子,然后把一直萦绕在脑海里的小说写出来。媒体清楚地知道,那个能够勇敢地站出来抵抗政府的华盛顿记者,只是人们的幻想和虚构!
>
> ——引自《号外!》,2006 年 6 月
>
> 不用说,听到这些话,媒体肯定乐不起来。

另一个事实是,大众媒体会尽力博取众多观众极短的注意力。

现在,网络新闻的一个主要趋势是,它们被剪辑得越来越短了。在 1968 年,音频剪辑一般持续 40 秒。到 1988 年,缩短到 10 秒左右。你完全不能指望 40 秒的新闻会有什么结果,更不用说 10 秒了。现在的趋势更为糟糕。1992—2004 年,关于总统竞选活动的新闻报道,用得更多的是图像,而不再是音频。现在,我们更多的是在观赏候选人,而不是听他们的演说。但是,不可否认的是,美国公共广播公司(PBS)的新闻变得稍微长了,内容也多少更深刻些。然而,比起网络用户,美国国家公共广播电台的观众数量是极少的。(美国国家公共广播电台的一些新闻节目,内容更详细、更深刻,是广播和电视上最好的新闻资源。)

广告商的力量

媒体不仅受制于公众,也受制于广告商。广告收入几乎是所有报纸和杂志最重要的收入来源,也是电视台和电视网络的主要收入来源。金钱会转化为权力,

媒体既要迎合公众的兴趣，也必须要考虑广告商的利益。几年前，H.G. 威尔斯在他的经典作品《世界史纲》中，曾这样评论过我们所处的时代：

美国的国父们也认为，他们必须给媒体以自由，这样人人才能生活在阳光下。他们意想不到的是，由于与广告商的利益关系，一个自由的媒体却有可能滋生腐败，报纸的持有者有可能成为民意的盗窃者，他们甚至是美好事物的无情破坏者。

对于电视现在发生的改变，威尔斯也许早已预测到。近年来，广告在渐渐地枯竭。然而，这几年，除了平面新闻媒体，所有自 2008—2009 年以来遭受重创的媒体开始在经济上受益，有线新闻和网络新闻的收入都增加了。但增长最大的是网络广告，相对于 2010 年，网络广告在 2011 年增加了 23%[1]。

现在，在线新闻很大程度上都依赖像谷歌、Facebook 或 YouTube 这样的网络科技公司来吸引观众。对于新闻业整体来说，网络广告变得更复杂了。这些新的科技公司不仅攫取了更多的广告收入，它们通常也控制着最重要的信息——有关用户的各种数据，这意味着他们能够根据用户的个人需要，有的放矢地投放广告。由于这些公司有识别用户品味和偏好的技术，广告商在让人们购买这些产品时会比任何时候都更有说服力。同时，这也意味着，传统新闻业对于未来少了更多的掌控力，因为它们越来越依靠这些网络技术公司来吸引广告商并了解消费者的喜好，从而才能传递出消费者想要的广告。

为了增加收入，维护自己的自主权，传统的新闻业需要更有效地利用数字广告。而为了实现这一目标，它们不得不去收集消费者的有关数据，正如那些网络技术公司正在做的那样。因此，问题来了：它们这样做，会不会破坏公众对它们所寄予的信任？对于媒体来说，广告商总是非常重要的。现在的问题是：广告商不仅有可能会带来不利的影响，还可能会在获得消费者数据时侵犯消费者的隐私。

网络广告只是广告商们彰显权力的众多方式中的一种。现在，30 秒的商业广告已经没有以前那么有吸引力了，网络广告就采用了更微妙的手段，比如，植入

---

[1] 引自 2012 年"卓越新闻项目"的报告。

式广告和新闻发布会等。美国公民银行就曾说服历史悠久的《费城问询报》，赞助（出钱买下）一个印有绿色的公民银行标志的专栏。尽管《费城问询报》的主编对于把专栏租给广告商持有疑虑，但他还是对报社的编辑们做出承诺，即报社对专栏享有"完全独立的控制力"。好吧，但愿如此！

媒体迎合广告商的其他方式还包括：压制那些对广告商或其产品不利的新闻，鼓吹广告商的产品等。当《先锋报》的一个编辑对一家饭店做出批评性评论时，因为这家饭店曾是该报社的客户之一，她被上级告知，该报纸"不从事抨击企业这种营生"。紧接着，该报纸就刊发了一篇关于这家饭店的积极性的评论，而作者居然不是记者，而是该报社市场部的人（《号外！》，2004年5/6月）。

政府的力量

政府有权利也有权力来调控商业活动。所以，政府能够通过规范企业的运行准则和经营许可证等方式，来找新闻机构的麻烦。仅仅是来自政府部门的威胁，便足以对媒体产生"寒蝉效应"。当然，美国宪法的确把保证媒体自由作为政府的基本职责之一，最高法院的各种判决也会额外地保护媒体。比如，法律保护记者免于诽谤罪起诉，尤其是免受政府部门的诽谤起诉；法律也保护记者在报道想要报道的新闻之前，可以不受政府提前审查，当然，涉密信息除外。更重要的是，媒体能自由提出有争议的甚至是危险的想法，如推翻政府等，这种自由在其他任何国家几乎都是没有的。尽管有这些法律保护，但政府还是能想出各种方式限制媒体的自由，自"9·11"事件后，政府的调控力度更为扩大。

每个政府都试图以这样或那样的方式钳制媒体，奥巴马政府也不例外。比如，2009年，国会提出一项国家保护法，允许记者保护那些提供重要新闻消息的秘密来源。根据这项法案的要求，起诉者被要求尽力用其他方式找到信息的来源，如非必要，不得传唤记者透露信息的来源。在这之前的2001年，很多记者被传唤（其中四个因为拒不透露消息的来源而被判入狱），以至支持记者的人们游说国会，想通过这项国家保护法。但奥巴马政府对此做出了重大修改，从而大大淡化了这项法案给记者所提供的权利。其中一项规定是，不允许记者保护那些有可能对国家安全造成"重大"危害的新闻来源。但是，决定信息是否有害的法官们将被"指示以政府的意见为准"。这样一来，这项法案给记者提供的保护少之又少，最终也会成为无用之物。

而政府审查的范围，绝不仅仅只是涉密信息，政府总是想法设法压制那些与他们政见不合的信息。比如，2007年，布什政府的公共卫生部部长理查德·卡莫纳博士在国会监督委员会的一次审查中做证时，透露了一个惊人的消息：政治委员会审查了他的演讲，并阻止他在性教育、紧急避孕、干细胞研究等方面发表自己的观点。另外，两位前卫生部部长也证实，他们在任时也经常受到政府的政治干扰。对于这些政治干扰，卡莫纳毫无反击之力，相反的，他不得不操纵科学信息，以适应政治格局，同时，他也被要求在他的报告中，每一页都要至少三次提到布什总统的名字！

政府还有其他掌控新闻的方式。一种方法是审查淫秽信息。这在美国宪法《第一修正案》中并没有被提及。问题是，到底什么才算是淫秽信息？美国联邦通信委员会通过征收罚款和吊销执照而不是审查材料，来回避这个问题。近年来，联邦通信委员会大幅度提高了对于淫秽和下流信息的罚款。2004年，美国橄榄球"超级碗"比赛中场表演时，因为珍妮·杰克逊和贾斯汀·布莱克的"露胸事件"（后者曾委婉地称其为"着装失误"），哥伦比亚广播公司被罚55万美元。这件事情引发的公愤和随之而来的其他类似的事件，都促使联邦通信委员会在决定什么是不雅行为和淫秽语言方面设立更为严格的标准。自从杰克逊露胸事件后，这类问题经常在法庭出现。当名人口无遮拦时，公众的抗议就更强烈了。比如，妮可·里奇在一次福克斯直播的颁奖仪式上爆粗口，美国广播公司播放的《纽约重案组》有一个7秒钟的裸露臀部的场景。针对这些"短暂的粗口"（联邦通信委员会称之为"不假思索的猥亵"），联邦通信委员会将其罚金提高到32.5万美元。到了2012年，最高法院否决了联邦通信委员会的决议，理由是事故发生在先，而联邦通信委员会的政策在后。因此，福克斯和美国广播公司就没有被指控为故意犯罪。但是，这样的制裁方式，并没有彻底解决媒体中存在的猥亵事件，这个问题将来可能还会出现。

政府官员也能通过对记者的厚此薄彼，即把消息只透露给那些愿意与他们合作的记者，以此来掌控新闻。既然泄露是一项重要的信息来源，记者在和政府作对时，就得三思而后行。同样的，记者在新闻发布会上也必须要小心行事，而不能问一些让人尴尬的问题，因为那些太无礼或者太固执的记者以后就不会被邀请了。在伊拉克战争早期，两名记者写了一系列文章，怀疑大规模杀伤性武器是引发战争的真正原因。他们的文章从来没有出现在主流媒体上，那时候，主流媒体是支持战争的。但是，《编辑与出版人》杂志（2007年5月23日）报道说，五角大楼发现了这些文章，因为这个批评性的报道，这两名记者被禁止同乘国防部部长的飞机，时间长达三年之久。

尽管泄露给媒体信息，正是政府的目标所在，但事实上，因为信息来源要保密，这给了政府官员很多可趁之机。他们能在幕后操纵新闻，以满足自己的利益，并无须为此负责。如果是敏感的信息被泄露了，政府往往会以刑事诉讼威胁记者，除非他们透露信息来源。但是，如果记者们透露了信息来源，他们就失去了信誉，其信息来源也就枯竭了。所以，他们总是拒绝合作。可这样的做法，会招致他们被法院传讯，要求披露自己的信息来源。如果在法庭上，记者拒绝透露信息来源，他们就会被判有罪。记者们因此时时刻刻都在担心牢狱之灾，有时候，他们甚至都不敢接受来自秘密来源的有争议的信息。

政府掌控新闻的另外一种方式是，发布预先准备好的报道，插播在当天的新闻中。布什总统和奥巴马总统都曾使用过这种策略，来传播他们想表达的信息，或者通过把信息包装成传统报道的样子来树立自己的良好形象。布什政府就曾炒作过各种政府政策，从伊拉克的政权更替到美国的医疗改革，他们让政府官员就有关问题给出准备好的答案，而不加任何批评性的评论。这种显而易见的宣传，会在全国范围内广而告之，却从不提及作为信息来源的政府。

当然，很多国家的政府都具有例行的审查权力。在缅甸、利比里亚和其他许多国家，不允许媒体批评政府的政策或行动。在阿拉伯大起义期间，中东地区的政府更是采取高压统治。埃及起义刚开始时，全世界的观众通过电视能看到成千上万名反对者涌入开罗解放广场，又有成千上万的人们逃离这个国家[1]。但是，政

---

[1] 参见：卡里姆·法希姆. 国家电视台为权力转移提供了黑暗的窗口，很少看到有反对者[N]. 纽约时报，2011-02-01.

府控制的电视台却显示，开罗的生活依然像往常一样，开罗大桥上依然车水马龙，办公区域的街道上依然空无一人。当起义加剧时，政府电视台把抗议说成是无法无天的行动；新闻报道说，成千上万的罪犯被从狱中释放，社区里抢劫者泛滥成灾。常规的新闻报道安抚观众说，政府正在镇压叛乱分子，以恢复秩序。可预见的是，政府接着会通过切断网络和关闭半岛电视台来封锁信息。

更糟糕的是，处于危险国家的记者们在履行职责时经常遭到威胁，甚至是被谋杀。据保护记者委员会统计，从伊拉克战争开始到 2011 年，有 530 名记者和媒体工作者在履行职责时被害。许多谋杀记者的行为也都未受到法律的惩罚。保护记者委员会网站对记者遭绑架和死亡有详细的描述，并提供了他们受虐的图片和标识，比如，身体擦伤、手指折断、枪伤和斩首等。扫一眼这个网站的图片，就足以打消任何一个有抱负的记者到敌对的领土从事驻外通讯报道的念头。

媒体的力量

媒体不单单是受制于上述讨论的三大权力集团，它们其实也是一个独立的权力阵营，尤其是大众传媒，包括电视、广播、报纸和杂志等。尽管我们已经明白，调查性报道的记者为什么经常会显得优柔寡断，但的确是他们，能够报道出那些不利于广告商利益最大化的故事，也能够挖掘到政府的腐败行为。

这并不是说媒体就是一个整齐划一的、有组织的团体，而是说，单个的大众媒体只拥有一定的权力，但作为一个整体，大众传媒却有很大的权力，并时常有着共同的利益。比如，《华盛顿邮报》曝光了有名的水门事件，并引发了尼克松总统下台。越南战争中，当记者报道说，他们在战场上亲眼目睹的战乱和破坏并不像政府所声称的那样时，媒体扭转了公众舆论的浪潮。这看起来像是很遥远的历史，但它们开创的先例，至今仍影响深远。（当然也有明显的例外，比如，媒体没有质疑布什政府对伊拉克发动战争的理由[1]。）

第二次世界大战期间和第二次世界大战后，媒体很少质疑美国军队领导者的

---

[1] 参见：德克斯特·菲尔金斯. 一个怀疑的声音依然回响在伊拉克的硝烟中[N]. 纽约时报，2007-04-25.

判断力和忠诚度。但随着越南战争的爆发,当记者看到战场上到底在发生什么时,他们开始对战争和军队领导者不抱任何幻想。他们的笔锋更加尖锐,拍的照片也更加生动逼真。这些报道让肯尼迪总统甚是不安,以至他说服一些媒体,把那些直言不讳的记者赶出了西贡。(尼克松总统和约翰逊总统采用了同样的策略。)后来的政府从这个经历中学到的经验是,如果让记者在战场上任意走动,新闻报道可能非常糟糕。所以,海湾战争期间,政府就把记者组织成一个有指导的团体。伊拉克战争期间,政府把记者分别派送到不同的部门,分别报道。

但是,一旦媒体记者越过了最初的爱国狂热,他们就不会再受制于军方的限制和封锁。他们会像在越南战争中表现的那样,开始坚忍不拔地向政府提出申请,要求去报道汽车爆炸、暗杀、猖獗的民兵组织和失败的政府政策等。就像之前政府一贯的态度,布什政府也尽力地控制媒体的行为,他们禁止记者接触官方简报,不让记者进入军方,把成堆的资料归为机密文件,并给记者提供一套关于战争的乐观的资料。然而,媒体不甘屈服,成为促使美国人民反战的最有影响力的因素。无论是好是坏,媒体在影响公众舆论方面都拥有巨大的影响力。

关于媒体的影响,最近的例子发生在 2010 年,《纽约时报》刊发了揭露维基解密泄密事件的材料。这期新闻的独特性在于,其发布信息的规模空前壮观:涉及 25 万份政府机密文件,上至军事机密报告,下至美国驻外外交官的失策评论。尽管近年来,维基解密一直在公开一些机密信息,但它也只是逐渐地进入主流媒体。但在 2010 年,当这些材料被逐步证实后,美国《时代周刊》、德国《明镜周刊》和英国《卫报》,同时报道了阿富汗的秘密军事行动,这使得维基解密名声大震[1]。当维基解密材料席卷每一个报摊时,整个国家惊呆了,这给已经厌倦战争的美国人更多的理由来呼吁停战。

媒体经常报道同样的故事,同时,也可能会忽视一些故事。而对于那些被忽略的故事,如果媒体不持续追踪,真相可能永无大白之日(《华盛顿邮报》报道的

---

[1] 在发布材料前,《时代周刊》先把材料拿到美国国务院来确认是否有损国家安全,然后再编辑出版,这是负责任的媒体在处理重大泄密问题时一般都要做的程序。但这并不意味着,政府能够控制出版,因为是报社编辑人员决定出版什么样的材料。正如人们所预料的,奥巴马政府尽力消弥阿富汗军事行动泄密的影响,但效用甚微。

水门事件就是这样)。最近的例子是《卫报》调查鲁伯特·默多克的新闻集团,他们以非法电话窃听的方式获取新闻和故事。几十年来,作为历史上最有影响力的传媒大亨,默多克把报纸作为惩罚或奖励手段,这在英国政治上已经产生了重大的影响。近些年来,他把自己的帝国扩展到美国,他的美国公司控制着《华尔街日报》和福克斯新闻台,这些渠道带给他比任何媒体人都多的权力,来影响美国的政治。

就像《圣经》中的大卫向巨人歌利亚投掷石块一样,《卫报》坚持数年,调查了利用电话窃听名人会谈和皇室家庭的记者。公众会觉得这种八卦新闻很有趣却无关紧要,直到《卫报》爆料,黑客窃听到了一个被谋杀的13岁小孩的电话,以及在伊拉克和阿富汗战争中死亡的战士的家庭电话。很快,《纽约时报》和《名利场》纷纷报道,消息在全世界传播开来。

常见的拒绝承认和合理化的伎俩浮出水面。默多克的新闻集团怪罪于"一小撮腐烂的苹果";《世界新闻报》的主编声称,她丝毫不知情,她根本不知道电话窃听这种事情竟在她的眼皮底下进行了这么多年;当默多克被议会成员质询时,他的表现是:惊呆了!是的,惊呆了!他的组织里竟然会有如此猖獗的非法活动!

媒体继续不停地挖掘,并有了新的发现:电话窃听的范围远远超乎人们的想象,成千上万个电话被窃听了。知名的政治家与默多克关系亲密,伦敦警察厅的一些官员与《世界新闻报》的编辑关系融洽。消息披露一个接着一个,每一个都让世人如此震惊!后来,默多克决定关闭这些惹上麻烦的小报,与其说他是在消除一个流氓报纸,倒不如说是在拖延时间,以挽回损失。现在,这个事情在英国和美国继续发酵着。

当然,媒体大亨之间的竞争是不可避免的。在决定在线节目要播放什么新闻时,哥伦比亚广播公司会受到美国全国广播公司、美国广播公司、福克斯广播公司、美国有线电视新闻网和其他竞争对手的联合牵制,更别说那些来自平面媒体的竞争者!正如一个政治家的权力,或许会被其他政治家的权力和媒体的权力削弱。对此,我们说什么好呢,竞争万岁吧!

> 你注意到了吗？工会的头儿经常被称为"工会的老板"，但诸如"大企业的老板"或"某某公司的老板"，却从未被媒体使用过。大企业的老板有一些更炫目的头衔，如"首席执行官"或"总裁"。

当然，每个国家都有自己的有影响力的媒体。鉴于目前美国在中东的深度介入，一个很好的例子就是阿拉伯当地媒体的重要性。也许那个地区最有影响力的网络是卡塔尔半岛电视台。该电视台成立于 1996 年，创始人是在英国受过教育的激进的卡塔尔酋长。这家网络电视台辐射到 3500 万人，据称拥有与《纽约时报》一样的影响力。它一直持续报道席卷整个阿拉伯世界的抗议事件，这对于激发广大民众对中东独裁者的愤慨起着关键性作用，它吹响了整个阿拉伯地区人民反抗压迫的号角，并已成为中东地区政治派系的避雷针。当报道突尼斯、黎巴嫩和埃及的暴动时，电视台的记者要么被骚扰，要么被驱逐出境。但通过和当地人的接触和采访，半岛电视台还是成功地报道了警察施暴的图片，尽管那只是模糊不清的手机照片。中东的政治派系一直想要牵制半岛电视台，西方国家也一直怀疑它对黎巴嫩真主党和哈马斯充满同情的报道背后有着不可告人的动机。但无论怎样，半岛电视台的节目的确吸引了很多的观众，它对阿拉伯世界抗议活动进行了持续报道，并经常和其他媒体分享自己的信息，这对即将展开的"阿拉伯之春"，必将产生深远的影响。

大公司的力量

在诸如美国这样的国家，企业由个人或小团体控制的时代已经过去了。"夫妻店"已经让位给了沃尔玛超市和西夫韦公司，游走江湖的郎中已经被联合执业和各种保健组织取代了，大部分农场也被大型农业企业取而代之。当今时代，几乎所有的行业都被大公司尤其是大的跨国集团所控制。大集团，无论是自身，还是联合起来，都有很大的力量，这使得它们在追求利润最大化方面，有着独一无二的特权。

大公司控制信息传播，会产生两个方面的影响：第一，大公司希望被大众媒体正面报道；第二，避免相互矛盾的观点被大众媒体报道或强调。大公司的审查权力来自它们作为广告商的权力（这一点已经讨论过），毕竟，迄今为止，大公司是大众传媒最大的广告赞助商。另外，这也来自金钱在政治舞台上的力量（这一点以后会谈到）。当大众媒体与政治力量合作时，它们就间接地与大企业的利益联合起来了。甚至，大众媒体本身也会被媒体集团所掌控，而这些媒体集团通常是更大的组织机构的一部分（这一点很快就会谈到）。总体而言，传媒集团的利益和其他大公司的利益是一致的，因此，很多的大众媒体往往本能地偏袒大企业。（有趣的是，很多保守的评论员，却经常指责媒体，认为它们有左翼倾向。）

这样的结果，使得大众媒体的新闻和视角常常被认为是在偏向富人，而不是普通民众或穷人。当然，普通民众在决定大众媒体如何描述世界时，也有很大的权力，比如，他们可以换台或者关掉电视，他们也可以去看另外的非大众媒体的新闻和观点，但大部分人不会这样做。一个原因是，普通人很难理解新闻是如何向那些有政治权力的人倾斜的[1]。（另一个原因是，很多人，尤其是那些处于中下等经济地位的人们，常常关注的是与他们自己生活密切相关的问题，而对于更大范围、更重要的经济和政治问题，他们毫不关心，尽管事实上，他们的生活受到更广泛社会领域的重大影响。）

在大城市里，大部分的日报都有专门的"商业栏目"来报道大公司的情况和各类财经市场的状况，但几乎无一例外，这些报道都是从投资者和大资本的利益角度出发的。没有哪家日报会有专门的劳工栏目，或者专门从个体劳动者的角度报道商业新闻，当然，工会组织的情况例外。同样，电视上每天在直播商业新闻（那时，微软全国广播公司几乎全是股市动态的报道），但没有专门的劳工节目，或者从普通劳动者的角度报道的节目。（考虑到大部分观众更喜欢看肥皂剧、体育新闻和情景剧这样的事实，专门的劳工频道怎么可能成为一个有利可图的生意呢？）

---

[1] 在美国，一个广为人知的看法是，在美国这种自由之国、勇敢之家，没有社会阶级之分。这种看法的真实一面是，每一代人中都有一些人从社会底层进入高一级的经济阶层，甚至也会进入最高层；这种看法的虚假一面是，大部分出身于富有之家的人继续富有，而大部分出身于平民之家或低收入家庭的人从未曾富有过。在工业化的民主社会里，归属关系不像在旧时代那样被刻在石头上，无法改变；但这肯定不意味着，这个星球上除了以捕猎为生、群居为主的族群之外，不存在真正的阶级社会。

然而，当经济低迷、人们失业时，媒体就开始关注这些问题了。几十年来，关于工会活动的报道历来明显不足，这也反映了1955—1967年全盛期之后，工会组织力量的衰弱。但是，随着经济的持续衰退和美国国家财政预算的减少，工会突然跃入新闻视野。2011年，威斯康星州州长决定削减工会集体谈判权，以此来弥补州财政预算缺口，并且这项措施后来也受到了州最高法院的支持。但世事艰难，整个国家的工人都面临着收入减少或丢掉工作的威胁，这种群体性的回应，迫使媒体大篇幅地报道工会问题，没人想到这个事件后来会引起举国关注。

近年来最受尊重的记者大卫·哈伯斯坦在谈到调查报道时，这样说它们的重要性：

你要一直不断地挖掘，不断地提出问题。因为不这样做，你就会被引诱或被洗脑，你甚至会相信，报道那些处于权力阶层的人们的谎言，从某种程度上说，是你的一个特权，甚至是一种荣誉。

——摘自鲍勃·赫伯特《挖掘真相》，
《纽约时报》，2007年4月30日

这样的报道，导致对工会组织困境的公开争论。支持工会的一方认为，工人们慢慢从中产阶级滑下去，部分原因在于公司中工会会员的持续减少。（现在，15个工人中只有1人是工会会员，而20世纪60年代的比例达1∶4。）尽管在公共部门，工会组织的力量很大（在政府部门，3个职员里面就有1个是工会会员）。人们担心的是，威斯康星州这种史无前例的削减集体谈判权的危险行为，会让全国所有的工会都受到威胁。反对工会的一方很快就回应说，公然增加加班费、不合理的工作保护和致残的退休福利，都有可能会削弱公司的可支配预算，这些都是工会滥用权力的后果。新闻对这两方的观点都进行了报道，这些报道不仅出现在商业栏目，也出现在新闻头版，这对于工会问题而言，真是史无前例。

另外一个被媒体冷落的社会群体是穷人。据美国人口普查局的消息，在2010年，有4620万美国人处于联邦的贫困线以下，对于一个四口之家来说，他们的年收入低于 22314 美元。这是美国 50 余年来贫穷人数最多的年份。然而，直到现在，关于贫困的新闻报道还是寥寥无几。但是，随着经济不景气的加剧，以及成千上万的人陷入贫困，媒体开始关注这个问题。关于房屋止赎、失业、食物银行和流浪汉的报道会定期出现。穷人过去曾聚集在城市地区，现在开始扩展到了郊区，而郊区很长时间以来被认为是繁荣的中产阶级的城堡，这都使得当地政府不得不提供相关的社会福利。当贫穷开始蔓延开来，媒体就关注了，选举年尤其如此。

力量之间的联合

大公司和政府的利益经常与媒体的利益是一致的，但也有发生冲突的时候。政治丑闻能增加报纸发行量，提高电视新闻收视率，但对于政坛而言，这也会断送某些人的政治生涯。对于微软公司来说，是坏消息；但对美国有线电视新闻网而言，有可能是好消息。

然而，在大多数情况下，更为有利的是，各种力量是联合起来的，而不是相互对抗。比如，在总统的记者招待会上，什么问题能问，能够追问到什么程度，新闻报道里能出什么样的评论，诸如此类的问题，那些专门从事白宫报道的记者会了然于心，原因就在于他们之间的联合。那些不遵守游戏规则、坚持挑战规则的记者，将来就不会再被邀请。那些经常数落华盛顿政府的专栏记者，很少能得到政府透露信息的机会。

当政治家和大企业巨头的利益与大众媒体的利益一致时，就会出现有趣的或者是重要的新闻报道，甚至是大规模的报道。在战争期间尤其如此，特别是战争不发生在美国国内，而是发生在别的国家，政府不会受到来自媒体的威胁，而是会从媒体的报道中受益。搅乱中东的抗议便是一个很好的例子。这是媒体喜欢报道的故事：以推翻一个在埃及引发叛乱的突尼斯独裁政府开始，接着是利比亚和叙利亚的叛乱；这些叛乱迫使媒体发声，这就给了美国政府以机会，来展现他们的正义立场，并表达了对中东地区高压政权的愤怒和谴责。当埃及强人穆巴拉克以袭击的方式血腥地残害抗议者时，美国国务卿希拉里号召埃及的军队保护抗议者，追究发动袭击的人的责任。如果媒体一直关注其他国家的大屠杀，而不是美国在伊拉克和阿富汗轰炸平民，政府就会松一口气！在开罗解放广场，当记者被殴打、相机被砸时,白宫发言人吉布兹说,这种骚扰是"完全不能接受的",并严厉谴责了穆巴拉克政府的残忍。而事实是,埃及政府每年都会得到美国15亿美元的资助,这使得白宫的发言闪烁其辞。不过,媒体还是给美国政府以批评其他独裁政府的平台和机会。正是在这些引人瞩目的事件中,媒体和政府利益完美地结合了起来。

作为娱乐的新闻

至今为止,我们所讨论的新闻更多的是一种娱乐来源,而不是一种信息来源。钱是底牌,大公司和政府作为既得利益者掌控着新闻,而公众更想被娱乐而不是获得信息,于是,新闻越来越趋向于好莱坞的动作片。一个很好的例子就是,伊拉克战争期间,杰西卡·林奇的传奇故事吸引了人们的眼球。确实,她的故事很难被辩驳,因为这个故事已经被精心制作成一个令人毛骨悚然的惊险片。一个来自小乡村的女孩参了军,被派往伊拉克。她在一次战斗中受伤了,多处骨折,并成了战俘。军方展开神秘的营救行动,杰西卡·林奇获救,并一跃变成了民族英雄。她获得了紫心勋章、青铜星章和战俘奖章,并引发了相关图书百万美元的销量。公众对她的故事津津乐道,尽管故事存在着前后不一。事实上,她并没像媒体所报道的那样,向伊拉克士兵开枪,以至用完了所有的子弹。她的枪被卡住了,她没有办法,只好跪在地上祈祷。在美国军方展开营救之前,绑架她的人试图将她送到美国军方,但他们被美国部队误以为是入侵者而遭到了袭击。她的故事被媒体渲染得像一个引人入胜的情景喜剧,它们把她传颂为战争的象征。对她个人而言,她明显感到非常尴尬,觉得被夸大了。

几年之后,在2007年美国众议院监管及政府改革委员会一次审查的证词中,她说"从山区到战场的少女版兰博的故事"是不真实的,她从来没有射出去一颗子弹。当委员会主席问她是否意识到营救她的行动被推迟了一天以便能够拍摄记录这个事件时,她说她后来才听说此事。"我还是不明白他们为什么要编造谎言,把我打造成一个传奇人物,"她说,"事实上,营救我的战友们才是真正的英雄。"[1]

---

[1] 引自《林奇宣称她的英雄故事是一种谎言》,《旧金山纪事报》,2007年4月23日。

事情之所以是这样，一个原因就是军方鼓吹战争的需要，渲染英雄主义。另一个原因是，美国人民需要一个战争中的英雄，不管故事是如何被炮制的，这个英雄的形象在杰西卡·林奇身上找到了。这样的故事，经过媒体的一再渲染和军方的不断扭曲，战争被美化了，日常的生活显得黯然失色。

关于选举的报道以及杰西卡·林奇的故事，虽然看起来是两个不相关的事件，但它们揭示了当代新闻的一个关键特征，那就是，今天的大部分新闻已经慢慢地转向娱乐大众[1]。

从20世纪80年代专门的新闻频道出现以来，电视的收视率就一直处于上升趋势。为了实现利润的最大化，有线电视的运营商运用越来越高端的科技手段来追踪观众在观看内容和观看时间方面的偏好，结果就产生了核心新闻和小道消息的大杂烩。这些年来，像辛普森谋杀案和6岁的琼贝妮特被残杀这样耸人听闻的报道，在有线电视台的节目单中飙升，并大大地刺激了利润的增长。现在，人们对艳情故事的需求是如此之大，以至网络也开始争相报道。媒体之间的激烈竞争催生了媒体中间人，即网络订购商。他们追踪被勒死的女生、被绑架的孩子、连环谋杀案和各种血腥的惨案，然后，他们在网络工作者和有新闻价值的人物之间充当经纪人。由此，网络工作者可以声称，他们不直接为消息来源埋单，他们只是给代理人付费。这种障眼法几乎掩盖了所有的苟且，而这样的举动，一直以来都是一种腐败，因为它消减了信息来源的可信度。然而，如果这种情况让人不安，我们不得不记住的是，网络是对人们意愿的回应，它给观众呈现的，是人们想要的，网络只是在投其所好。

可以看出，大众媒体呈现给我们的新闻，往往会把重要的、根本性的日常事件和趋势过滤掉，而误导我们接受那些"爆炸性的新闻"（暗杀外国领导人、"超级碗"报道）、"有人情味的"故事以及名人报道等。

当然，事情并不总是这样。在媒体合并和越来越追求新闻盈利之前，名人报道只是主流新闻的很小一部分。《号外！》杂志（1997年10月）报道说，1977年，"猫王"埃尔维斯·普雷斯利去世的消息，在随后的5个工作日里共被播报了29分

---

[1] 引自《新闻代理人》，《大西洋月刊》，2010年9月。

钟；1980年，当约翰·列侬被杀时，在同一个时间段，他的谋杀被报道了50分钟；1997年，戴安娜王妃去世，该新闻在5个工作日内被报道了197分钟；2009年，当迈克尔·杰克逊去世时，60%的新闻都在介绍他的生平和离世，同期，报道伊朗反对有争议的选举的新闻只占了10%（据"卓越新闻项目"分析）。当然，公众沉迷于充满人情味的故事，并不总是会导致名人新闻淹没其他更重要的消息，但事实却常常如此。就迈克尔·杰克逊的例子来说，还有什么灾难比这更能吸引众人的眼球呢？再来一个"9·11"事件？

新闻采集的要义是省钱

正如我们所指出的那样，关于大众传媒，一个最重要的事实是，它们在做的是一桩生意，其目的是为了赚钱，而不是赔钱。当在搜集新闻上花费太多的钱时，它们就会破产。这就使得真正的新闻调查往往会被轻视，因为新闻调查在时间、精力和财力方面的支出，是非常昂贵的。即使花更多的钱可能会带来更确切的信息，那些"效率"更高的新闻采集手段还是被经常使用。媒体人在报道新闻时往往很谨慎，这样一来，他们就不易遭受诽谤；另外，这也是出于坚守职业道德的愿望。但遗憾的是，他们很少深入地挖掘信息。

采集新闻的主要方式是"定点采访"。主要的通讯社、电视网络和新闻杂志都会定期派记者报道白宫、国会的活动，因为它们是产生新闻的主要机构。在地方上，记者主要报道市政厅、警察局之类机构的活动和动向。还有一些记者是流动的，他们被分派报道商业、医药等方面的爆炸性新闻。这些记者会采访利益相关方，如召开新闻发布会的大公司的代表、相关领域的专家、工会领导等[1]。而事实上，大部分新闻是政府官员或其他拥有权力和财富的人提供给记者的。此外，作为采访官员的一个条件，记者们不得不把文章的样稿给他们看，以征得他们的同意，这样一来，在什么样的内容能被报道方面，就给了被采访官员以否决权。于是，新闻肯定是既得利益者意志的反映，因为，正是富人和有权人才有途径召开

---

[1] 几乎在所有问题的每个方面，都存在着相关专家。咨询哪类专家，取决于故事想朝哪方倾斜。

新闻发布会，提供录像，发行精美的新闻稿，或控制可引用的资料[1]。

> 皮特·哈米尔指出，现在的记者日益沦落为狗仔队：
>
> 20世纪50年代的记者很清楚地知道自己的局限所在：他们知道，他们从来没有做出过绝对完美的新闻报纸，因为报纸是人类共同的事业。但他们在各自的领域，还是小心翼翼，尽量不写那些会给报纸蒙羞的东西。如果能看到今日随处可见的"小道消息"的字眼，他们将会非常震惊。他们不会为了故事而给妓女付费，也不会对政治家的私生活兴趣浓厚。即使是在重大事件上，即使是身处人群之中，摄影师也不会像没有头脑的蜈蚣一样，扭动着身体肆意咆哮，让所有的腿和莱卡相机都像是惩罚的工具一样，聚焦在可怜的证人身上。他们会找到讲述新闻故事的合适方式，而不是表现得像一个暴徒，或者是一个野蛮人。
>
> ——皮特·哈米尔《新闻是一个动词》，
> 纽约：兰登书屋，1998

这就是为什么现在的大众媒体提供不了深度的新闻调查报道。比起乏味的挖掘和调查，采访政府机构的领导和大公司的代表，对记者而言更容易、更快捷、成本更低，也更安全。

不管怎样，在真正的新闻调查报道这个问题上，还是有一点儿好消息的。近年来，报纸、电视以及广播节目，开始采用主要报纸的新闻报道。重印转载他人的调查结果比起自己挖掘来得容易多了。所以，一些地方报纸和网络新闻节目里，时不时地会出现《纽约时报》《华盛顿邮报》和《洛杉矶时报》上面的新闻；同时，它们也会转载《华盛顿月刊》《大西洋月刊》《新共和》《国家评论》及其他非大众

---

[1] 这条规则的一个重要例外是，普通人经常被采访以让故事显得有"人情味"，否则，采访就只反映了有钱人和有权人的观点和意见。另一个例外是，对于当地新闻，比如火灾的报道，记者们的确是去到现场，并采访那些受事件影响的普通人。

传媒的新闻报道。

新闻报道：理论与实践

人们一般不会后退一步，从更广阔的视角看看自己在做什么，也很少把自己的行为提升到理论的高度。总体而言，媒体工作者更是如此，但他们又是如此需要理论来指导自己的行为。

新闻报道应该是客观的，而非主观的

直到20世纪初，美国记者在报道新闻时，还都带着政治偏见。这个传统在18世纪、19世纪都有先例，甚至可以追溯到美国独立战争时期。亚历山大·汉密尔顿充分利用了《权利法案》中关于媒体自由的规定，详细阐述了自己的联邦主义哲学，从而击败了其在共和党的对手。相应地，他遭到了坚定的反对派，比如约翰·亚当斯和詹姆士·麦迪逊在报纸上的公开反对。但是，到了20世纪早期，新闻业已经演变成了一个在政治上更为独立的职业，记者开始尝试不带偏见地报道新闻和撰写基于个人观点的文章。（然而，许多欧洲国家的新闻报道仍有很强的党派性。比如，在英国，《卫报》倾向于拥护自由党，而《泰晤士报》倾向于支持保守党。）

不过，无论是保守党还是自由党，他们都声称对方在控制着新闻。在20世纪70年代的新闻界，印发保守主义的信念被认为是一种对自由的偏见，为此，保守主义人士发起了像《国民评论》和《评论》这样的杂志，来传播他们的理念，并以此来影响新闻报道。后来，保守党的智库和电视网络开始出现，随之而来的是由像拉什·林堡和劳拉·英格拉汉姆那样的右翼人士主持的脱口秀。自由主义者的回应显得比较缓慢，也许因为媒体直到20世纪70年代才显得更为自由一些。但慢慢地，自由党的智库开始出现，如《每日秀》和《科尔伯特报告》之类的新闻节目及政治喜剧也出现了，他们报道双方针锋相对的观点，并开始影响年轻的观众。

但是，即使是尽力保持不带偏见的新闻报道也不能完全客观。一个事实被报

道，一般取决于某个人判断它是事实。记者必须依据理性推断事实，或者至少报道其他人对事实的理性推断。可事实不像是长在树上的果实，可以让人轻易采摘。

那种认为媒体工作者不应该做出价值判断的看法，是愚不可及的。他们必须做出价值判断，什么消息值得报道？什么消息只需简略提及？什么消息应该被扔进废纸篓里？虽然编辑文字是媒体工作者的主要任务，但在编辑之前，他们需要对事件的重要性做出基本的价值判断。

总之，理论是一回事，实践是另一回事。实践主要受各种力量的驱动，而很少受到抽象理论的驱动。客观性只是遮掩事实的方便途径，它的价值在于，当记者做出价值判断或得出结论时，他们会被要求与狭隘的中间派的社会共识保持一致。这种客观性阻止了非体制的或不一致观点的报道的出现，满足了观众、广告商和其他有重大权力的人的欲望。客观性就是不引发暴乱。

同样值得一提的是，记者经常把客观性和不偏不倚混为一谈，这甚至已经成了媒体的惯常做法。比如，当主流媒体播放重要的总统演讲时，它们会同时呈现出"对立面"的反驳，这样显得双方党派都有自己的发言权。至此，问题的真相会变得更加扑朔迷离，这样的公平哪有客观性可言。

著名记者和传记作家罗伯特·卡罗，讲述了他被分派给报纸写第一个故事时，编辑给他建议的趣闻。那时卡罗还只是报社的一个勤务工，但因为其他记者都在忙，于是，编辑就让他报道市政厅一个有争议的事件。这条简短的建议体现了优秀新闻的基本准则。

"好，你来做这个，"编辑说，"你去市政厅听会，听到你认为自己明白发生了什么事为止。会议结束后，找任何一个反对这个事情的人聊一聊，弄清楚他为什么要反对。然后再去找事情的发起者，让他谈谈他这一边的看法。如果还感到疑惑，你就再回去找那个反对者，再多问些问题。就这样来来回回地跑，直到你觉得自己了解了事情的来龙去脉。明白了吗？"

——引自《充分了解，但具体是指什么？》，
《旧金山纪事报》，2007年6月17日

同时，我们还要注意的是，词语"另一方"所掩盖的事实真相：大部分问题都有很多的视角和观点，而不仅仅只是两个主要政治派系的观点，把这些观点只表述为从 A 到 B，是对其他众多观点的忽视和掩盖。比如，在 2012 年的总统选举中，大众媒体在报道民主党候选人和共和党候选人时也许做到了不偏不倚，但它们很少报道来自绿党、改革党、自由党和其他"小党派"的候选人。在一些电视节目中，即使这样不偏不倚的尝试也让位给了一面倒的报道。鉴于公众对传统新闻媒体的兴趣日渐衰落，有线电视正在尝试新的新闻播报方式来吸引观众。福克斯新闻台已经这样做了好几年，微软全国广播公司也开发了一连串的自由新闻节目，比如，《艾德苏利文秀》和克里斯·马修斯主持的脱口秀节目《硬球》。

新闻报道应该与新闻分析以及深度报道相分离

客观性要求事实要与结论或评论（它们通常被认为是"主观的"）分开报道。但是，新闻与分析的分离，会进一步加重媒体报道已经存在的显而易见的缺陷：不能把发生了什么和为什么发生、为什么很重要联系起来。

比如，1998 年，当飓风米奇在洪都拉斯、危地马拉和尼加拉瓜肆虐时，媒体记者报道了这场飓风所带来的可怕的毁灭性灾难和大量的死亡。但他们没能解释为什么这次飓风的破坏性如此巨大。要解释的话，他们需要联系美国联合果品公司和美国在 20 世纪五六十年代对待中美洲的政策，这些政策是如何引起过分地砍伐森林从而导致当地的植被被大量破坏。正是这些旨在用大规模农业代替当地农民的森林砍伐行为，使得在飓风米奇袭击时，当地洪水泛滥和山体滑坡。关于这一关键的真相，所有的媒体都没有予以重视。因此，你要想知道世界真正发生了什么，就不能过于依赖大众传媒。

通常，在报道一个故事时，记者会采访那些与事件直接相关或受到直接影响的人。比如，要写关于公务员薪水的故事，记者很可能会采访公务员。公务员自然会说他们的薪水低于工业界类似的工作；而反对者则可能会说，公务员的工资比商业界的高。事实上，近些年来，这种情形已经出现过好几次。当然，大部分记者分不清楚哪一方的观点是对的，因为他们对问题的了解程度不足以让他们做出明智的判断。比如，他们不知道公务员的工作规范，是不是真正描述了这个岗位每天处理的事情。对于记者而言,也许上一周他们调查的主题是宾夕法尼亚州的水污染,而下一周的调查又要飞往墨西哥,他们又怎能了解清楚呢?

尽管新闻的客观性,常常会阻止记者自由地表达自己的观点或提供他们所了解的真相,但不能为了追求客观性,就完全禁止新闻与评价或分析相结合。事实上,记者拥有一定的表达自由,至少是在没有大人物干预时。即便如此,在每一个他们要调查的问题上,都成为专家也是不可能的;再加上有时候,无论他们知不知道自己在谈论什么,都需要看上去很有权威,这就常常会导致可怕的结果。比如,在伊拉克战争和阿富汗战争中,被安插进部队的战地记者所报道的是他们所经历的行动,但问题是,他们根本不了解整个战争的情形是怎样的。很多报道都是现场报道,并同时通过电视或广播直播出去,他们甚至都来不及对信息进行归类,或者掌握信息出现的语境。其结果就是导致观众只了解到战斗的一个侧面,但虎头蛇尾,根本无助于人们了解战争的局势或走向。几乎没有经过长时间仔细考虑的评价或分析。

> 深思熟虑的书面分析已经过时了,"即时流行曲调"正在流行……雇用一些看客,而不是作家。一定要给采访过程涂脂抹粉,而不是真正地深入调查。远离有争议的主题,跟风走。看在老天和评级的份儿上,不要让任何人抓狂……说得好听点儿,而不是要自己制造新闻。
>
> ——丹·拉瑟(来自哥伦比亚广播公司《晚间新闻》)

"恰当"的权威观点获得了优先权

新闻记者一般都不是他们所报道领域的专家,为此,他们必须寻求专家的意见。问题是,几乎每个问题的每个方面,甚至是在很委婉的争议上,都能发现很多专家。因此,要咨询哪些专家就变得至关重要了,而这一般是由以下几个因素决定的。

也许最重要的因素是,专家的观点是否会受到广告商或其他权力集团的欢迎。观点可能会引起太多愤怒的专家,往往会被忽略(有时也会把他们当作陪衬)。持主流价值观的专家们控制着这些领域。比如，现在关于种族、性别差异、污染等问题的观点，一般来说必须保持"政治正确"，专家首先应该持与官方一致的立场，种族主义的立场肯定是政治不正确的。

在2008年的总统预选中，当种族问题被越来越多地讨论时，任何暗示种族主义的立场都会受到严厉指责。因为把奥巴马在南卡罗来纳州预选的胜利比作杰西·杰克逊1984—1988年在美国南部的胜利（暗示奥巴马不会比杰克逊走得更远），克林顿被媒体撕得粉碎。后来，因为希拉里援引证据说"奥巴马在工人阶层、劳工阶层和白人中的支持率削弱了"，媒体对希拉里也进行了无情的抨击。这两条评论，尽管很委婉，但也被人们视为种族歧视。曾有一段时间，公众非常反对克林顿夫妇。这真是一个有讽刺意味的逆转，此前，因为比尔·克林顿一直很支持黑人，受到黑人推崇，以至他被称为第一个黑人总统。那段时期，被请来评论克林顿演讲和其他种族问题的专家，常常是黑人记者和政治家，他们主要就非洲裔美国人社区如何看待这些问题，给白人观众提供深刻的见解。

然而，并不是所有的专家都值得信赖。当个人利益与公众职责发生冲突时，他们的道德态度可能就会瓦解。当一群部队高官被五角大楼叫去把伊拉克战争推销给美国公众时，这样的事情就发生了。《纽约时报》经过细致调查，发表了一篇令人震惊的报道，揭露这些退休的军事专家如何变成了五角大楼的广告大使[1]。这篇文章详细记录了整个2008年，这些专家从预备战争到战争迅速发展的整个活动细节。这些军事分析家先是被五角大楼授予"关键影响者"，他们因此成了权威评论员，主导着观众对战争的理解。他们不单客观地描述战事，或者解释军事硬件的性能，同时也传递着政府的意识形态，帮助确立政府的权威。确实，他们中很多人真的相信战争是正义的，已经把整个一生都献给了部队，他们不愿意批评战争，这种心情也是可以理解的。即使如此，他们如此团结合作，也是有很强的诱因的，他们中，一些是国防说客，一些是为了帮助公司赢得军事合同，还有一些是武器承包商的董事会成员。他们的积极参与，带动的是有权力、有影响、有机会获得

---

[1] 参见：大卫·巴斯托. 消息处理机：电视分析家背后隐藏着五角大楼[N]. 纽约时报，2008-04-20.

利润丰厚的商业交易。整个战争期间，五角大楼雇用了超过75个退休的高级军官，他们中的大多数出现在福克斯新闻台上，少数出现在美国全国广播公司、美国有线电视新闻网和其他电台上。

这样一来，许多观众认为自己已经得到关于战争的客观分析，实际上，他们只是得到了军方的推销服务。当在伊拉克的战地记者开始大量地报道伊拉克的叛乱、装甲的缺乏以及伊拉克安全部队的腐败时，这些军事分析家，简要地说出了五角大楼告诉他们的要点，并向公众信誓旦旦，说战争形势一切很好。五角大楼严密监控他们与媒体的互动，他们有哪怕是一点点微妙的批评战争的举动，就会备受责难。

与此同时，网络不仅对五角大楼与军事分析家的互动秘而不宣，而且它们装作不知道这些分析家与五角大楼的商业利益关系，公众因此被蒙蔽。

两年来，《纽约时报》一直在与国防部做着斗争，最后形成了8000页描述五角大楼与军事分析家互动的文件，它成功地起诉了国防部。报道最终揭示，这些所谓的专家不过是五角大楼的代言人。同时，这个故事成为新闻业的典范：对于政府的腐败行为，记者不仅证据确凿、事实清楚，还勇于犀利分析。

自我审查

新闻报道应该保持客观性。这一点并不要求所有的新闻都要被播报出来，即使是那些非常重要的新闻。比如，战争期间，国家安全高于一切。2001年，当美国部队准备攻击阿富汗时，媒体提前一整天就知道了攻击开始的确切时间，但没有媒体报道这个消息。即使是在和平时期，出于一种责任感，媒体有时也会主动封锁新闻。最著名的例子发生在约翰·肯尼迪任总统期间，《纽约时报》决定不报道即将发生的美国部队企图推翻卡斯特罗政权的袭击[1]。

媒体审查的另一个重要原因，与观众换台或不买报纸的权利有关。电视台尤其要注意保持对观众的敏感性，因为它的节目很快会进入每家每户的客厅

---

[1] 这场侵袭最后演变成了一次让肯尼迪政府"栽面"的惨败。据说，肯尼迪总统严厉批评了《泰晤士报》，他认为是《泰晤士报》的提前报道导致了那次行动的不幸夭折！

（孩子们可能也在看）。1956年,"猫王"埃尔维斯·普雷斯利出现在《艾德苏利文秀》,就是一个典型的例子。埃尔维斯只是上半身出现在镜头里,这样电视观众就不会看到他在座位上来回扭动。(这在今天听起来很荒唐,但到底什么会遭到反对或不受欢迎,每个时代都有很大的不同。)另一个有名的案例发生在1952年,因为露西尔·鲍尔怀孕,《我爱露西》的故事情节也相应做出了调整:电视中的露西面对镜头可以说自己"有喜"了,但她不能用"怀孕"这个词语。即使是在20世纪50年代,这种审查对于许多人而言,也是非常荒谬的,但媒体大亨们认为他们必须严肃对待。因为很多观众有可能因为"怀孕"这个词而感觉被冒犯。

但时代在变。20世纪90年代,当电视剧《墨菲·布朗》中的女主人公宣布自己做未婚妈妈时,她说"怀孕"这个词语并没有给她带来什么麻烦。但媒体的自我审查依然存在,并将永远存在。在20世纪50年代,关于同性恋的话题是不可想象的,以至这类话题的节目根本就不会出现。在电视上,同性恋根本就不存在。但今天,人们开始意识到,同性恋确实存在。但以同性恋为主题的节目还时常会被媒体的这个或那个部门反复审查。当艾伦·德詹尼丝在情景喜剧《艾伦和她的朋友》中的角色宣布"出柜"时,好几家电视台都拒绝播放这个情节。

但是,即使那些把自我审查视为无恶意的人,也会担忧如何保障个人不公开自己隐私的权利。它们之间的界限在哪里?毕竟,每一个公众都会认为,个人有权拥有自己的私人生活。但在英国,媒体追踪戴安娜王妃直到她死,然后又继续报道她的儿子威廉王子和哈里王子的每一个动向。

以前,媒体在报道重要的公众人物的私人生活时受到很大的限制。比如,媒体界众所周知的,约翰·肯尼迪在结婚前和结婚后,无论是作为国会议员、参议员,还是总统,他都一直喜欢与女士交往。但媒体没有揭露他私人生活的这个特点。那时候,这类事情一般是被回避的,即使媒体已经发现观众对此非常好奇。然而,随着网络的出现,媒体失去了压制信息的权力。八卦娱乐的博客和挑逗性的手机照片在Facebook、YouTube和其他社交网络上接踵而来,侵蚀着公共生活与私人生活的界线。随着公众人物个人隐私在网上洪水般的泛滥,公众已经忘掉这些信息在以前是会被限制的。

因此，你会发现，在某些情况下，一个人的个人隐私会被与其品行挂起钩来。以约翰·爱德华兹为例。2008年，当他被提名为民主党的总统候选人时，小报上刊登出一个耸人听闻的故事，说他与电影制作人赖利·亨特有不正当关系。对此，他坚决予以否认。随后，主流媒体报道了这个故事，并开始质疑他的政治前途时，他坦白了这段情史，却否认是孩子的父亲。随着媒体的进一步施压，他承认自己是那个孩子的父亲。随后，越来越多的证据指向他滥用选举活动的钱，用以掩盖他的外遇，他最后以6个重罪受到法庭指控。当陪审团裁决其中一项罪名不成立并对其他指控未做决定时，法官宣布本次审判无效。然而，早在法庭审判前，公众就看到了他的虚伪以及粗鲁地进行遮掩的企图，并认为这和他的政治品行密切相关。

媒体近些年采信的"专家"，一般都来自智库。了解这些团体的政治意图是一件好事，因为这样一来，你就能批判性地评估他们对于相关问题的分析意见。下面是被引用最多的智库（引自《号外!》，2012年6月）和这些年来它们显现出的意识所属派别。

媒体所采信的智库

智库	党派	2011	2010	2009	2008
			（排名在括号里）		
1. 布鲁金斯学会	中间派	2475	2432(1)	2370(1)	2271(1)
2. 传统基金会	保守派	1540	1260(2)	1227(2)	971(3)
3. 美国企业研究所	保守派	1312	1022(3)	946(6)	1026(2)
4. 美国外交关系协会	中间派	1090	954(5)	1083(3)	951(4)
5. 美国进步中心	稍显左翼	896	898(6)	949(5)	730(7)
6. 凯撒家庭基金会	中间派	866	1001(4)	1061(4)	584(10)
7. 卡托研究所	保守派/自由派	754	724(7)	705(7t)	601(9)
8. 美国国际战略研究中心	保守派	749	636(8)	705(7t)	778(5)

9.	卡内基国际和平基金会	中间派	613	336(15)	421(13)	300(16)
10.	经济政策研究所	革新派	602	574(10)	529(11)	606(8)
11.	美国预算与政策优先中心	革新派	599	455(12)	410(14)	335(15)
12.	美国城市研究所	稍显左翼	542	451(13)	535(10)	527(11)
13.	兰德公司	中间派	525	625(9)	656(9)	761(6)
14.	新美国基金会	中间派	484	475(11)	528(12)	349(14)
15.	胡佛研究所	保守派	436	310(16)	272(17)	299(17)
16.	国际经济研究所	中间派	293	219(22)	271(18)	277(21)
17.	阿兰·哥特玛琪研究所	稍显左翼	272	—	—	—
18.	华盛顿近东政策研究所	稍显右翼	268	—	—	—
19.	艾斯本研究所	中间派	266	179(24)	—	—
20.	伍德罗·威尔逊国际学者中心	中间派	252	—	—	177(24)
21.	政治学研究中心	中间派	247	296(18)	—	371(12)
22.	经济和政策研究中心	革新派	244	282(19)	304(16)	350(13)
23.	曼哈顿研究所	保守派	241	259(21)	235(21)	286(18)
24.	加利福尼亚公共政策研究所	中间派	212	351(14)	245(20)	279(20)
25.	新美国安全中心	中间派	189	185(23)	183(23)	—
26.	移民研究中心	保守派	—	301(17)	248(19)	281(19)
27.	电子隐私信息中心	革新派	—	275(20)	—	—
28.	联邦基金会	中间派	—	174(25)	313(15)	193(25)
29.	美洲对话	中间派	—	—	188(22)	204(24)
30.	列克星敦研究所	保守派	—	—	171(25)	235(22)
31.	政治和经济研究联合中心	革新派	—	—	—	206(23)

基于意识形态的媒体引用数字和百分比

	2011		2010		2009		2008	
保守派或稍显右翼	5300	33	4512	31	4509	31	4477	33
中间派	7512	47	7227	49	7496	51	6540	47
革新派或稍显左翼	3155	20	2935	20	2727	19	2754	20
总计	15967	100%	14674	100%	14732	100%	13771	100%

注：由于取整的缘故，个别百分比加起来可能不是100%。

来源：美国主要报纸和所选广播、电视记录。

新闻倾斜的手段

到目前为止，我们一直在关注媒体为什么要让新闻倾斜，以及新闻倾斜会如何影响新闻故事的选择。现在，我们要关注的是，新闻倾斜所使用的几种重要的手段和方法。（本节的案例主要是从报纸和杂志上选取；其实，电视台和广播电台的情形也是如此。）

故事可以渲染，也可以淡化

能引起观众极大兴趣的爆炸性新闻，总是会被新闻极度渲染。像击毙奥萨马·本·拉登的事件，关于海豹突击队的精英们在深夜执行危险使命的新闻报道，引发举国瞩目。当评论员描述对本·拉登所在的院子进行隐形袭击时，血腥的房间、支离破碎的身体、血淋淋的照片——在电视屏幕上闪现，这正是新闻编辑部喜欢的题材。甚至连巴基斯坦政府都不知道这次秘密行动，使得这个新闻题材更加吸引人们的兴趣。但并不是所有的新闻都这么引人注目，故事被渲染，常常是因为观众感兴趣，或者是出于媒体的偏见。如果兴趣不在这儿，故事或许会被埋藏，或者放置到不重要的页面，或者只是被链接到其他的故事下面。

埋葬故事最有效的方法，就是忽略它。当媒体不报道时，坏消息就不再是消息了。一个媒体调查协会在2012年度报告中指出，2011年，美国报道最少的故事之一，是美国军队研制出能够制造虚假网络用户的软件。这种虚假网络用户会像社交媒体中的真实人物一样，传播宣传美国在中东地区的政策和动向。这些虚构的人物，都有着令人信服的个人履历和背景。他们被用作心理战的武器，用来对抗半岛电视台和其他极端分子。军方保证在美国的社交媒体中不会释放出这些虚假用户，希望真是如此！

还有一些新闻被忽略，但是以不那么引人注目的方式。比如，报纸经常告知读者，哪些电影票房最火，哪些唱片卖得最好等。但《纽约时报》经常定期地将一些宗教性书籍（《圣经》之类）和哈乐昆出版公司出版的平装版的"罗曼史"系列小说从畅销书排行榜中剔除出去，即使这两类出版物在图书市场上占了很大的份额。

采用误导式、耸人听闻或是导向性的标题

越来越多的人在变成标题党，他们只读故事的标题而不看具体内容。所以，对于一个新闻来说，即使故事本身的表述是准确的，一个误导性或耸人听闻的标题也会引起很多读者的曲解。比如，《洛杉矶时报》（2010年6月16日）一篇新闻的标题是这样的："关于阿富汗撤军计划争议不断"，这个标题暗示了美国在是否从阿富汗撤军问题上观点不一[1]。但文章实际上是说，美国军方和约翰·麦凯恩都对撤军时间持保留意见。53%的美国民众认为，战争是不值得的，但那篇文章没有提到这样的反对立场。所以，标题中注明"争议"，而实际上根本就没有争议，有的只是支持军方行为一方的观点。

下面这个让人误解的标题来自"每日野兽"网站，这篇文章是关于2011年参议院表决奥巴马总统的工作法案的："在工作法案上，奥巴马损失巨大！"[2]

不！实际上不是这样的，奥巴马并没有损失巨大。尽管50∶49的投票结果，

---

[1] 引自《号外！》，2010年8月。
[2] 参见：詹姆斯·法洛．一个小小的建议：阻碍也要实事求是[J]．大西洋月刊，2012年10月．

是微弱多数，并不足以使法案获得通过。但这至少表明，更多的议员是赞成这个法案的，这个标题使得事情看起来像是遭遇了彻底的失败。同时，《纽约时报》关于这件事情的报道运用了一个不那么令人震惊的标题："奥巴马的工作法案在议会的第一次立法测试中失败"。

不，它并没有失败，它只是程序上受阻了，但后来又被重新考虑。相对而言，英国广播公司网络上的相关报道运用的是更准确的标题："奥巴马的工作法案在议会受阻"。

第一个标题利用了人们的无知，很多人不知道，要通过法案不用60：40的比例；而要取消法案，却需要获取这样的得票比例。

通过形象让新闻倾斜

形象一直在美国政治中扮演着重要的角色。这种传统最早可以追溯到乔治·华盛顿，他因为不想给民众制造错误形象，而拒绝了皇冠，并决定不再连任第三届美国总统。林肯把自己的形象渲染成在伊利诺伊州荒野小木屋长大的看林人。但在那个年代，新闻传播速度很慢，摄影技术要么不存在（在华盛顿的时代），要么还处于起步阶段（在林肯的时代）。但后来，随着电视的出现和普及，视觉形象开始处于主导地位。从约翰·肯尼迪总统和他的家庭上镜以后，越来越多的政治家们开始重视视觉形象。在总统竞选电视辩论中，肯尼迪相对于尼克松来说，令人更加印象深刻，这不是来自他辩论的内容，而是因为他英俊、温文尔雅的形象。今天，对于很多人而言，形象胜于内容[1]。

现在，照片可以快速地传播到世界各地，形象在国内和国际上都产生着巨大的力量。小布什政府就充分认识到令人不安的照片对于公众的影响，因此，覆盖着国旗的棺材从伊拉克转运到特拉华州多佛空军基地时，政府禁止媒体对此做出报道。但有时候，无论多小心，有些刺激性的图片还是会泄露出来。（有关棺材的镜头也最终浮出水面。）其中，臭名昭著的例子是，美国士兵虐待、侮辱关押在阿布格莱布监狱的伊拉克战俘，媒体的连续报道震惊了全世界。美国人被吓坏了，

---

[1] 参见：理查德·C. 沃尔. 形象的胜利[J]. 哥伦比亚新闻评论，2003年11/12月.

伊拉克人变得更加疏离，民意调查显示，布什政府的支持率直线下降，阿拉伯媒体反应激烈。尽管这些报道是不偏不倚的，但这些照片被一些反对美国干预的媒体机构利用，点燃了民众的反美情绪。在阿布格莱布虐囚事件中，图像本身就是故事。

随着战争的持续，美国国防部加强了对刊登战争伤亡信息的管制。国防部规定："没有征得军方部门的事先同意，伤亡者的姓名、视频、可辨认的书面文字和口头描述以及可辨认出的照片，都不能公开。"[1]这在美国的历史上绝对是史无前例。美国新闻机构都是通过派出随军记者和摄影师来报道战事，这些随军记者和摄影师必须与军队合作，要不就不被允许随军。问题是，没有了这些图片，公众对战争的实际情形就没有视觉感受。然而，值得注意的是，媒体对于国防部的这一新规定，几乎都没有提出反对意见。事实上，媒体对于战争报道的一些自我审查误导了民众们的看法。比如，当刊登死伤的阿富汗人或伊拉克人的图片时，他们被媒体描述为是受自己同胞袭击而非美军的袭击，这进一步暴露了阿富汗人和伊拉克人给彼此带来的伤害，而不是美军造成的伤害。毫不夸张地说，在一个越来越要依靠视觉形象来叙述新闻的时代，图片远比书面文字更有影响力。

后续报道可以被忽略，或者淡化

后续报道很少能够登上新闻头条。这主要是因为：第一，比起突发的新闻报道，后续的报道更难完成。比如，比起追踪对公司董事的法庭诉讼细节来说，关于银行破产的报道，花费的时间更短，需要投入的精力更少。第二，公众（和媒体）对于"新闻"的理念是新消息，而后续报道只是关于旧消息的更多报道，或者只是单调乏味的故事的重复。

一般而言，突发的新闻常常耸人听闻、博人眼球，但后续故事一般不足以吸引观众的兴趣，所以媒体会忽略它们。比如，2010年8月到10月间，媒体持续报道了33名智利矿工被困在智利圣何塞铜矿的故事。他们的故事艰辛、不易，充满

---

[1] 引自：帕特·阿诺. 从自我审查到官方审查[J]. 号外！，2007年3/4月。这是一篇关于钳制伊拉克/阿富汗战争新闻报道的启发性文章。

戏剧化。媒体报道了被困矿工的独特的饮食和常规运动，也报道了工程师和凿岩工的各种营救方案和各种努力，以及这些矿工的亲戚朋友们在焦急地盼望着他们的归来。当钻杆穿过坚硬的岩石后，营救工作成功在望。当营救人员克服了重重困难把这些矿工救出地面时，整个世界都为之欢呼！这些矿工比其他任何矿难的生存者在地下被困的时间都要长，因此他们受到了人们的欢呼，并收到了大量的礼物：来自川崎的摩托车，来自智利商人的每人1.5万美元的捐助。新闻报道就此宣告结束，人们都认为这些矿工从此过上了幸福的生活。然而，一年后，在营救一周年的日子，《纽约时报》和《卫报》刊登的一个后续报道说，在遭受了心理和身体双重折磨之后，这些矿工大都重新陷入了贫穷之中，一些人的情况甚至非常糟糕。但很少会有媒体继续跟踪报道他们的悲剧，人们还是一厢情愿地认为，这些矿工在继续过着幸福的生活。

后续故事很少被刊登的另一个原因是，人们的注意力很短。除了"正在进展中的"故事，比如战争，人们常常很快就会厌倦任何话题。（安迪·沃霍尔曾说过："将来，每个人在这世界上出名，顶多会持续15分钟。"现实不幸被言中。）当产生厌倦时，人们很容易就可以调到另一个频道，或者换一份报纸来看，这都是电视节目制片人和报纸编辑最不愿意看到的事情。

好吧，没人喜欢无聊！问题是，就大多数案例而言，要挖掘到意义，就必须在细节上花费很多时间。然而，10秒钟的音频新闻，已经变成了诸如"雪佛兰——美国的心跳！"或"米罗华——聪明，很聪明！"之类的标题新闻了。短，并且容易被记住，已经成为新闻取胜的秘诀。这大概也是后续报道在电视新闻里鲜有出现的重要原因。

然而，有时候，媒体也会齐心协力追踪老故事。一个例子就是内布拉斯加州的《林肯每日星报》，主编彼得·索尔特决定在每周的周一刊登他们已经报道过的旧新闻的后续故事[1]。这个栏目叫作"后记"，记者们会就报纸里任何感兴趣的话题进行后续故事的报道。比如，报纸10年前报道了一位女士做了半脑移植手术，现在，后续的报道发现，她失去了身体右半部分的功能，但却学会了走路和说话。

---

[1] 参见：亚历山德拉·芬威克. 飞镖和荣誉［J］. 哥伦比亚新闻评论，2010年9/10月．

报纸之前报道了一个男人，他之前因为导致一个13岁女孩怀孕而和她结婚，并由此入狱5年。现在后续报道发现，这个男人出狱后，他们的婚姻还在存续，并且已经有了三个孩子。这些后续报道非常受欢迎，甚至占据过新闻头版。它连续报道新闻故事的后续消息，这在新闻界是很少见的。这个栏目是如此与众不同，以至《哥伦比亚新闻评论》认为这份报纸摘取了新闻界的"桂冠"。

观点可以通过卡通和连环画传递

俗话说，一张图片胜过千言万语。这也说明为什么卡通和连环画能有效地、活灵活现地说明问题。漫画家的艺术才能能够促使我们睁大眼睛，穿透偏见，并看清楚事情的真相。

加里·特鲁多所创作的系列漫画《杜恩斯比利》尤其值得一提，因为它一直出现在报纸漫画页的最前沿，并会谈及社会性或政治学的问题，而不仅仅是带来无关痛痒的幽默笑话。《杜恩斯比利》1994年的一个系列漫画，嘲讽的是雇用"垃圾债券大王"迈克尔·米尔肯来加利福尼亚大学洛杉矶分校教商务课程的故事，非常经典。漫画中，在一个小组座谈中，米尔肯说："谁是米尔肯教授，那个创造了金融新世界的天才？是的，当然，那就是我！我做了很多事情。但最重要的是，我是一个幸存者。经过长达98页的公诉书和6页的辩诉交易协议，我存活了下来，并且还有10亿美元可以炫耀！"他的话音刚落，学生们开始重复他的座右铭："贪婪奏效！犯罪无价！人人都应这样做！"在另一个漫画系列中，米尔肯表达了自己的想法："政府监管只是个笑话，政府雇员们根本不是一个真正有远见的团队。"有一个学生提出了一个切中要害的问题："作为财经史上最大的预谋犯罪玩家，你认为你在一个国家监狱里短期被拘，没有显示出社会正义的力量吗？"对于这样的提问，其他学生却喝起了倒彩。很有趣，不是吗？即使到了今天，这幅漫画还不过时。

不幸的是，漫画这种形象生动地说明问题的方式，有时会导致被审查，《杜恩斯比利》就时不时被审查。但即使是一般的非政治性的漫画偶尔也会被审查。比如，在漫画《不管怎样》中，一个小男孩鼓起勇气告诉父母他是同性恋时，引发了父母的狂怒。关于此话题的漫画系列仅仅持续了10天就遭到了审查，并被要求马上删除。仅以田纳西州的孟菲斯市为例,大约有 2000 位读者取消订阅《商业诉求报》,因为这个报纸印发他们不赞同的漫画。作者琳恩·约翰斯顿收到了洪水般的邮件,有支持者,也有反对者。她被一些邮件中所流露出来的愤怒和憎恨深深刺痛,她说,她创作这个系列的漫画,是因为自己的几个朋友死于艾滋病,她最要好的同性恋朋友近来遭抢劫并被杀死了。"他是一个好人,是我的一个好朋友,"她说,"我想要表达的意思是,劳伦斯(漫画中的同性恋男孩)虽然与我们不一样,但他就是我们邻居家的孩子,也是我们社区中的一员。我们应该根据道德品质,而不是根据基因密码,来评价一个人。"[1]

在美国,有争议的漫画可能会被审查或被批评,但至少,它们不会像在其他国家那样,引发人们的暴力抗议。以先知穆罕默德为形象的漫画,曾经引发伊斯兰教徒长达近十年的强烈抗议。几年前,当丹麦的一家报纸刊登讽刺穆罕默德的漫画时,一群原教旨主义的穆斯林神职人员敦促中东大使馆与丹麦首相进行会谈。丹麦首相拒绝了,抗议由此升级为暴力。成百上千的伊拉克人要求欧盟道歉;巴勒斯坦人甚至袭击了加沙的欧洲建筑,烧毁了德国和丹麦国旗;成千上万的叙利亚人烧了丹麦和挪威驻大马士革的大使馆。前几年,法国的一家讽刺性周刊刊登了一幅漫画,漫画描绘的是戴着头巾的穆罕默德说:"不笑死,就鞭打 100 次!"法国的穆斯林因此被激怒,他们纵火烧毁了该周刊的巴黎办事处。在法国,从没有哪幅漫画能引发如此程度的抗议。

电视与网络

在 20 世纪下半叶,电视成为最重要的媒体,更多家庭拥有的是电视机,而不是浴缸和淋浴。(一个有趣的事实是,每个家庭平均拥有 2.5 台电视机,其中 31% 的家庭拥有 4 台或更多电视机。)无论如何估计电视对于日常生活的影响,都是不过分的。(打个比方,想一想,汽车是如何改变了整个世界的。)

比如,想一想,新闻报道是如何帮助人们消除偏见的。当一个女性,芭芭

---

[1] 引自《旧金山观察家报》,1993 年 4 月 25 日。

拉·沃尔特斯，在美国全国性的电视台向我们播报晚间新闻时，这是多么重要的事件！当一个非洲裔美国人，麦克斯·罗宾逊，向我们播报晚间新闻时，这同样是一个标志性的重要时刻！近年来，电视评论员在逐年增加。当贝拉克·奥巴马和希拉里·克林顿竞争民主党的总统候选人提名时，种族问题和性别问题在竞选报道中的位置比之前任何时候都要突出。为了说明这些问题，美国有线新闻频道引进了经验丰富的少数派分析专家，这是以前主流媒体从来没有的做法。电视节目也影响了公众对同性恋的态度，尽管同性恋的新闻播音员长久以来一直隐藏着他们的性取向，但当安德森·库珀公开承认自己是同性恋后，一切都改变了。

电视改变世界的力量，其最生动的写照，在于它对战争的性质和相关外交政策的影响。电视通过新闻直播，大大缩短了美国人卷入越南战争的时间，但是就电视如何影响海湾战争、伊拉克战争和发生在阿富汗的战争，人们却没有给予足够的重视。美国政府和它的政治盟友在减少伤亡人数（不仅仅是自己部队的伤亡，也包括敌方伤亡）方面尤其谨慎。在悠久的战争史上，很少甚至是前所未有的真实电视镜头，把越南战争中的伤亡人数，与第二次世界大战中美军和英军大规模轰炸平民的记录进行对比，这一幕，震撼了所有人的心灵。

即便是情景剧和娱乐节目在提供娱乐的同时，也会产生积极的影响。比如，在减少种族歧视和性别偏见方面，它们发挥了重要的作用，这甚至是第二次世界大战以来美国发生的重要改变之一。非洲裔美国人被塑造成中产阶级的工人，而不仅仅是看门人或采棉人；女性可以成为企业经理，而非仅仅是家庭主妇。

> 电视是人类历史上第一种真正实现民主的文化：每个人都拥有上电视的机会并且可以完全自由地表达自己的愿望。当然，最可怕的是，很多人根本不知道自己需要什么。
>
> ——英国作家　克里夫·巴克

关于大众传媒，我们要知道的是，至少有三分之一的美国成年人正在或即将成为功能性文盲，对于他们而言，一幅图画胜过千言万语。所以对于广大民众来说，电视是目前最重要的新闻来源。（同时，要注意的是，变成一个电视迷，不停地看电视，比上网搜索有趣的资料要容易得多。）

正因为此，电视需要编辑人员能及时捕捉人们的关注点和兴趣，并给人们提供相关的信息。人们的注意力总是短暂的，理解力也总是有限的，因此新闻编辑在编辑新闻时，需要做到非常及时并简单通俗，在这方面，电视新闻比任何其他媒体都做得好。然而，近来电视的现象和趋势是，屏幕上同时充斥着多个图像，并在屏幕下方配上相关的文字标题和观众互动的评论，这会严重地削弱画面的简洁性，即使是注意力非常集中的观众，也会受到屏幕上支离破碎画面的干扰而分心。

网络

在过去几年里，网络新闻的观众在激增，其数量已经超过了其他任何新闻渠道。四分之三的美国成年人都拥有笔记本电脑或者台式电脑，44%的美国人都拥有智能手机，网络的优势是显而易见的。它能提供比最好的参考书都要新的信息，它使得人们能够随时随地阅读最好的报纸和杂志，它比书本或者其他平面媒体都更容易获得信息资源。现今，在线新闻的范围在继续扩展，几乎所有的主要媒体都有网络入口，其中包括广播网络、有线电视网络、报纸和新闻杂志。此外，谷歌新闻网站在世界各地都提供了英语新闻网页，这是谷歌搜索引擎的副产品，谷歌的新闻网站从四千多个新闻网站上搜集新闻，每秒都在更新自己的新闻内容。

网络也为普通人表达个人观点提供了无与伦比的机会，它也会鼓励观众参与到新闻互动中。越来越多的网站正在尝试采用多种渠道来进行新闻报道。比如，"全球之声"的内容既来自专业的编辑，也来自世界各地的志愿报道者。在某些地区，网络已经成为新的街头公告员，它帮助公民发出自己的声音，推动着国家民主化的进程。关于这一点，再没有比席卷中东的阿拉伯起义更明显的了！人们聚集在社交媒体中，反对腐败政权，组织游行示威。数字技术的发展，使得政治积极分子能够绕过政府的控制，把他们的声音和诉求传到外界，这一点，也使得网络非常具有吸引力！手机图片帮助媒体捕捉到恐怖的场景，比如，叙利亚士兵用儿童做人体盾牌，埃及士兵剥去女性反对者的衣服并进行殴打等。网络、社交媒体和手机，给人们提供了史无前例的能力，使得人们能够记录和传送世界各地反抗运动的信息。

对于想要深度阅读新闻的用户，网络能够提供关于归档材料、相关故事、采访或照片等内容的相关链接。这样一来，网络就能比报纸和杂志提供更多的信息。比如，《纽约时报》刊登了一篇奥巴马总统亲自监督无人机袭击恐怖分子的文章，同时，该网络版的新闻网页还有相关资源的链接[1]。读者手指一划，就能阅读到奥巴马的反恐记录、奥巴马捍卫其政策的演讲以及质询总统进行该袭击的权力合法性的社论。在一个非常有争议的话题上，这样的深度背景信息充满了整个报道，从而给了网络用户一个查看相关来源、自己判断问题的机会和能力。相比之下，报纸或杂志是从不这样做的。

网络尽管是一个绝妙的获取信息的渠道，但不利的一面是，它制造了比电视多得多的次品。要让网络自己区分良莠，这需要相当高端的网络浏览器，而这在目前还无法做到。现在，网络已经被博主和各种"市民记者"所淹没。尽管与职业记者相比，这些博客的博主们在某一专门领域也许有更多的经验和知识，但他们常常会呈现出很强的个人偏见，而这一点，正是专业记者进行新闻报道时所尽量避免的。

网络的另一个不利之处在于，造成网络用户越来越多的隐私泄露问题。很多人都是通过像谷歌或雅虎之类的搜索引擎上网，在没有征得同意的前提下，这些网站或搜索引擎就获取了人们一连串的个人信息。网络科技公司会存储个人信息，用作市场调研，并常常和其他公司分享这些涉及个人隐私的数据。通过持续追踪我们在网页、邮件、社交网站和商业网站上的在线活动，它们会搜集足够的数据，创建一个关于我们的兴趣、爱好和个人信息的相当详细的文档。如果这些数据库仅仅被用于营销目的，可能是相对无害的。但相当多的个人信息，比如，关于健康或财产的数据，如果落入不法分子之手，后果不堪设想[2]。

---

[1] 参见：乔·贝克尔，斯科特·尚克. 秘密的"杀戮名单"，考验着奥巴马的原则和意志［N］. 纽约时报，2012-05-29.

[2] 关于网络隐私以及如何保护自己，更多信息可参考《事实清单 18：安全上网》，隐私权信息交流中心（www.privacyrights.org/fs/18）。

非大众媒体

大众媒体是关于突发事件相当不错的信息来源：重量级政要的讲话，道琼斯指数的波动，国会通过的法案（但不包括法案的价值、谁受益或谁受害！），诸如此类。电视在报道此类故事时，总是相当在行，至少它能提供好的视觉形象。但对于细节的挖掘以及有深度的报道，是大众媒体所缺乏的，因此，非大众媒体必不可少。

> 托德·奥本海默，作为经验丰富的记者，在谈及网络新闻报道中的"市民记者"这一栏目时，是这样看待其局限性的：
>
> ──────────
>
> ……用市民记者作为信息的来源，这的确是个好主意。比如，关于卡崔娜飓风的现场报道，或来自伊拉克战壕的士兵日记，都做得非常好。但期待业余的报道员能够区分出关于伊拉克战争谁讲的话是真的，哪些牧师有恋童癖等，却是另一码事。在严格的采访任务中，要回避哪些信息来源，如何掌握官僚机构隐藏证据的行为依据，怎样写一个引人注目却来源恰当的叙事等，明显需要技巧和专业训练。
>
> ……在每一个领域，其标准都是由专业的资深成员制定并不断地改进。这些资深专业人士通过多年的挑战，常常是伴随着痛苦的经历，才获得了这类聪明才智和技巧。他们把自己的所学传授给有进取心的新人，这些新人都要经历被前辈要求很高的学徒期，才能胜任自己的工作，这就是每个工作领域是如何达到它的理想状态的。就媒体而言，这些标准涉及记者良好的写作

> 能力、记者本人的公正和独立信念，对信息的全面和准确的判断，以及对道德问题的灵敏的判断。
>
> ——引自《充分了解，但具体是指什么？》，
> 《旧金山纪事报》，2007年6月17日

一些商业运营的频道确实会提供相当好的、有深度的调查性节目，如《60分钟时事杂志》《夜线》和《20/20》。毫无疑问，美国公共广播公司提供了最好的日常电视新闻，它提供了深度报道和新闻分析，如《整点新闻》《查理·罗斯秀》（就各种各样的尖锐话题进行采访）和《比尔·莫耶斯日志》（对新闻的分析）。在很多时候，美国公共广播公司都是电视上的最亮点。但那些有线电视观众，也可以收看发现频道、国家地理频道、艺术与娱乐频道和C-Span频道，当然也包括美国有线电视新闻网等。有线电视给观众提供了相当均衡的新闻报道。然后是美国全国广播公司的两个新闻频道、福克斯新闻台和介绍科学方面新闻的《新星》（隶属美国公共广播公司）——一个优秀的介绍科技前沿新闻的节目。

即便如此，电视还是很容易被一些日报尤其是小规模发行的杂志和期刊盖过风头。大众媒体，甚至是大城市里的报纸，一般聚焦的是当下流行的时事，因此会忽略一些话题，而这些话题具有成为重大新闻的巨大潜力。一些发行量很小的报纸杂志会捕捉到这一切，从而成为大众媒体的有益补充，比如《号外！》。它履行起了评估新闻报道的媒体监督责任，报道了大众媒体未能报道的新闻，那就是，2007年5月，美国联邦调查局局长詹姆斯·科米关于窃听的证词[1]。整个故事不仅扣人心弦，而且暴露了司法部门的幕后企图，让人非常不安。2004年，当美国司法部总检察长约翰·阿什克罗夫特因胆囊手术而住院时，科米成为司法部代理总检察长。他拒绝签署延长窃听的计划，因为这个计划被司法部法律顾问办公室认定是不合法的。就像黑色电影的经典情节，那时的白宫办公厅主任安德鲁·卡德

---

[1] 参见：彼得·哈特. 是非法的，但没有新闻价值[J]. 号外！，更新于2007年6月。

和法律顾问艾伯特·冈萨雷斯匆匆地赶到阿什克罗夫特的病床边，劝说这个病重的人否定科米的意见。同时，科米和美国联邦调查局局长罗伯特·米勒听到了风声，他们冲到医院进行干涉。最后，阿什克罗夫特拼尽全力，控制住了这个紧张的场面，戏剧性地捣碎了白宫的企图。这真是个令人震惊的重要新闻，媒体本来可能为此愉快地忙一整天，但事实并非如此。《纽约时报》和《新闻周刊》在2006年轻描淡写地提到了此事，但对于科米在司法委员会的证词却鲜有关注，只有《华盛顿邮报》批评了总统，认为他在继续推行一项司法部认定为非法的行动计划。《号外！》指出，这次意义重大的丑闻，甚至从来没有出现在大众媒体上。而正是因为非大众媒体的努力，才使得我们注意到了这种内幕。

然而，挖掘世界上到底发生了什么，不只是为了在大众媒体与非大众媒体之间做出对比和区分，更重要的是，这是一种学习方式，它教会所有的媒体如何选择，如何把珍珠和次品区分开来，分清良莠。比如，那些对科学怀有真正兴趣的人，会尽量回避一些报摊杂志，这些报摊杂志总是在尽力迎合很多人对于超感官知觉故事的兴趣，它们总是在想尽办法引起轰动以提高销量，因此，它们报道的科学新闻是不足信的。

现在，相比之下，非大众媒体包含了更多的珍珠，而且在讨论世界上发生了什么事方面，其整体上要比报纸、电视甚至是大众畅销书，都更为熟练。很多畅销书常常非常肤浅，或者是危言耸听。

尤其需要注意的是，很多著名的政要会撰写回忆录，而这只不过是他们根据自己的偏好，赤裸裸地企图重写历史。比如，总统回忆录也许是这些书中最会自我标榜的。里根所撰写的《一个美国人的生活》（西蒙与舒斯特出版公司，1990），很明显是由罗伯特·林德赛（里根称赞林德赛说："罗伯特·林德赛，一个天才作家，他一直都伴随着我！"）撰写的。同样的，比尔·克林顿的回忆录《我的生活》（克诺普夫出版社，2004），他声称全部由他自己手写而成。这本书极力渲染了他本人的成就，而淡化了他的失败（就像大部分总统回忆录一样）。乔治·W. 布什的回忆录《抉择时刻》，精挑细选了他所取得的成就，而对他的失败和失策，却一笔带过。(尽管他承认，没能够在伊拉克找到大规模杀伤性武器，他为此"痛苦不堪"！)

同时，我们也应该注意，美国国家公共广播电台在播报新闻和新闻分析方面，比其他任何电视频道和广播电台都要做得好。它推出了一些定期新闻节目，如《全面考虑》《国家对话》《BBC世界新闻》《新鲜空气》《科学星期五》和《实况播报》等，引发了广泛关注。它甚至还推出了一档网络娱乐节目《法律与秩序》，在提供纯粹的娱乐新闻的同时，还详细分析了法律系统是如何运作的。尽管这一节目在运行20多年后，于2010年被取消，但它依然值得反复观看。

近来的发展

在过去的30年，新闻业发生了急剧的变化。其中最重要的变化是，新闻所有权的日益集中，从而导致媒体权力越来越集中在少数人手里。

媒体权力的第一次小规模集中，发生在19世纪末。当时，随着媒体连锁机构的出现，媒体权力开始向少数机构集中，其中，也许最重要的是向威廉·赫斯特领导的媒体集中。这段历史被编成了故事，出现在《公民凯恩》这部经典电影里。电影里有一个很生动的情节，讲的是1898年，一个被派驻古巴的记者发回报道说，古巴没有战争的迹象，除非凯恩（代指赫斯特）愿意发起战争。这个情节已经彰显出早期媒体大亨的权力。（电影中的这一场景被很多人认为是真实的场景，它影射的是，美国之所以卷入美西战争，在很大程度上归结于凯恩出品的耸人听闻的新闻。当然，战争的因素是非常复杂的，也有可能这是众多因素之一。）

赫斯特媒体帝国的力量，在1941年再次得到了绝佳的说明。赫斯特约见《公民凯恩》的制片方雷电华电影公司，要求他们不要在全国的剧院放映这部电影。赫斯特威胁雷电华电影公司，说其旗下的报纸将拒绝刊登有关雷电华电影公司的任何广告，这对于雷电华来说，无疑是一个重大的经济损失。

《公民凯恩》被列入黑名单这一事件，很好地诠释了媒体权力集中后，其所拥有的超大审查权。在此之前，每个大城市都拥有很多家报纸和新闻机构，没有哪家小集团和个人能够有效地控制新闻行业。（这种状况一直持续到20世纪50年代，电视开始取代报纸，日益成为美国人和加拿大人的主要新闻来源。）

> 这个国家的缔造者们相信，自由的、相互吵闹的媒体，对于保障公众的自由来说，是最根本的。他们根本无法想象，大媒体企业集团的出现，及其与政府权力的融合，会产生针对公众的密谋。我想，如果他们看到这一切，肯定会感到无比惊愕。
>
> ——比尔·莫耶斯《论媒体与民主》，
> 《国家》，2003年12月15日

今天的传媒集团更令人担忧。主要的新闻媒体，包括电视、广播、杂志、报纸和网络，它们的权力集中到了极少数人的手中。独立的报纸在一些城镇依然存在，但它们的数量逐年在减少。现在，大多数大城市只有一家日报，并且通常由一个新闻连锁机构所持有。所以，今天，一个人可以在控制报纸和杂志的同时，还可以控制许多电视媒体，默多克就是一个很好的例子。他不仅控制着福克斯电视网络和《华尔街日报》，还控制着《伦敦时报》和各种杂志。

同样让人困扰的还有，这些庞大的媒体帝国，除了拥有新闻传媒外，还会有许多其他的商业投资，它们会利用媒体，为自己的产品销售和提升提供巨大的商机。它们的目标是盈利，而不是推出最好的新闻故事。下面列出的是，前三甲的媒体巨头所持有的股份：

1. 华特·迪士尼公司拥有的股份包括：美国广播公司，娱乐体育节目电视网（ESPN）80%的股份，数十家广播电台，华特·迪士尼影片公司（包括皮克斯动画公司），玄伯龙出版公司，迪士尼全球出版集团，迪士尼互动媒体集团和迪士尼音乐集团。当然，也包括迪士尼乐园、世界各地的迪士尼主题公园以及数以百计专门销售迪士尼产品的迪士尼商店。

2. 时代华纳拥有的股份包括：HBO电视网，特纳广播公司，华纳兄弟娱乐公司，时代生活国际出版社，20多家出版社（包括利特尔＆布朗出版社）和几十家网站。它还拥有一百多家杂志（包括《时代周刊》《财富》《体育画报》《金钱》和《人物》）、时代华纳投资集团和时代华纳全球媒体集团。

3. 默多克的新闻集团（在英国叫作"新闻国际"）拥有的股份包括：新闻集

团在美国的资产、福克斯电视台和世界各地近200家的子公司、20世纪福克斯、哈珀·柯林斯出版集团、《华尔街日报》、《纽约邮报》和《伦敦时报》，还有在美国、英国、澳大利亚的十几家报纸和图书公司。

还有一些大型报纸集团，比如，甘尼特公司、论坛报公司和纽约时报公司等；图书出版商有贝塔斯曼集团、培生集团和阿歇特集团等，网络巨头如谷歌和雅虎等。

为什么我们要关心媒体权力集中的问题呢？难道不是规模产生效益吗？大的新闻公司不是能更好地提供支持，让更多的记者去报道世界各地的新闻吗？对于这几个问题，答案应该是肯定的。但问题随之而来：大的新闻公司有能力支持更多的员工，但这种支持会自动转化为员工的实践经验吗？更高的报道效率，等同于更好的新闻报道，还是仅仅意味着更大的利润？媒体大亨们会为了新闻质量和客观评价，而抵制住各种利益的诱惑吗？不幸的是，所有这些问题的答案似乎都是否定的。

当漫画家丹·沃瑟曼用漫画尖锐地嘲讽波士顿美术馆和美国银行时，《波士顿环球报》阻止了这一漫画原定于美术馆新馆庆祝开业那一天的刊出[1]。在此之前，《环球》杂志也深入报道了美术馆的扩张，比如，该杂志只有56页，但美国银行的广告居然占了一整页。沃瑟曼的漫画为什么会被延迟刊出？那是因为这幅漫画讽刺的是，美术馆的一个展览，居然全部展示的是美国银行所没收的房子！

因为大的企业集团都受利润的驱动而规避风险，它们控制整个新闻行业所带来的一个后果是，近年来，新闻节目的质量逐步下滑。我们现在不再有高质量的、富有创造性的情景剧，我们有的只是电视真人秀，它只能带来廉价的刺激。然而，更为重要的是，大媒体有可能会限制思想的自由表达和交流，进而削弱民主，因为它们有能力控制新闻，能限制消息的传播范围以及来自各方面的评论，从而使新闻朝有利于它们的方向倾斜，它们甚至会直接毙掉那些威胁到它们自身利益的

---

[1] 参见：丹·肯尼迪. 当下的《波士顿环球报》所缺失的 [EB/OL]. 国家媒体，2010-11-14.

故事[1]。

另一个例子是，当《前线追踪》播放纪录片《上帝之手》时，美国公共广播公司在得克萨斯州布朗斯维尔的分支机构 KMBH 声称，他们在 2007 年 1 月没有及时得到直播录像，因此没有播放该纪录片。但很多评论家认为，该地区属于罗马天主教的教区，该地区之所以没有播放该纪录片，其真正的原因是，它的主题涉及天主教神父骚扰儿童。

另外一个让人不安的事实是，媒体集团和美国公司之间的关系密切。"项目审查"曾经做过一项媒体与大公司关系的研究，结果发现，10 家最大的媒体公司的 118 位董事会成员，同时也是 288 家国内或者跨国公司董事会的成员[2]。不仅如此，10 家媒体公司中，就有 8 家互相共有董事会成员。比如，《华盛顿邮报》和美国全国广播公司的董事会成员也是 J.P. 摩根公司和可口可乐公司的董事会成员。纽约时报公司和甘尼特公司的董事会成员在百事可乐公司也占有董事会的一席之位。

这些交互关系会引发明显的利益冲突。一家网站或报纸面对有害于与之有密切关系的公司的新闻故事时，怎么可能不当回事呢？当然不会！而如果是宣扬这些公司的产品和提升这些公司形象的新闻呢？很有诱惑力！2007 年 4 月 30 日的美国全国广播公司《今日秀》中，对波音公司华盛顿州埃弗里特工厂的视频采访，主持人马特·劳尔进行了热情洋溢的评论。他使得观众相信，波音飞机将会让旅行更舒服、更安全、成本更低，波音飞机也将会促进美国经济的极大增长。实际上，波音飞机属于美国全国广播公司的母公司美国通用电气公司，有雇员如此热爱这样"伟大的产品"，这为"非波音不乘坐"的口号做了最佳的注释。既然有这样的新闻故事，何必"再麻烦去做广告呢？"[3]

---

[1] 更多此类消息可参考：特德·特纳. 我眼中的大媒体 [J]. 华盛顿月刊，2004 年 7/8 月。在这篇文章里，特纳重点讨论了大媒体是如何把拥有不同观点但没有足够资金或影响力的独立企业排斥在外的。

[2] 关于媒体巨头与公司之间的交集，更详细的讨论可参考：彼得·菲利普斯. 大媒体与美国公司的交集 [EB/OL]. 项目审查 [2010-05-02]. http://www.projectcensored.org/.

[3] 引自《2007：我们的恐惧和喜好》，《号外！》，2008 年 3/4 月。

后记

然而，并不是所有美好的东西都丢弃了。媒体巨头确实对新闻业有腐蚀性的影响，公众的需求也的确推动了低级趣味报纸的出现，但好的新闻依然存在，并依然对我们产生着重要的影响。正如《华盛顿邮报》的传奇主编本杰明·布拉德利所言："对于媒体，的确有很多方面有待提高，但我们也必须认识到，美国最好的媒体工作者依然是我们日常生活中的非凡榜样，他们勤奋、诚实，具有良知和勇气，并有强烈的使命感，要给读者提供信息并吸引读者的兴趣。"[1]

在过去的50年里，媒体工作者冒着很大的风险，来采写好的新闻故事。当《纽约时报》刊登了约翰逊和肯尼迪政府为了发动和扩大在东南亚的战争，对公众和国会撒下一连串谎言时，他们也就揭露了越南战争的真相。接着，水门事件发生，《华盛顿邮报》经过两年努力，使得内幕终于浮出水面，最终使得尼克松总统受到弹劾而辞职。诸如此类的爆炸性新闻，新闻工作者需要具备极大的勇气和使命感，才会揭发政府的罪行。

这些标志性的故事已经获得了永久的声望，成千上万个类似的故事也出现在国家和地方媒体上。记者们不仅暴露了政府和企业的腐败行为和罪行，也讲述了日常生活中公民的勇敢故事，或是记录了人们遭受灾害、处于困境的新闻（比如，当卡崔娜飓风袭击新奥尔良市、淹没了新闻大楼时，《皮卡尤恩时报》对于这一情况的英勇报道）。在正常情况下，新闻媒体是信息的宝贵来源。关于媒体，的确有很多要批评的；同样，也有很多是值得赞扬的。

小结

1. 新闻媒体一直经历着巨大的转变。科技的进步为人们创造了了解新闻的新的方式，由此也导致传统媒体的不断衰落。新闻业的这种趋势，使得我们更加警惕，我们更要批判性地思考新闻被控制和呈现给公众的方式。关于所有新闻的来

---

[1] 摘自《美好的生活》。该书是本杰明·布拉德利的自传，记录了20世纪下半叶新闻界的很多内幕。

源，一个最重要的事实是，所有的新闻媒体都是意在赚钱的企业。所以，它们必须要处理好与观众、广告商和政府之间的关系，让观众满意，同时让广告商和政府满意。

新闻媒体通过让新闻简短易懂，来迎合观众的需要，并吸引观众的注意力，同时，它们会根据观众的兴趣和偏好来安排新闻报道。

媒体迎合广告商的方式是，压制不利于广告商及其产品的新闻。同时，它们会把广告商的产品做成"新闻"进行宣传。比如，《先锋报》就撤销了对作为其赞助商的饭店的批评性评论。

媒体也必须考虑政府的力量。政府会通过撤销经营许可证、限制接触政府文件、审查信息和对传播淫秽信息的网络进行罚款等方式，来干预媒体。比如，哥伦比亚广播公司因为在直播"超级碗"比赛中，播放了半场表演中珍妮·杰克逊有伤风化的暴露着装，而受到了来自政府的55万美元的罚款。媒体自己常常通过更仔细的自我审查来向政府屈服。比如，出席新闻发布会的记者都会非常小心，他们不会去追问过于尖锐的问题。政府控制新闻的另一种方式，是把预先准备好的报道插播到新闻中。

尽管这样，媒体自己还是有很大的权力，因为它们有能力曝光和批评它们关心的事情。最著名的例子当属《华盛顿邮报》对水门事件的报道，最终迫使尼克松总统辞职。

大公司在新闻信息方面也有很大的发言权。首先，它们常常压制不利于公司利益的新闻故事；其次，它们催生了有益于公司的新闻故事。大企业的这种权力源自它们作为广告商的力量，也源自它们影响政治家和政府的能力（主要是通过"活动捐献"），另外，这种力量也来自它们对于诸多媒体的所有权。

在实践中，媒体往往会尽力满足多方面的需求，而不是一意孤行。与权力合作而非对抗，是更有利可图的。比如，政治家和媒体记者的合作，对于政治家而言，他们得到了亮相的机会；对于媒体记者而言，他们得到了晚间新闻的独家镜头，并且是免费的。不幸的是，新闻越来越成为一种娱乐，而非信息的来源。媒体以牺牲新闻的真实性为代价，极力渲染了像杰西卡·林奇的传奇故事，来迎合观众的兴趣。

新闻采集的要义是省钱。这意味着，媒体会建立常规渠道，以便能够从那些经常制造新闻的相关方那里（有钱人、有权力的人和政府）采集新闻。真正的调查性新闻报告，需要花费的成本很高，因此在新闻中不常见。

2. 媒体往往会把观众的注意力从重要的、潜在的问题和事件上引开，而转向那些喜闻乐见的故事。这样一来，媒体就会利用普通人缺乏把握事情的能力，来左右新闻，比如，渲染名人丑闻或淡化处理一些重要的问题等。

3. 关于新闻的客观性。这一点常常被人们反复强调，人们要求新闻故事要和推测、判断、评价和诸如此类主观的东西分开。但这种理论并没有太多道理可言。事实并不仅仅是躺在那儿，等着被人发现。记者必须通过推理来得到事实。同样，到底报道什么、不报道什么，这取决于记者和编辑的价值判断，这样一来，新闻和评论就不能完全分开。

然而，在实践中，客观性的实际作用就是保证媒体在判断和评价方面，与主流社会的共识保持一致性。比如，媒体企图通过"不偏不倚"来表现的客观性，实际上导致我们只听到民主党人要说的，而不是共和党人要说的。

客观性理论要求新闻报道要与判断、推测及背景性信息分开，大众媒体在解释事情为什么会这样时，往往非常简短。当然，记者在他们报道的话题上并非都是专家，但他们仍然需要看上去权威一些：好像知道他们在谈论什么，而不管实际上他们到底是否知道。

媒体在呈现专家的观点时，一般都非常谨慎。它们想尽可能地协调所有相关的权力派系。所以，咨询权威人士时，媒体往往尽力做到不惹怒观众，其结果常常会导致愚蠢的高谈阔论。比如，电视上几乎所有的政治讨论，都必须保持政治正确。

媒体会自我审查。这可能出于爱国目的（在战争期间），或者是为了安抚观众或广告商，或者是避免惹上麻烦。比如，在以前的电视节目《艾德苏利文秀》中，在采访"猫王"埃尔维斯·普雷斯利时，镜头都是对准他的腰部以上。这样一来，观众就看不到他腰部的来回扭动，这个节目也就不会惹恼观众。

4. 媒体让新闻倾斜的方式。包括渲染或淡化故事，运用误导性或耸人听闻的标题，省略或淡化后续故事，用（或不用）充满感情的语言，用暗示性的图片，用漫画表达观点等。比如，漏报在伊拉克战争期间大批伊拉克人的流离失所。

5. 电视是街头公告员、验证人和消息的秘密来源。它是政治竞选的主战场，是重大新闻传播的主要媒介。

这使得电视比其他媒体的权力更大。实际上，电视能够影响它所报道的世界事件的进程。比如，伊拉克战争初期，电视报道的方式使得战争得到了公众的支持，但到后来，电视对战争内幕的否定性报道，又使得公众反对战争。

电视节目也具有积极的意义。甚至黄金档的电视娱乐节目，也发挥着重要的作用，比如，娱乐节目讲述了在工商业界的黑人及女性从事的重要工作，从而帮助人们打破对种族、宗教和性别的偏见。同时，电视新闻节目雇用非洲裔美国人和女性做主持人，也产生了积极的社会影响。

6. 在过去几年里，网络新闻观众的增加已经超过了其他任何新闻渠道观众的数量。网络为人们在接触新闻、获取有用的信息和参与公众事务方面，都提供了无与伦比的机会。但因为网络的副作用，我们对网络新闻要提高警惕，保持批判性思考。比如，"市民记者"和博主容易表达过于强烈的偏见或误传新闻。关于网络，我们要关注的另一个问题是隐私保护。当谷歌或雅虎这样的搜索引擎不经我们同意，就定期搜集关于我们的数据时，就是在侵犯我们的隐私。

7. 尽管大众媒体是报道突发新闻更为合适的渠道，但一些非大众媒体在分析、提供背景信息和调查报告方面做得更好。

美国公共广播公司就是一个比较好的新闻来源。在提供背景性信息和分析方面，它比其他同类的大众媒体做得都要好。而一些小范围发行的杂志比美国公共广播公司和美国有线电视新闻网要好得多，它们被精心制作，以吸引更高端的观众，比如，《华盛顿月刊》的政治报道。

但关键是选择，而不是大众媒体与非大众媒体的对立。不仅仅是在电视、报纸、广播和杂志方面，在图书方面也是如此。畅销书比起那些不怎么畅销的书而言，一般含金量都比较低，因为大众的兴趣往往比较单一。比如，*Omni*杂志与《发现》杂志相比，前者明显是在编凑科学故事，以吸引大众的兴趣。（另外，总统回忆录和其他政府高官的回忆录往往是假冒伪劣产品。比如，乔治·W. 布什在自己的回忆录《抉择时刻》中，精挑细选的都是他的成功事例，对于失败，他绝口不提。）

8. 媒体界近来发展的不好趋势是，媒体权力越来越集中在媒体巨头手里。比如，华特·迪士尼公司拥有美国广播公司、数十家广播电台、数以百计迪士尼商店等。尽管理论上讲，规模能催生更好的新闻报道，但到目前为止，并非如此。

第十二章
掌控世界观的教科书

≫≫

谁不了解自己出生之前的世界，谁就永远是个幼稚的孩子。

——古罗马政治家、哲学家　西塞罗

一个高中教师的职责，归根结底，是代表我们所有人告诉孩子：他们生活在怎样的一个世界；同时，若有可能，捍卫他们的前辈在这个世界所扮演的角色。

——美国作家、评论家　埃米尔·坎布亚

一个只在学校受过教育的孩子，等于没有受过教育。

——美国哲学家　乔治·桑塔亚那

对于香肠和法律是如何炮制出来的，人们知道得越少，晚上他们睡得就越香。

——普鲁士王国首相　奥托·冯·俾斯麦

德国教会我，如果不加甄别地看待国家的历史，就会奴颜婢膝地接受它的现在。

——汉斯·施密特

如果一个国家希冀在愚弄民众的同时，拥有自由，这个愿望从来没有实现过，将来也不会实现。

——第三任美国总统　托马斯·杰斐逊

公办学校是我们成长时期了解世界最重要的方式。虽然现在我们会认为，学校是一种理所应当的存在，但是在18世纪，当美国宣布独立时，公立学校是一种全新的想法[1]。开国元勋们格外关心新成立的美国的稳定问题，因为这么脆弱的政府之前从未经历过如此大规模的变革。他们担心美国会像罗马帝国那样，因内部派系斗争和公民渴望权力而走向自我毁灭。他们相信，阻止这种灾难发生的方法就是，让年轻人，无论出身贫穷或富有，都接受学校教育，从而成为好公民。这样做，显而易见的原因是，让学生掌握最基础的学科如英语和数学；但最主要的原因是，确保公民效忠于国家，而不是效忠于个别的派系，从而维系和传承先辈们创立的民主理念。他们坚信，实现这个目的的途径就是义务教育，虽然这是一个漫长的过程。直到1852年，才出现第一个州——马萨诸塞州，要求人人都要上学。然而，早在1825年，纽约州就通过法律规定，要为诸如英语、算术、历史等公用教科书提供资金资助。正如人们所预见的，历史教科书是培养忠诚公民的主要工具。

到如今，教科书已经走过了漫长的道路。对于历史学、公民学以及社会学教科书而言，它们具有相似但不太明显的目的，那就是让学生为自己的国家感到骄傲和自豪。在这些教科书中，国家领导人被尽可能地美化了，他们的缺点都被掩盖掉。历史教科书经常歪曲历史：它总是放大国家的优点，掩盖国家的缺点。由于在年轻的时候我们就被灌输了关于国家的观念，所以对我们来说，在成长过程

---

[1] 参见：E. D. 小赫希. 美利坚民族的诞生 [M]. 纽黑文：耶鲁大学出版社，2009.

中，清楚地了解我们被告知的事情是否准确是非常重要的。

我们可以检测一下公立学校所使用的那些经典的教科书。对于大多数老师而言，他们终究还是倾向于把课程设计与课本内容协调起来。对于历史课程来说，更是如此，因为课本是课程的支柱。由于大多数中学历史老师并没有主修或辅修过历史专业，他们对课本的内容非常依赖。在一些国家，例如日本和新加坡，它们的历史老师通常是历史学家，因此，他们可以运用自己所拥有的知识对课本内容进行补充，进而也能从他们的知识领域出发来指导学生。但在美国，很多老师获得信息的渠道和学生是一样的。因此，在美国，评价和反思历史教科书是非常重要的。让我们先来关注历史书是以哪些方式来讲述美国历史的。

高中历史教科书

教科书的内容不是一成不变的，其内容和质量时常会做出调整。

好消息

好消息是，从 1960 年以来，高中历史教科书的质量不断改进和提高。在这些改进中，最重要的是对于非洲裔美国人的态度。此前，对于黑人，教科书几乎是绝口不提的。现在，黑人被提及了，当然一同被提及的还有奴隶制，以及《解放黑人奴隶宣言》对奴隶制的废除。常用的例子是两位黑人代表：政治家、教育家布克·T. 华盛顿和教育家、农业化学家乔治·华盛顿·卡佛。但是，到了 20 世纪 70 年代，几乎所有的关于历史和公民学的教科书又被进一步修订了，它们包含了更多、更公正的关于非洲裔美国人的内容，以及他们在美国历史上及日常事务中发挥的重要作用和价值。

紧随其后改进的，是对待其他少数群体以及女性的态度，而这一切，体现于他们在国家事务中角色的变化。老版的教科书中没有提及，那些来自欧洲的探险家们对印第安人所犯下的暴行，以及随后政府对他们的镇压。今天，几乎所有的教科书都记载了被称为印第安人"血泪之路"（美国切罗基族印第安人被迫离开他们在南方的家园，迁徙到俄克拉何马地区）的美国"西进运动"，而且还会提到第二次世界大战期间，集中营对日本人的非法监禁等。

对待少数群体态度的改善，使得现在的教科书已经向客观描述美国历史迈出了稳健的一大步。美国对其他国家的干涉也会被涉及，比如，美国中部和南部所谓的"香蕉共和国"[1]，也在暗示一些历史的细节。（尽管关于那些肮脏的细节，教科书并没有进行更深入的论述。）

> 有些人在成长的过程中读了很多书，但并没有变得聪明起来。他们很少怀疑自己的不足，转而常常抱怨书本中的词语生僻，句子晦涩，内容难以理解。
>
> ——英国作家　塞缪尔·约翰逊

坏消息

是的，坏消息！

历史教科书内容单调，而且篇幅过长

公立高中的历史教科书，内容都非常单调，而且废话连篇，充满歧义，只有极少数聪明而又勤奋的学生，能够透过教科书中字里行间的内容，把握到国家真正的历史。如此一来，这些教科书就很难吸引学生的兴趣。这些教科书涵盖了太多的素材，却被压缩进了简短的章节，这就挤掉了历史上惊心动魄的细节，去掉了人物的鲜明个性，抽走了故事的鲜活生命。在世界上的一些地方，比较畅销的历史教科书有的长达一千多页（重3.4千克），并附有大量的辅助材料、练习题、案例以及生动的图片。但是，在美国历史上，从没有出现过这样的教科书。

学生就像雪球一样，被一个又一个单调的历史事件包裹得越来越厚，这种情况在美国司空见惯。几乎所有的教科书都是由多个作者联合编写的，这会导致群体思维削弱个人观点，淡化处理他们之间的分歧，把教科书简化成了一大堆无聊信息的罗列。其中的一些信息，即使是历史学家有时也不能一一识别。比如，

---

[1] 这种表达方式来自联合果品公司多年来控制很多国家政治事务的方式。

19世纪早期在大选中落选的副总统候选人有哪些？对于这个问题，历史教科书会罗列一个又一个细节：1816年的选举、1820年的选举、1824年的选举等，而且还把这些候选人身上有趣的话题统统挖掘出来，但却忽略了美国社会制度中那些闪光点，而后者才是最重要的。

> 过度的冗长，事实的罗列和堆砌，使得很多书不仅仅是单调、单调、非常单调，它们还会很重，很重，超级重！现在，放学后，学生会把这些书放进书包里带回家，家庭作业已经是如今教育系统中的一个常规现象（而在以前，教育根本不是这个样子）。
>
> 这样的教育机制，使得公立学校的学生经常腰酸背痛。波士顿西蒙斯学院的调查研究发现，有三分之一的学生说他们有时候背疼得厉害，以至错过了整天的课程，或者错过了体育课，或者需要去看医生。
>
> 所以，当今投入使用的过度冗长的教科书，不仅没有提高学生的理解力，而且有害学生的健康*。
>
> *相关例子可参考《沉重的书包》，《旧金山纪事报》，2001年2月14日

这种罗列事件的做法，让学生获取的只是各种死知识，很难让学生活学活用。很多调查研究的结果都支持这一看法（比如，很多学生认为，J. 埃德加·胡佛是19世纪的总统，杰弗逊·戴维斯是一个吉他演奏者，苏格拉底相当于印第安酋长）。总体而言，学生好像并没有掌握一种全面的视角或者大概的知识，而这些东西比那些堆积如山的琐事更为重要。比如，学生只要知道国家大概的人口数量和领土面积就行了，没有必要知道精确的数字。现在，很多学生对于一些重大事件，要么其看法与主题差得太远，要么就是一点看法也没有。

然而，实际上，美国人从来没有实实在在地了解自己的历史。1915—1916年的专家调查研究表明，得克萨斯州的学生分不清托马斯·杰斐逊和杰弗逊·戴维斯，除此之外，他们也很难区分1492年和1776年两个年份发生了哪些事情。到

了 1943 年，这种情况仍然没有较大的改善，在 7000 多名大一新生中，只有 6% 的人能说出 13 个殖民地的名字[1]。2011 年，马里斯舆论调查公司的一项民意调查显示，只有 58% 的美国人知道自己的国家是在哪一年宣布独立的，25% 的人不知道美国是从哪个国家独立出来的。是我们应该做出改变的时候了！

教科书是学生和老师获取历史知识的主要途径，为了吸引读者的兴趣，并使读者能充分理解重大的历史事件而又不必陷入琐事之中，是该去修订我们的教科书的时候了！只有这样做，历史教科书才会更有意义，读者也更有可能去牢记真实的历史。

历史教科书已经被过分简化

在过去的几年里，很多教科书在词汇和句法结构方面，已经被过分简化。简化后的教科书，其危害性表现在：第一，虽然一些教育者更喜爱简化后的教科书，但简化后的教科书不能有效地提高学生的阅读能力；第二，用简化的语言形式呈现高难度的素材，会迫使作者把复杂难懂的素材过分简化。

现在的教科书最令人恼火的是，它们经常向学生提问一些极其愚蠢的问题，比如："这张照片给出了什么证据来证明他们的贫穷程度？"事实上，这张照片清楚地刻画出了人们正处于极度贫困之中！还有所谓的"批判性思维"工具栏，比如："在水门事件和尼克松辞职之后，你认为美国人会寻求什么样的总统？"像这些问题根本不需要批判性思维就能回答。

历史教科书在多元文化主义上容易走极端

在最近几年里，历史教科书大体上反映了一种趋势，那就是教科书过分重视那些需要改进的地方。在公立学校的教科书中，少数群体和女性一度被严重忽视，但他们现在受到极端的关注，却有点矫枉过正。借用当今的术语，历史教科书已经有了政治正确性和多元化的特点。

很多负责审核教材的著名历史学家和学者对这种趋势进行了批评[2]。一本被广泛采用的历史书，用 10 页的篇幅介绍美国的本土文化，用 6 页介绍奴隶的西非背

---

[1] 统计数字来自：尼克·鲍姆加登. 成绩单，到底是谁的？[J]. 纽约客，2011-06-27.
[2] 参考托马斯·布朗·福特汉研究所于 2004 年发布的《高中历史教科书的消费指南》，这是教科书评价的优秀资源。

景，但对欧洲白人殖民者的背景介绍不到 5 页，这实际上是对事实的严重歪曲[1]。此外，这本书还用了几乎相等的篇幅来介绍 1 个世纪前欧洲、亚洲、西印度群岛以及墨西哥的移民，但却忽略了同一时期十分重要的犹太移民。

类似的歪曲也发生在世界史的教科书中。为了避免民族优越感，它们对世界上所有的文化和文明，都给予同样的关注和敬意。这种推崇文化相对论的做法，会使学生误以为所有的文化都是同等重要的，而事实并非如此。此外，这些历史教科书会严厉批评西方文化的缺点，但会忽视或绕开其他文化的不足。比如，一本很受欢迎的教科书批评了中世纪天主教会的性别歧视，却没有批评伊斯兰教对妇女的歧视[2]。事实上，自 2001 年 9 月 11 日以来，教科书就开始对伊斯兰教文化进行更谨慎的处理。另外，教科书中没有提及韩国、菲律宾、中国等地成千上万的"慰安妇"，以及性奴隶的血泪史。为了避免冒犯来自任何文化的人们，教科书通过压制事实而扭曲了历史。

美国历史被扭曲了

今天的历史和社会研究教科书最严重的缺陷是，它们仍在歪曲历史，歪曲美国的社会政治体系实际上是如何运作的，即使这种歪曲没有以前那么严重了。尽管那些最终决定该采用什么样的教科书的人，他们自己也肯定不想编纂一本离事实相差太远的教材，但他们编纂教科书的初衷，和我们的开国元勋们还是一致的，那就是培养忠诚的公民。

而要实现这一目标，教科书就编造了关于民主的例子。历史教科书中经常出现的一个传说是，美国是一个没有阶级的社会，它为所有想改善生活、改变命运的人提供经济上和社会上的一切可能性。毕竟，美国梦正是基于这样的观念——美国是一个充满机会的国度，一些人也的的确确做到了出人头地。然而事实上，更多的人仍滞留在他们出生时所处的阶级。2011 年佩尤研究中心的一项研究发现，经济收入排名前五分之一的美国家庭，他们所培养的孩子中，62% 的人的经济收入仍处于美国经济收入的前五分之二；而处于经济收入排名后五分之一的家

---

[1] 引自《美国人》，波士顿：麦克道格尔—李特尔出版社，2003。
[2] 引自《与今日相连》，新泽西桑德河：普伦蒂斯·霍尔出版社，2003。

庭所培养的孩子，65%的人的经济收入仍处于美国经济收入的后五分之二。事实上，和西欧、加拿大等国家相比，美国的经济流动性更弱。其他的相关研究也表明，社会阶层是一个预测人们健康、工作和经济地位相当可靠的指标。在教育方面，社会阶层可以比其他因素更好地预测大学入学率，另外，美国学术能力测验（SAT）的分数也与社会阶层密切相关。有时，这些研究会被刊登在新闻上，但它们不会被载入历史教科书中。

不但美国的社会结构被歪曲了，而且美国国家领导人也被描述得比现实生活中更好，他们都披上了一层华丽的外衣，掩饰着自身的缺陷。（当然，本尼迪克特·阿诺德之类的人除外，因为他们的违法行为是不能被掩盖的。）就拿西奥多·罗斯福来说吧，他被人们亲切地称为"泰迪"（泰迪熊就是以他来命名的），在几乎所有公立学校的教科书中，他都被描绘得近乎完美无缺。他被描述成一个精力充沛、进取心十足、充满活力、勇敢、反托拉斯的环保主义者、改革家和进步分子，他反对大企业的垄断。总的来说，他就是一个伟人[1]。

或许罗斯福是这样的人，但是，任何一本教科书都没有向学生讲述老好人泰迪的另一面。教科书没有把他描述为嗜血的偏执狂，虽然他非常勇敢，但是在美西战争期间，他陶醉于他亲自参与并见证的屠杀之中；一个在纽约征兵暴动中30人被射死后，表达欢愉之情的人；他认为屠杀印第安人是合情合理的，理由是，和野生动物相比，印第安人的生活更没有意义、更卑劣、更残忍。他曾经说过："能够控制别人的伟大的种族一定是好战的种族……战争的最后胜利比和平的胜利显得更加伟大！"这可不是泰迪熊说的，这是泰迪·罗斯福的原话。（历史教科书也曾错误地鼓吹罗斯福在美西战争中的作用，事实上，这场战争是以美国黑人战士的付出和牺牲为代价的。）

---

[1] 罗斯福在建巴拿马运河中持续的阴谋诡计，现在看来，肯定是政治不正确的。以前，修建运河一直被人们认为是他最辉煌的成就之一。

> 历史研究的核心是争辩，但是，争辩的不确定性和偶然性都被历史教科书剔除了。教科书必须假定它对事件的概述和意义的分析是正确的。但事实上，每一本教科书在其中立的外衣下都隐藏了一些观点，比如，作者和编辑会选取一些解释，并抛弃其他见解；选择某些事件并认为它们是重要的，忽略其他一些事件并认为它们是次要的。这些都隐含着作者和编辑的观点和看法。甚至当他们在侧边栏就一些问题插入其他观点或相反观点时，他们也在刻意制造一种假象，好像所有问题都被解决了，而事实并非如此。伪装客观和权威，实际上就是歪曲。
>
> ——戴安娜·拉维奇《语言警察》

令人尴尬的事件和话题都被删去或者淡化了

彻头彻尾地说谎是社会所不允许的，但是教科书的编撰者用其他方法来处理这些问题，以满足社会和政治的各种要求。其中，最常用的方法就是完全删除那些令人尴尬的历史事件或事实。比如，中央情报局的很多"肮脏的把戏"，还有其他一些对外国事件的干预，都被删掉了。（有趣的是，里根总统任职期间所发生的"伊朗门"丑闻，却经常被提及。）同样，虽然几乎所有的教科书都会详细地描述第二次世界大战，但是它们却不会提及对东京可怕的风暴似的轰炸，而实际上，在这次轰炸中死伤的人数，远多于我们向日本投放原子弹所造成的死伤数目。教科书也从来不提及美国和英国空军对德国平民有预谋的轰炸，在这场轰炸中，伤亡的大部分是妇女和儿童，美英以此来瓦解德国继续战斗的意志。

有时候，这些尴尬事件还通过过度简化的方式，被很好地掩盖。比如，现在的历史教科书，不像过去的历史教科书那样详细了，它们的确告诉读者，在美西战争结束之际，美国军队和菲律宾游击队两方之间发生了冲突和交战。交战原因是美国占领菲律宾群岛之后，菲律宾游击队企图获得独立。但教科书的概述如此简洁，以至掩盖了美国征服菲律宾所使用的极其龌龊的方式。在很多教科书中，关于美国与西班牙的战争，它们仍然会花费相当多的篇幅来描述，但是对反抗美国的菲律宾爱国者描述得极少。事实上，美国为迫使菲律宾人民屈服所进行的战争与抗击西班牙的战争相比，前者死亡的人数更多，遭受的破坏更严重。

那些单纯的读者很难看穿这些对尴尬历史的处理方式。他们特别想要去相信，美国是非常伟大的。随着我们的成长，大量的经验会迫使我们去发现自己国家的缺点。

在一些爱国战争如"二战"中，美国被描述成一个骄傲而纯洁的角色。但假设美国战斗部队所遭受的痛苦和死亡，也以某种方式被阐释出来，可能会使学生理解自己的国家做出了怎样的牺牲以及忍受了何种痛苦。比如，在1944年6月6日，几千名美国士兵在法国的诺曼底沙滩上丢掉了他们的性命，这展现了美国士兵的勇敢和自我牺牲精神。同时，这也会告诉我们的学生，现代战争的真正面目：密集的机枪是如此厉害，当人们处于这样的可怕境地时，必定会被摧毁；飞机在天上密集飞行执行轰炸任务，尽管知道炸弹迟早要爆炸，任务执行者也会被杀害，但他们还得选择前行；战友的脑浆可能会突然溅你一身；潜艇上溺水的人们垂死挣扎；坦克里的士兵被焚烧成灰，士兵被敌军炸成肉酱等，这才是现代战争的真正面目。

一本典型的高中历史教科书

《美国：直通现在》是一本历史教科书，它有1187页，双栏印刷，里面运用了各种各样的教学工具（图表、批判性思维问题等）*。这本教科书也充斥着一个又一个的美国历史事件，它们均以平淡无奇的口吻讲出。比如，对于1880年总统选举，它是这么概述的：

随着1880年总统选举的临近，共和党分化为三派。强硬派当属参议员康克林及其追随者，他们坚决拥护政党分赃制；中间派当属缅因州参议员詹姆斯·G. 布莱恩及其追随者，他们希望在保持对党忠诚的同时，改革政党分赃制；独立派的共和党人反对政党分赃制。后来，来自俄亥俄州的国

> 会议员詹姆斯·A.加菲尔德赢得了共和党的总统提名，而加菲尔德是属于中间派的。为了平衡选票，共和党人选举切斯特·A.亚瑟为副总统候选人，而亚瑟属于纽约的强硬派。
>
> 　　最后，加菲尔德险胜民主党候选人温菲尔德·斯科特·汉考克将军……
>
> ────────────────────────────
>
> 　　真是很动人啊！但有多少学生能从这沉闷的叙述中，获得哪怕是一点点信息呢？
>
> ＊引自：安德鲁·R. L. 凯顿，伊丽莎白·伊斯雷尔·佩里，艾伦·M.温克勒．美国：直通现在［M］．纽约：普伦蒂斯·霍尔出版社，2000.（关于这本教材的评论，刊登在《教材书信》（1999年3/4月），这是一个关于初高中教科书的很重要的杂志。）

> 谁控制着过去，谁就能控制将来；谁控制着现在，谁就能控制过去。
> ——乔治·奥威尔《一九八四》

　　现在，战争中的暴力也被遮盖了。2007年出版的历史教科书《美国人》中，关于伊拉克战争，它用了整整两页的篇幅，但没有引用一张关于死去的士兵的图片，书中也没有提及死亡人数，尤其是伊拉克人的死亡人数。该书中唯一提及伤亡之处，是这样表述的："叛乱分子以及暴徒制造了一系列的暴力行动，杀害了成千上万的人，其中包括很多美国人。"书中却没有提及美国军队在伊拉克造成的伤亡。掩饰战争的真正原因，是为了推销战争。但是，这些中学生，也许他们中的一些人不久之后将要投入战争，他们从这些数字中根本感受不到战争的真正面目。

　　就阿富汗战争而言，在反恐战争之前，很少有历史教科书会介绍美国介入塔利班组织的那段历史。正如詹姆斯·洛温指出的那样，美国的历史教科书存在着很多偏见，在他审查的众多美国历史教科书中，只有六分之一的教科书提到，在伊斯兰的原教旨主义者与阿富汗共产主义政府作战时，美国中央情报局暗中支持了伊斯兰原教旨主义者[1]。（美国政府在伊拉克的介入方式与此类似：在20世纪60年代，美国帮助萨达姆·侯赛因取得政权；1980年，当萨达姆入侵伊朗时，美国仍给予他巨大的支持。）因为美国顾问为他们谋划作战方案，美国中央情报局为他们提供武器，这些原教旨主义者控制了阿富汗政府，之后他们继续庇护奥萨马·本·拉登，以及萨达姆的恐怖分子训练营，而正是这些恐怖分子最终炸掉了美国的世界贸易中心，这就是我们与阿富汗作战的原因。但是，在大部分的高中历史教科书中，这些并没有被揭示出来。

事实上，这些历史教科书往往倾向于把美国描绘成遍布世界各地的维和部队，好像我们在全世界144个国家驻扎庞大的军队，仅仅是为了助人为乐，而不是出于经济和政治的考虑，事实却恰恰相反。我们对石油资源丰富的国家实施保护，是为了多国利益，这一点却被教科书忽略了。相反的，我们的教科书一再强调的却是，我们向落后国家提供新技术和新产品。归根结底，美国之道就是提高其他国家的生活水平，进而促进民主以及维护人权。

事实上，对美国历史最严重的扭曲是小学课本。随着学生年级的提升，教科书已经变得不那么虚假，而且也更精准了。很多人认为，小孩子还没准备好接受历史的真相，因此需要慢慢地给他们介绍这些"生活中的事实"。这种想法也有其道理，但在这里，我们强调的是，即使在高中阶段，教科书仍是被粉饰过的版本，书上的解释并不能和美国真正的历史相吻合。（公民学、政治学、政体学这类社会研究的教科书，其境地与历史教科书相似。）

教科书与教化

接下来的问题是，为什么公立学校的教科书要以上述方式编写呢？这个问题很难回答，但有一点是非常清楚的：公立学校的最终目标是把年轻人培养成能够适应成人社会的人。这就意味着，第一，要给予他们知识，因为他们需要这些知

---

[1] 参见：詹姆斯·洛温. 老师的谎言：美国历史教科书中的错误[M]. 纽约：塔奇斯通出版公司，2007.

识来成为富有成效的公民；第二，向他们灌输一些能够使他们成为好公民的价值观、态度以及行为方式。这样，教育就不可避免地涉及教化[1]。

每一个国家的历史都有自己的污点，当然也有闪光点，没有一个体系能够按照所设定的方式运转。因此，公立学校历史和公民学的教科书会不可避免地扭曲历史，以便于塑造一个"我们伟大的祖国"，让我们的国家能够以一种比现实中更好的姿态展现在我们面前。没有哪个社会想要培养心存不满的公民，那些使人难堪的历史事件总会被设法掩盖，而掩盖的方式主要取决于国家的社会和政治方面的考虑。现今，尽管学校会给学生提供准确性高和教化较少的教科书，但这些教科书仍然会在一定程度上扭曲历史。

与此相对应的是，不具有争议性的学科，比如数学，将会以一种比历史和社会教科书更直接的方式展示出来，而且教化最少。国家希望每一个人都会做算术。

具有争议性或敏感的话题会被小心翼翼地处理掉，被掩盖，或者干脆不讨论。比如，竞选捐款对当选官员的影响，最有争议的经济问题，社会公正或缺乏社会公正问题等。

一个意想不到的教育新趋势可能会扭转教科书的教化趋势，那就是教育的全球化。教育，像大企业一样，越来越全球化。由总部位于瑞士日内瓦的国际文凭组织为高中生设计的为期两年的课程（IB课程），正被遍布世界各地的数百所学校使用。除此之外，为小学生和初中生设计的课程也正在进行中。因为出版商要把书卖给国际社会，而国际社会所提供的消费者会比任何一个国家都多，因此对任何一个国家的偏见都不可能存在于教科书中。这种趋势值得我们密切关注。

教科书与政治

之前的章节在讨论大众媒体时，曾分析了各种利益集团是如何发挥他们的力量影响媒体和左右新闻的，这些利益集团包括媒体所有者、政府、大企业，也包

---

[1] 尽管编写公立学校教材的作者的主要意图是教育年轻人，但人的本性是复杂的，他们可能也有其他动机：捍卫对国家历史的集体贡献，否认或淡化集体的错误和不幸。这种动机是如何蔓延到一个人工作的内容和基调中的，很难被注意到，但当我们仔细审视时，事情就会变得很明朗。

括读者和观察者。教科书领域也是权力发挥的舞台，教科书领域的利益集团与大众媒体领域的利益集团多少有些不同，他们分别是选民（尤其是那些小学生的父母以及对此有兴趣的个人组成的团体）、教师、教育工作者、相关学者以及教科书出版商。当然，政府特别是州和地方政府在教科书上也有很大的发言权，但他们主要是对来自相关利益方的压力和对选民的要求进行回应。

在确定教科书的内容时，政治一直扮演着重要的角色。在教育领域，政治总是发挥着很大的作用，甚至普及教育的想法也曾是政治斗争的一部分。19世纪前，欧洲和美国的教育仍局限于上层阶级。事实上，占主导地位的上层阶级总是倾向于认为，人民群众处于无知的状态，就更容易被控制。（另外，他们还认为，下层阶级的人太过笨拙以至学不会阅读和书写。）19世纪中产阶级的扩大以及其政治力量的提升，是推动教育普及化的开端。甚至，教科书就是19世纪教育工作者的一项重要发明。在莎士比亚时代，研究伟大的古典文学作品及其论述方式，是学校教育的重要组成部分。

19世纪的教科书和现在的教科书一样，都具有很强的政治倾向性。比如，在南北战争过去后长达半个世纪的时期里，美国南方诸州都坚持认为，在这场战争中，南方是应该被同情的一方。然而，北方诸州则坚持认为，南方诸州背叛了自己的国家。为此，关于这场战争，出版商出版了两种不同版本的教科书。还有一个例子是，第一次世界大战后，美国退伍军人团以及海外退伍军人协会这样的爱国团体，批评教科书并没有描述和体现他们的爱国热情，而那些来自少数民族的民众也提出异议，认为他们的民族英雄也应该被载入历史书中[1]。

在20世纪六七十年代，民权运动的蓬勃发展，激励了少数民族群体反抗被"白人男性"作品所主导的欧洲中心课程。为此，高等院校又重新设计了课程，并修改了他们的阅读列表，添加了黑人作家的作品，还进一步扩充了女性作家列表。女性研究和黑人研究的课程开始在美国全国范围内出现，同性恋研究以及多元文化研究的课程也广泛开展起来。当一个运动在高等教育有所体现时，高中和小学

---

[1] 有关教科书偏见的更多的内容可参考：戴安娜·拉维奇. 语言警察［M］. 纽约：古典书局，2003：第三章和第四章。

也会受到潜移默化的影响。除同性恋者仍处于被限制状态，中学的教科书中开始出现更多的非洲裔美国人、更多的女性和更多来自其他民族的杰出的人。由于教科书的内容变得越来越多样化，围绕它们所产生的争议也越来越多。由这些争议引发的"文化战争"导致了保守派和自由派关于传统价值观之争。（然而，事实上，大多数老师在这两种争议之间的中间状态，寻找到一种微妙的平衡。）

这些文化之争一直持续到现在。得克萨斯州是教科书争论持续的战场。最近，这里的保守派和自由派的委员们正在讨论，是否要把实现了"政教分离"的托马斯·杰斐逊从历史教科书伟大人物列表中抹去。他们还投票反对爱德华·肯尼迪、希拉里·克林顿以及瑟古德·马歇尔（美国第一位黑人大法官）出现在教科书伟大人物列表中；而投票赞成把菲利斯·施拉夫利（保守派积极分子）、美国全国步枪协会和美国传统基金会（一个保守派智库）[1]加入到历史教科书中。对于得克萨斯州的学校以及他们所使用的教科书来说，这些争议和变动，大都是受了政治的驱动。不管怎样，教科书都是政治活动的风向标。

如何选择教科书

在美国，教科书都是按照该地区的意愿来选择和购买的。学校董事会或者选定所用的教材，或者向教师和校长提供列表，让他们从中选用。当然，在实际操作过程中，学校董事会将会先征求教师的建议，除非受到政治压力或接到高层的指示。而教师在选择教科书时，很自然地受到他们所受教育的影响，这样一来，他们的选择也就受到了他们所属专业的具有主导地位的人员的影响。（大部分民主国家的情形都与此类似，包括加拿大和多数欧洲民主国家。）

由公众选举产生或由官员任命的学校董事会，不仅容易被教师和教育理论家的建议所影响，而且也容易被政治团体所说服。通过这种途径，这些政治团体就间接地影响了那些打算满足当地和州委员会要求的教科书出版商。这也许就是教科书会对阶级、性别以及种族问题进行多次修改的重要原因。现在的出版商根本

---

[1] 参见：特伦斯·司达利.历史课的教学标准向得克萨斯高中生的倾斜[N].达拉斯晨报，2010-01-16.

不会使用像"人类与不断变化的世界（Man and His Changing World）"这样的标题（这个标题在 20 世纪 30 年代曾被广泛使用），也不会只用一些中产阶级白人男性的插图来对教科书的内容进行解释说明。由于少数族裔坚持斗争及其政治力量的不断增强，他们要求教科书更准确地反映非白种人、女性和其他少数民族团体的历史文化经验和贡献。妇女权益组织已经成功地降低了性别歧视语言在教科书中的使用频率，饱受争议的西方文学的范围已经拓展到囊括多元文化的作者。而这一切变化，都是由政治驱动的[1]。

还有一个问题值得重视，那就是教科书质量和标准中关于意识形态的政治斗争。在过去的 20 年间，美国的教育系统受到密集的关注和广泛的批评，教科书更是因为对内容和语言的过分简化而遭到各种抨击。教育者因此面临着提高教科书标准、规范教科书内容以及把教科书上的内容与学生成绩测试联系起来的各种压力。

在过去，学校董事会所花费的资金全部来自当地的税收（主要是财产税），每一个地区都拥有自己对教科书的选择权。而现在，学校大部分的资金都来自州政府，甚至来自联邦政府，这不可避免地会导致这样的结果，那就是学校董事会对教科书的选择权被限制了。关于教育的权力已经被从当地剥夺，归于州，甚至国家，全国的形势都是如此。现在，美国几乎有一半的州都有自己的教材选用委员会。这些委员会会对出版商所发行的教材进行筛选，他们会重点筛查那些涉及根本性或敏感性话题的书籍，以及那些小学生使用的书籍。而当地的教科书委员会必须从他们州已经确定的可以采用的书籍列表中选择。不可避免地，教科书的内容已经被州层面或国家层面的政治活动定型了，而当地董事会还必须要选用这些被定型的教科书。

大企业的力量

所有这一切，意味着在决定教科书的内容方面，大企业的力量较小。但实际

---

[1] 当然，他们之所以取得成功，也取决于普通民众态度的变化。但事情的关键还在于组织的力量，没有这些组织的政治压力，也许不会发生什么变化。在任何情况下，有组织的政治呼吁和活动肯定是人们对少数民族和女性的态度产生广泛变化的重要原因。（过去是，现在也是。）

上，出版商在教科书领域仍发挥着巨大的作用。毕竟，州和地方董事会只能在教科书出版商为他们提供的书籍中选择教科书。

现在，教科书的出版商也越来越少。出版商也要接受州和地方机构的要求和导向，尤其是加利福尼亚州和得克萨斯州两个核心州的教材委员会的要求[1]。（得克萨斯州的压力集团是非常强大的，他们在2010年对教科书的预算是5亿美金，而金钱就是影响力。）这就是出版商的力量并没有我们想象中的那么大的原因。没有出现在加利福尼亚州和得克萨斯州列表中的教科书，将会在相当长一段时间内很难出售，所以出版商不得不根据委员会的要求调整自己的出版物。（当然，仅用于某一个州或地区的低成本教科书除外。）更进一步说，当地的委员会通常也会指定自己辖区内的学校使用某种教科书，因此出版商也不得不考虑该委员会的喜好。大城市的学校董事会（要知道，美国现在是城市型社会）对于教科书出版商也有很重要的影响力。

作者如何影响教科书的内容

作者以及专家对教科书的内容有很重要的发言权。虽然这些作者也会受到政治因素和市场力量的支配，但是他们在讲述历史事实时仍要有所顾及，而且也要受到自己专业学术标准的限制。他们并不赞成曲解事实的真相（像他们所看到的那样！），他们一般也不会这样做。（毫无疑问，篮子里会有坏苹果，正如在其他领域一样。我们有时会听到一些指责，说一些公立学校的历史和社会研究教科书的作者没有抓住真实的主题。我们现在绕开这些偶尔的指责吧！）但他们也很少能够不受限制地"把所看到的事实写出来"。（我们还应该提及这样一种让人蒙羞的事实，那就是，一些在公立学校教科书上列出的作者，有时他们和这些书的撰写，几乎没有或者根本没有关系。）

虽然内容是教科书最重要的元素，但是表达清晰、生动有趣的写作风格更受人欢迎。学生面对那些写作风格浮夸、陈述无聊以及文体不清的教科书，会目光

---

[1] 加利福尼亚州的一个州委员会审核批准从幼儿园到八年级所用的所有教材；在得克萨斯州，直到12年级。但是，加利福尼亚州并没有规定各年级都使用这些教材。

呆滞，这一点也不奇怪。很多委员会的成员自己所写的书刚好属于后一类。

学生对教科书内容的影响少之又少

学生对教科书的内容也应该有间接发言权，尤其是对于教科书的风格以及难易水平。面目可憎的书或太难的书往往没人会去读。老师希望学生喜欢他们所选用的书，表现在教科书上，这就是"教化"。对于大众媒体而言，读者或观众发挥着巨大的影响力，但对于公立学校的教科书，学生的发言权很微弱。（大众媒体的大部分观众被认为是"有责任感"的成年人；而公立学校教科书的读者却被认为"仅仅是个孩子"，或者，用当前的流行语来说，仅仅只是"未成年人"！）

审查制度

一般情况下，我们很难确定教科书是否被审查了，但是，之前对州和当地董事会影响教科书方式的讨论已经明确表明，审查制度确实存在。政府机构，从联邦政府到地方学校的董事会，确实会强行修改教科书的内容（包括一些非印刷品的材料），作者也不能自由地根据自己的偏好来编写书籍。近年来，教科书的编撰者已经非常努力地调整自己的作品，以做到政治正确，这一点，和大众媒体的从业者非常相似。

一个很有启发的案例：进化论所引起的争议

所有有争议的话题都会遭受审查，或者至少被试图审查。这其中，进化论就是一个很有趣的案例，因为和其他科学理论相比，进化论与根深蒂固的宗教信仰格格不入。

从1859年达尔文的《物种起源》出版开始，进化论就遭到无数次的挑战与质疑。其中最重要的原因一直都是进化论违背了《旧约》的字面解释。1925年发生的著名诉讼案件，通常被称为"猴子审判"：约翰·斯科普斯因为违反了田纳西州的一项法律而被定罪，这项法律就是禁止在公立学校的课堂上教授进化论。后来，田纳西州法院系统删除了这条法规。1968年，美国最高法院宣布，阿肯色州禁止教授进化论的法律条文是违反宪法的行为。

在最高法院裁决后，宗教原教旨主义者发明了"科学神创论"，并试图让他们关于《圣经》的观点和进化论一起在科学课上被教授。神创论者相信《创世记》中对上帝的解释，他们认为上帝是宇宙的创造者，也是地球上每一个物种的创造者。他们排斥进化论并试图在课堂上诋毁进化论。但在1987年，美国最高法院宣布，神创论是宗教，不是科学，因此不能在公立学校的科学课上被教授。虽然最高法院的此举打击了那些倡导神创论的人们，但这并没有阻止他们在州和地方宣传自己的学说。事实上，一些学校仍然信奉神创论，而社区也会支持他们这么做。出于这种压力，很多地方也开始轻视进化论。然而，由于最高法院的裁决，原教旨主义者会避免使用"神创"以及"神创论"这样的字眼，而使用"智能设计论"来代替这些名词。智能设计论认为，生命太复杂了以至不能用进化论的模式来简单解释，一定存在着一个更高级的力量，他有目的地设计出生命，也许这种力量就是《圣经》中的上帝。

宗教原教旨主义者试图把进化论描绘为仅仅是个理论或假说，他们仍旧试图让《创世记》中记载的故事和进化论一样在课堂上被教授。公平地说，至少某些神创论以及智能设计论的倡导者认为他们的理论是科学的。因此，对于这个问题，尽管智能设计论与小布什总统的科学思维格格不入，但是他依然支持在课堂上教授这种理论。

然而，宗教原教旨主义者在试图反对教授进化论以及让智能设计论在科学课上被教授这两方面的失败，并没有阻止他们的努力。近年来，一些州和当地学校董事会以及个别学校承受的压力越来越大，毫无疑问，这是因为，在美国，人们对原教旨主义的宗教产生了越来越多的热情（其他很多国家也是这样）[1]。令人惊讶的是，美国人依然反对把进化论作为他们的基础性科学[2]。

---

[1] 然而，值得注意的是，一些变相地支持神创论观点的书有时会被公立学校采用，尤其是在路易斯安那州和得克萨斯州这样的地方，这里对于《圣经》的原教旨主义解释被广为接受。另一个有趣的事实是，犹太教原教旨主义者和伊斯兰教原教旨主义者对公立学校教育的影响已经相当微小，因为他们只构成了当今美国人很小的一部分。

[2] 这项调查由皮尤研究中心进行，其目的是服务于美国科学促进会（世界上最大的科学组织）。

2009 年，皮尤研究中心的一项民意调查显示，将近三分之一的美国人相信，人类和其他生物从生命伊始就是以现在的形式存在的（因此他们排斥和质疑进化论）；与此相对照的是，81% 的科学家认为进化论是科学定律。而且，三分之一的美国人相信，进化论是否是科学这个问题，仍旧存在争议；而事实上，并非如此。另外一个有趣的发现是，三分之二的公众非常尊重科学家、医生和工程师；但科学界高达 85% 的科学家却认为，美国人对科学很无知，更别说媒体报道的科学问题，其中大多数问题被科学家评价为一般或者很差。

进化论常常被贬为"只是一个理论"，事实上，这个概念在过去的确引发了很多争议。但随着 150 年来日益积累的实质性证据，它最终被证明是可信的。下面一个解释说明了为什么今天的科学家承认进化论不仅仅是一种理论，更是一个包罗万象的原理或定律*。

进化论的概念是属于规律层面的问题，因为它总结了大量的对有机体的观察和事实。正是通过自然选择，生物才获得了进化。在达尔文之后近 150 年的今天，我们用微观层面的基因和 DNA 的核酸碱基分子序列来解释宏观进化论。因此，把进化论的概念置于规律层面会让我们明确它的地位：它绝不仅仅只是一种理论或假说。

*引自：马丁，布鲁斯，弗朗西丝. 既不智能，也不是设计 [J]. 怀疑探索者，2003 年 11/12 月.

科学界与社会保守派之间的这种脱节，使得进化论激起了各种法庭争论，这种争论在整个美国持续盛行。美国国家科学教育中心的记录表明，仅在 2011 年，就有 7 个州提出了 9 种不同的议案，其目的是削弱进化论[1]。倡导"学术自由"的法案允许教师"帮助学生理解、分析、批判以及审查科学的优点，以及现有科学

---

[1] 美国国家科学教育中心是一个捍卫在公立学校教授进化论的组织，本文引自其 2011 年 4 月 8 日的报道《反进化论立法积分卡》。

的缺点（其中包括进化论）"（田纳西州）；或者，他们要求"彻底地展示和批判性地分析科学进化论"（佛罗里达州）。有趣的是，这项法案被6个州的委员会否决，这6个州分别是：佛罗里达州、得克萨斯州、密苏里州、肯塔基州、俄克拉何马州和新墨西哥州。尽管成千上万的科学家、教育者以及公民请愿否决这项法案，但它还是在2012年通过了。

  正如很多研究所显示的，很多高中科学老师自身的专业素养很成问题，不少老师相信神创论并且愿意在课堂上教授神创论。同样令人不安的是，有些老师虽然承认进化论是科学理论，但他们不敢给学生教授这一理论，他们害怕与学校的管理者或者是与原教旨主义者的学生家长发生冲突。因此，他们总是间接地教授进化论，比如，他们会在课堂上对进化论进行讨论，而避免使用"进化论"这一词语；或者他们会把这个话题布置成课后的作业，而避免在课堂上讨论它。

  值得一提的是，达尔文本人并不认为他的进化论与上帝的存在是对立的。事实上，在他的经典著作《物种起源》中，他以这样的话作为结尾：

    生命及其若干原初的能力是由造物主注入到少数类型甚或一种类型中去的。在地球这个行星按照引力的既定法则运行的同时，最美丽和最奇异的各种生命已经演化了出来且还在继续演化着。生命的初始竟是如此简单而生命又是多么奇妙！

  那些原教旨主义者组织不屈不挠，但他们并没有赢得那么多的战斗，其中一个原因肯定是被唤醒的科学界所施加的压力，他们担心美国新一代中科学文盲的人数将会上升。一些杰出的科学家会在前面提到的法庭案件中亲自做证，指出神创论不是科学，并说服法院裁定这些案件。然而，原教旨主义者并没有放弃战斗，事实上，在很多地区，他们取得了一些成功。在这些地区，很多家长不希望学生被教授进化论。当然，科学仍在持续地进步，当今的社会至少不会再以异教徒的罪名给科学家定罪；而在以前的时代，伽利略曾因为他的"异端学说"——地球围绕着太阳转，而遭到宗教法庭的审判。

  有趣的是，对于公立学校教科书内容的改善，至少在美国社会对待宗教问题的态度方面，宗教原教旨主义者功不可没。宗教问题在以前的教科书中很少被提及，除非是一些不得不提的事件，比如，摩门教徒在19世纪的西迁运动，以及第一位（到目前为止唯一的一位）天主教总统约翰·肯尼迪在1960年的就职典礼。现在，很多教科书开始关注宗教在美国社会中发挥的作用，即使它们的描述仍具有一点象征性的意味。

出版商的自我审查

鉴于各种利益的制衡，教科书的出版商已经变得极其谨慎，他们会尽最大的努力，不去得罪那些强大的利益集团。正如我们所看到的，出版商对于小学生的教科书尤其谨慎，因为大多数的父母都希望他们的孩子被慢慢地告知严酷的现实生活，而不是相反。（对于告诉小朋友这个世界上存在牙仙和圣诞老人，人们都达成了默契，几乎不会犯错。）

出版商这种谨慎的行为，有时却会产生非常荒谬的后果。比如，西海岸的一家出版商要求插画家把一幅梅花插图中梅花的茎移去，他们担心人们会把茎上的阴影理解为男性生殖器。一个非常大的教科书出版公司——哈考特·布雷斯出版公司，曾经要求一位画家在描绘18世纪典型的家庭场景时，把图中那位母亲身上的围裙去掉，因为围裙会被视为"贬低女性"的象征。一些出版商不允许奶牛的乳房出现在画面中，也不允许在描画小男孩的裤子时出现拉链。

过去，这个世界被描绘成一个大花园，贫民窟不存在，讨厌的人只存在于童话中，几乎所有的人都是白种人，妇女都被刻画成家庭主妇和母亲。那时候，出版商的压力与现在不同，因此他们出版的图书内容也是与现代不同的。出版商尽力使他们的出版物保持政治正确，而时代的变化对什么是正确的政治立场起着巨大的作用。

目前，教科书出版商的自我审查，其最重要的参考就是偏差纠正指南。他们都会对行为偏差和敏感性信息进行自我评价，用以纠正教科书编撰者对种族和少数群体（包括女性、残疾人和老人）的讨论方式。除此之外，他们还需要对来自自由派和保守派的压力集团做出回应。从某种意义上说，这也是可以理解的，因为从20世纪60年代以来，整个社会就强烈呼吁要消除种族歧视。但是，有时候，事情会变得矫枉过正。戴安娜·拉维奇在《语言警察》（2003）这本书中就观察到了这种情况，并对此做出了深刻的分析。她在这本书中举出了很多实例，让人们感受到教科书的作者所受的种种限制[1]。(这些都来自《斯考特·福斯曼－艾迪生·维斯理和麦格劳－希尔指南》。)

　　作者必须在教科书的文本和插图中描述相同数量的男人和女人。(尽管事实上，在20世纪大部分时间，男人一直主导着西方文化，无论我们喜欢不喜欢，这都是一个事实。)同时，作者也必须避免一些刻板印象，比如，不能把女性刻画为被动的、柔弱的、温柔的、没有逻辑的、矮小的或者容易动感情的；不能把男人刻画为活跃的、坚强的、有逻辑的、高大的或者不易动感情的。带有性别歧视的词语，比如"娘娘腔""假小子""夫人""妻管严"等都过时了，不能使用。残疾人绝不能被称为"残疾人"，而是应称为"身体有缺陷的人"；盲人或聋人也应该被称为"眼睛看不见的人"或"耳朵听不见的人"；侏儒和矮子应被称为"个子小的人"。与此同时，称某人为"正常的"或"健全的"人，也是不正确的，正确的用语是"没有身体缺陷的人"或"一个非残疾人"！

　　对民族和种族的讨论也被密切关注着。作者必须在教科书的内容和插图中，"公平公正地展示"种族、民族和性别群体。作者不能使用"原始文化"这个词语，因为那并不是原始的。用"少数族裔"这个词语取代了广泛使用的"非洲部落"，并且，他们并不是住在棚屋里，而是住在小房子里。插画家不能用明亮的颜色或图案、草帽、白色的西装，以及中产阶级的衣服来刻画非洲裔美国人。描绘非洲裔美国人时，不能展现他们住在公寓中，或开着明亮宽敞的汽车；同时，也不能展示他们住在"单调的、被白色栅栏包围的社区里"。考虑到这些种种限制，我们很疑惑非洲裔美国人会被描绘成什么样，或者换句话说，没有人再想以非洲裔美国人为主题，来写一本历史教科书。

---

[1]《语言警察》第十二章对这些偏见和敏感评论进行了全面的论述。

> 在《疯狂的教科书使用》中，小切斯特·芬恩和戴安娜·拉维奇对教科书的指南如此抨击：
> _____
>
> 现在对教科书的评价标准，不是书的风格、内容或价值，而是这些书是否迎合了荒唐的敏感指南。文学故事中的男性角色比女性角色多吗？教材描绘的是女护士或男技工这样的刻板形象吗？历史教科书有暗示宗教冲突是人类历史上矛盾产生的原因之一吗？它们提到垃圾食品、魔术或祈祷了吗？它们是否暗示年纪大的人更英明或年轻人更强壮？它们是否遗漏了一些种族、民族或宗教团体，无论这些群体是多么微小？如果答案是肯定的，好吧，它们就会被否决。

甚至科学教科书的内容也被政治正确的偏见歪曲了。在《生命科学》这本中学生生物教科书中，作者用了半页纸的篇幅来讨论纳瓦霍人科学家弗雷德·比盖对于纳瓦霍人医学的研究；与此同时，对于因发现 DNA 双螺旋结构而获得诺贝尔奖的詹姆斯·沃森、莫里斯·威尔金斯和弗朗西斯·克里克，却只字未提。在《科学发现》这本五年级科学教科书中，学生需要读完 3 页有关天气变化的阿尔冈昆人的神话，才能读到地球的倾斜以及旋转变化引起了气候的变化，并发现这些变化并不是由乌鸦的迁徙造成的。在这种氛围下，科学的正确性在逐渐减弱[1]。

非教科书也经常被审查

非教材的书籍往往也需要接受审查。对这些书籍进行审查的任务，大多是由当地学校的董事会完成的。但是近年来，州董事会也开始加入这一行列。

几乎任何类型的书籍都要被审查，尤其是如下内容：涉及所谓淫秽色情、种族或民族偏见、轻视或贬低女性，或者对不道德的生活方式进行正面描述。比如，田纳西州的学校董事会从指定书单列表中删除了沃尔特·D. 埃德蒙兹所写的《虎

---

[1] 参见：帕梅拉·R. 温尼克. 教科书中的垃圾科学案例 [J]. 旗帜周刊，2005-05-09.

帐狼烟》，因为这本书中包含了被认为是淫秽的词语，如"去死吧"和"该死的"。莎士比亚的经典名著《威尼斯商人》有时也会被删掉，因为一些犹太人反对书中犹太商人夏洛克的形象。新罕布什尔州的学校把《第十二夜》列为禁书，因为它宣扬了非正统的生活方式——书中的女主人公薇奥拉伪装成男孩，无意中与另一个女人奥丽维娅产生了爱情纠葛。

加利福尼亚州的 10 年级年度英语考试，居然删除了普利策奖得主艾丽斯·沃克所写的短篇小说《我心忧郁》，删除的理由是，这是一篇"反对肉食主义"的小说，这一点，真是愚蠢至极。或许最愚蠢、最具讽刺意味的是，《哈克贝利·费恩历险记》这本书被频繁审查。作者马克·吐温如果知道了，肯定会觉得愚不可及。马克·吐温的经典著作被两种人所诟病：原教旨主义者以及被他的宗教描述所冒犯的人。该书中的主人公哈克贝利蔑视传统美德，对于他对黑人的描述以及奴隶主经常放在嘴边的种族歧视语，非洲裔美国人感觉受到了冒犯。最近，这本书的新版本正努力地对书中的内容进行清理，它尽量删除"黑鬼"这个词语，代之以"奴隶"一词。据统计，在这个新版本中，"奴隶"这个词语被用了 219 次。正如我们所料，修订版引发了人们极大的争议，有些人认为这是在篡改经典；但也有人拥护这种修订，他们不再因为文中反复出现的"带有种族歧视"的字眼而感到被冒犯。在美国文学界，可能没有其他书会像《哈克贝利·费恩历险记》这样，争议不断。颇具讽刺意味的是，弗吉尼亚州费尔法克斯郡的马克·吐温中学居然也在书单中删除了《哈克贝利·费恩历险记》。关于《哈克贝利·费恩历险记》，最具讽刺意味的是，这本书的目的就是揭露奴隶制的罪恶，而这一点，也是今天每一个美国人应该铭记的。

书籍审查，并不是美国独有的文化现象，恰恰相反，这种审查制度，或许在其他国家甚至所有国家比在美国发生的频率更高而且更加严重。每个国家都会粉饰自己的历史，也都会对宗教问题进行审查。在德国，学校的历史教科书淡化了德国人在第二次世界大战这场可怕的战争中所犯下的暴行，这种情况从第二次世界大战结束后一直延续到现在！类似的情形，也同样适用于日本的历史教科书。对于数百万人死于斯大林的恐怖统治这件事，苏联的教科书绝口不提，它们也没有提到，很多被流放到西伯利亚的人在斯大林死后，仍然在西伯利亚工作至死。

独裁政权对于学校教育也有绝对的控制权。在萨达姆·侯赛因被推翻之前,伊拉克的教科书是复兴党的宣传战车。对于萨达姆·侯赛因的祖先,历史教科书一直追溯到先知穆罕默德的表亲,书中还把萨达姆与过去伟大的领袖相提并论。数学课本上也随处可见萨达姆的名言,而且他的名字被纳入英语启蒙书中,用于生日祝福以及歌唱父亲萨达姆。现在,伊拉克的老师正在把这些垃圾从他们的教科书中剔除。

虽然在公立学校之外,书籍审查制度不像公立学校这样普遍,但也在进行。这会明显地限制成年人和学生的阅读范围。审查者审查的重点是那些带有色情内容和危害国家安全的书籍。

与历史悠久的审查制度伴随而生的,是各种各样的禁书。早在1526年,《新约》的第一个英文译本是被禁止发行的,而且印刷版本也被焚毁。在西班牙,《新约》的第一个西班牙语版本也遭受了相似的命运。事实上,《圣经》可能是历史上遭受审查最多的书籍。多年来,《吕西斯忒拉忒》《坎特伯雷故事集》《十日谈》《摩尔·弗兰德斯》和《天方夜谭》这些书在美国的"扫黄运动"(1873年的《康斯托克法案》禁止一切色情产物的流通)中都曾被列为禁书。《芬妮·希尔》因为描写妓女的故事,自其1749年出版开始,就受到了压制。D. H. 劳伦斯的《查泰莱夫人的情人》经常因其事关淫秽而被反复审查,这种状况直到20世纪60年代才结束。詹姆斯·乔伊斯的《尤利西斯》被美国现代图书馆评为20世纪最佳小说,但是,这本小说曾因为内容淫秽被禁止发行了11年(1922—1933)。

在公立学校课堂和图书馆外,每年被审查禁止列入书单的书籍和杂志达数千本。以下是一些令人惊讶的例子*:

《人鼠之间》(约翰·斯坦贝克)

《太阳照常升起》(欧内斯特·海明威)

《麦田里的守望者》(J. D. 塞林格)

《愤怒的葡萄》(约翰·斯坦贝克)

《天使望故乡》（托马斯·沃尔夫）

《隐形人》（拉尔夫·埃里森）

《土生子》（理查德·赖特）

《美丽新世界》（奥尔德斯·赫胥黎）

《五号屠场》（小库尔特·冯内古特）

《杀死一只知更鸟》（哈珀·李）

《裸猿》（德斯蒙德·莫利斯）

《我知道笼中鸟为何歌唱》（玛雅·安吉洛）

(《美国传统词典》也被禁了，因为它包含像"球""傻子"和"尾巴"之类的"脏话"，在有些用法中把"床"当作及物动词来用。)

哦，是的，也许为了证明乔治·奥威尔是20世纪人类命运的占卜师：许多学区禁止使用1984。

*参考美国图书馆协会的《知识自由通讯》。

当美国学者谈论苏联教科书公然灌输意识形态时，他们称之为"洗脑"；但当我们的教科书暴露出偏见、成见、片面和不公正时，这却被称为"对于我们民主的一种积极看法"！

——塞缪尔·S.谢米斯

在20世纪80年代，审查更关注色情和脏话，但是随着我们进入新世纪，审查的重点开始转向巫术和魔法。在过去几年中，"哈利·波特"系列一直稳居美国图书馆协会所列出的最具挑战性书单（也就是禁书）的榜首。尽管很多读者都喜欢巫师和魔法咒语的故事，但是也有一些人会从字面上理解，觉得这是在宣扬腐败、邪恶的力量；有一些人则更关心故事背后的基督教和巫术之间的冲突；还有一些人对书中关于家庭功能障碍和暴力的描述比较担忧。在过去几年中，"哈利·波特"系列逐渐从禁书书目中消失了。2006—2010 年，最大的赢家当属《三口之家》，它讲述了一个真实的故事，中央公园的两只雄企鹅给一只小企鹅喂食。（你可以猜出来为什么这本书要接受审查了。）当该书被列为禁书时，作者一定很开心，因为一本书一旦被列入禁书就会大受追捧。但当 Ttyl 系列的图书名列 2011 年禁书榜首时，对《三口之家》这本书神奇的追捧突然就消失了。以一种及时对话风格写的关于年轻人的小说之所以名列禁书榜首，是因为该系列图书含有关于性的内容和攻击性的语言。如果童话故事也以这种风格出现，它们可能也会被禁[1]。（事实上，在过去几年里，一些童话故事一直被清理。比如，在格林原版的《灰姑娘》中，对她的继姐妹的残酷惩罚是，在婚礼上，鸽子啄瞎了她们的眼睛。但是在今天，又有多少孩子听到过这个版本呢？）

教科书无法给予学生真实的理解

现在，我们应该意识到，公立学校的教科书不能让学生真正地理解我们的历史和社会运作机制。它们无论是在时间上还是在空间上，都没有给予学生正确指导，没有帮助学生理解不同地方的生活有着怎样的区别，以及不同时期的生活有何差异。之所以会这样，就是因为我们前面所分析的教科书的缺陷以及其所面对的各种社会集团的重重压力。

教科书的这种状况，并不是一种源于美国制度的特有现象。任何国家的教科书注定都要反映自己国家的观点和利益。放弃它们，意味着我们把生活中的重要部分交给其他人控制，其后果不可想象。在努力改善教科书的同时，我们也不要忘记，迄今为止，它们已经进步了很多。

---

[1] 更多例子可参考：美国图书馆协会. 21 世纪最具挑战性的书籍［EB/OL］. 禁书. 网址：www.ala.org/advocacy/banned/frequentlychallenged/21stcenturychallenged。

还有一点，对于当今公立学校使用的教科书[1]，我们在肯定它们进步的同时，也应该意识到它们含有大量的教化内容。学生如果不加批判地接受教科书的所有内容，不对讨论的主题进行仔细思考，他们就会错失要点。对于每个人而言，重要的是，在非常重要或具有争议性的事件中，每个人应该做自己的专家，或者至少能够自主判断哪些专家的建议和观点是可信的。一个自由社会的成功，取决于它的公民见多识广，并会独立思考，而不是只会被别人灌输思想。为实现这一目标，我们已经强调了批判性思维的重要性，我们要避免推理谬误，克服妨碍有效推理的心理机制，建立良好的背景性知识储备。在批判性思维中，永恒的警觉，也许就是换取自由的代价。

关于大学教科书的补充说明

对于大学教科书，人们很自然地会关心这些问题：它们是否与公立学校的教科书一样，扭曲了美国的历史和社会运行机制？科学教科书是否对进化论进行了污蔑性的描述？如果大学教科书面对的压力与公立学校教科书一样，那么它们也会与公立学校教科书处于同样的境地（即便大学生要更成熟些）。如果不是这样，我们应该期待大学的教科书是不同的。对于这个问题，我们的世界观又会告诉我们些什么呢？

如果你还在怀疑近年来教科书的质量是否取得了一些进步，也许，你可以在下面这个片段中找到证据。这个片段摘自一本直到1970年仍在使用的教科书，它的内容非常糟糕：

当你骑马行走在田野里，路过干活的黑人身边时，他们会停下手中的活，

---

[1] 私立学校使用的历史和社会研究教科书与我们这里讨论的公立学校使用的教科书相当类似。当然，在一些顶级的私立学校里，课堂上所阅读的书目来自为成人读者编写的书籍，这些书中列举的证据更为翔实，论证更为严谨，表述也更为详细，没有被过分简化。

> 抬起头来,摘掉帽子,向你问好:"早上好,约翰主人!"你喜欢他们这么友好的说话方式和笑起来的样子,你喜欢他们露出来的那排明亮的白色牙齿。"怎么样啊,山姆?"你父亲问起其中一个黑人。"挺好的,汤姆主人,一切都好!今年棉花收成很好,我们都快摘不完啦!"说完,山姆吃吃地笑起来,又继续摘棉花,干得又快又好。
>
> ——《新共和》,1970 年 7 月 25 日
>
> ---
>
> 如果这种写作方式还不能让近年来的教科书看上去进步了很多,就没有其他更具代表性的例子了。

首先,需要注意的是,大学教科书的出版商与公立学校教科书的出版商有着完全相同的动机。事实上,一个大的出版商同时会出版多个领域的书籍。其次,大多数大学教科书是由老师自己决定的(或者如果一门课分为几个部分,就由老师们共同决定),而不是由学校董事会或州政府机构决定的。

之所以会有这样的重要区别,原因是美国高等教育的资金资助体系与中小学教育不同。中小学教育在很大程度上是"本土化的",是面向所有民众的,公立学校老师的学术自由总会受到当地学校董事会的侵犯,或者更准确地说,这些老师从来没有拥有过学术自由。老师在课堂上表达有争议的观点,几乎不受法律保护,而且,如果学校的管理者认为他们的观点不恰当,他们就有可能会被解雇。到目前为止,尽管个别案例已经提出了上诉,但是联邦法院一致的裁定结果是,教师在小学或中学课堂上没有言论自由的权利。

而美国大学是由欧洲大学(主要是德国和英国的大学)的模式演变而来的,这些学校的主要目的在于培养精英人才。教授因此被给予了广泛的学术自由。(当然,在君主制度下,他们也会受约束;在德国纳粹时期和意大利法西斯时期,当时的教授也没有学术自由。)欧洲大学的这一学术传统移入美国后,其所带来的结果就是,几乎所有的教职工都拥有学术自由,大学老师在选择教科书方面总是享

有特权[1]。因此，大学教科书的出版商会尽力出版可以取悦大学老师的书籍，因为大学老师是这些书籍的潜在采用者。

然而，大学老师也不会凭空决断，他们也需要考虑学生的感受。但不幸的是，现在许多学生不像40年前的学生那样，认真地去做他们的大学功课。最近，美国国家教育数据统计中心的一项研究发现，只有31%的大学毕业生能够阅读并理解复杂的散文段落，这一数据比1992年的大学毕业生下降了几乎10%。造成这种情形的原因之一是，现在上大学的年轻人比过去多得多，在过去，只有很聪明的学生（和一部分家里非常有钱的学生）才能上大学。另外，现在的学生读书少，电视看得多，还经常在电脑上学习阅读和写作，而这是一种与阅读书本不同的读写能力。还有一个经常被忽视的因素是，越来越多的学生已经成为中小学教科书的受害者，这些学生会发现，要理解一些高难度的大学教科书是非常困难的，他们会被厚厚的书籍、那些过去几个世纪所写的密密麻麻的字体或不同的风格吓到。因此，大学老师常常会选择相对简短、更容易理解的教科书或文学作品来克服这些问题。阅读书单被缩小了，而那些被视为"沉甸甸"的书籍往往也在入门课程中被忽略了[2]。

总之，大学课堂不同于公立学校的课堂。大学老师希望教科书内容丰富，难易程度相当，也会有出版商极力迎合大学老师的多样化需求。与小学和中学的教科书相比，大学教科书显然不再那么枯燥。

---

[1] 更确切地说，是几乎所有在编的教职工。那些不在编的教职工不得不担心自己的行为是否会冒犯一些人，因为这些人将会决定谁将继续被聘任，谁将"被终结"。编制的好处经常被忽略，但它真的很重要。

[2] 还有一个事实是，一段时间里的"流行文化"，在另外一段时间里，可能会"过时"。教科书的选择往往反映着这些变化，尤其是在课程设置方面，也发生着戏剧性的变化。比如，45年前，不存在批判性推理这门课程，大部分学校的形式逻辑课程，是由哲学系或者数学系开设的，而这些院系之所以开设这门课程，显然是想实现更好的推理。英文系的老师也会教授批判性推理，而他们主要是基于议论文写作的需要。这就是为什么在本书第一版1971年出版之前，美国只有一本通用的真正的批判性推理教材，那就是门罗·C.比尔兹利的《有条理地思考》。

小结

在过去的 30 年间，美国公立学校的教科书有了很大的改进。

1. 历史和社会研究教科书对少数族裔和女性的描述更加准确，对社会制度和历史阴暗面的处理方式也更加公正。但是，教科书的整体编写风格还是非常枯燥，仍然是历史事件的罗列，同时也保留着特定的非常难理解的事例。过去的几年里，公立学校和大学的教科书的难度都普遍降低了。

2. 历史教科书试图用无穷无尽的信息对学生进行轰炸，这些信息会遮蔽一些重要的信息。它们还试图扭曲事实，以满足各种利益集团和压力集团的需要，同时也想把学生塑造成良好的、忠诚的公民。它们片面地描述美国的总统和英雄（比如，它们没有提到罗斯福总统残忍、嗜血的一面）；它们也夸大了美国在世界事务（如第二次世界大战）中的角色，淡化了美国历史上肮脏的一面，比如，对菲律宾试图获得独立的事件，只字未提。

3. 公立学校的最终目标是教育年轻人适应成人社会。教科书的目的就是给学生提供知识，帮助他们成为富有成效的公民，同时还要向他们灌输我们社会的价值观和文化习俗，并试图让这些信息成为学生思考问题的起点和背景性知识。（这就是一种教化。）

因此，那些不具争议性的事件，会被直接展现出来；而那些有争议性或者敏感性的话题，尤其是那些与历史和社会实际密切相关的话题，往往会被掩盖，或者被尽可能少地描述和提及。

4. 就像大众媒体所面临的境地一样，政治也影响着教科书。教科书也是一种商品，教科书的编撰者会尽可能地满足潜在的利益相关方的要求，这些潜在的利益方包括：当地学校的董事会、政府机构以及有权做出选择的专业教育者。政治的影响存在于每一个层面，包括地方层面、州层面以及国家层面。

尽管细节时有改变，但是政治入侵教育一直是一个基本的事实。甚至连建立公立学校的想法也是出于政治方面的考虑，美国在 19 世纪才开始建立公立学校。

大企业对教科书的内容也会产生一定的影响，但相对于他们对新闻媒体的影响力而言，其在教科书方面的影响相对比较小。大企业对教科书的影响，主要通过游说州议会和当地学校董事会来体现。

在教科书的选择方面，最重要的政府机构在加利福尼亚州和得克萨斯州。

5. 一些压力集团会通过向社会施压来影响教科书的内容。他们要求，教科书在描述美国历史和生活时增加有关少数族裔、女性和宗教的内容，来保证政治正确；这些诉求会被编入偏差纠正指南。这些偏差纠正指南，成为出版商自我审查的最重要的标准。有时候，这些行为也会变得矫枉过正。一些原教旨主义者试图在生物教科书中增加神创论的内容，但总体而言，这种企图没有成功。

应该注意的是，非教科书的书籍有时也会被公立学校审查，这其中包括那些经典的文学作品（如欧内斯特·海明威、马克·吐温的作品和最近 J. K. 罗琳的"哈利·波特"系列）。

6. 这一切，使得公立学校的教科书不能为学生提供真实的理解，甚至因为它们沉闷的风格和对事实的堆砌，导致关于特定事实的知识很难被记住。当然，教科书反映了社会团体和专业教育者希望引导学生阅读什么样的内容，这也是一个民主社会的应有之义。

7. 但是，大学教科书是不同的。（差异万岁！）

附录　再论令人信服的推理

> 推理关注的是，如何从我们已知的知识获取我们所未知的东西。
>
> ——美国哲学家　查尔斯·桑德斯·皮尔士

> 一个愚蠢的人总是相信他所听到的一切，而一个聪明的人总是在寻找证据。
>
> ——《箴言》14：15

原因和结果

在第一章，我们已经讨论过如何运用归纳推理来探求事物之间的因果关系，即去发现一个事物与另一个事物之间的引起和被引起关系。但正如其他有意思的概念一样，因果这个概念也是与很多概念相关，并且其边界是模糊的。当谈论一个事物引发另一个事物的时候，大部分情况下，我们所指的是充分条件的因果关系。比如，玛丽·安托瓦尼特（法国国王路易十六的王后）被送上断头台是她死去的充分条件，因为断头足以引发她死亡。

另一方面，我们在谈论因果的时候，也经常谈及必要条件的因果关系。例如，在一个粗糙的表面不断擦划一根火柴，会引燃这根火柴，而实际上，引燃这根火柴必须具备多个条件，比如，这根火柴必须是干燥的，引燃的过程必须是在空气中进行等，擦划只是起到部分作用，而不是全部的作用，因此，擦划是引燃火柴的必要条件而非充分条件。保持火柴干燥、在空气中进行和摩擦生热三个条件合在一起，既是引燃火柴的充分条件，也是其必要条件。

这个例子告诉我们，即便是引燃火柴这样的小事，也需要很多前提和条件。日常生活中，我们却总是过于简单化，认为摩擦足以引燃火柴，并认为，有意义的只是在一个粗糙的表面摩擦火柴，使其达到所需的温度，就引燃了这根火柴。而实际上，在真空状态下，无论如何摩擦这根火柴，也不会达到这种效果，但我们经常忽略这一点。这也许是由于人类的某种"主观意识"，在日常生活中，我们经常看到摩擦导致火柴引燃，而看不到氧气使得火柴引燃。或许更为重要的是，氧气随处都有，不用我们提供，以至我们经常忽略这个因素。

事实上，在有些情况下，我们还需要进一步区分直接原因和间接原因。假设在结冰的高速公路上，一辆卡车轮胎打滑堵塞了三四条车道，一辆恰好经过此地的汽车（我们称之为 A）不得不紧急变换车道，驾驶到没有被堵塞的车道上，而本来在这条车道上行驶的另一辆汽车（我们称之为 B）来不及刹车，撞上了 A。在这场事故中，路面结冰是卡车轮胎打滑的直接原因，但对于 A 和 B 两辆汽车的相撞而言，路面结冰则是间接原因。

在日常生活中，特别是在法律案件中，直接原因和间接原因的区分对于事故责任的认定非常重要。在上述例子中，汽车 A 变道是引发其与汽车 B 相撞的直接原因，但 A 的司机并不需要为此负全责，因为面对所在的车道被堵塞，他必须变道才能避免危险。而这场事故的罪魁祸首是卡车司机，在结冰的高速公路上行驶的时候，他没有给予足够的重视，也没有小心驾驶。

这个例子告诉我们，在日常生活中，一个结果很可能是由多个原因引发的，可我们很多时候只会注意到那些我们感兴趣的原因。比如，在一个持刀致死的凶杀案里，我们并不关注凶手在行凶过程中其身体内神经元和肌肉的活动，只关注他在实施这一行为的时候头脑是否是清醒和有意识的。而一个生物学家，则与我们不同，他更关注的是凶手在实施这一行为的过程中身体内神经元的活动，这场持刀致死的罪案更能说明神经元和肌肉的交织作用。因此，我们根据自己的兴趣和需要，既可以说犯罪的动机导致了这个结果，也可以说是神经元和肌肉的配合运动导致了这个结果，每种说法各有其价值和意义[1]。

科学方法

科学方法不过是科学家将人们日常生活中都知道的方法加以扩展、升华、调整，并用创造性的坚持和耐心获得的。科学家用来证实自己假设的方法并不像大家所想象的那么神秘和难以捉摸。

日常生活中的常识所依赖的信念常常需要通过有效的论证来证实，关于这一点，我们已经在前面的章节里讨论过。而对于这些关于世界本质的信念的证成，科学家也没有妙法或者捷径，其全部的"秘密"就在于，他们对数以千计（严格地说是数以百万计）的实践者的知识进行持续的积累，并对其推理中所持的那些错误的看法或者一厢情愿的观念进行逐步的消除。科学驱使科学家去驳斥那些未经证实的理论[2]，也驱使他们放弃那些看起来很鼓舞人心但被实验所证伪的思想，或者是没有被完全证实的思想。

一般而言，科学理论都是由演绎推理和归纳推理的结合证成，但发挥更重要作用的是归纳推理。一个好的科学家总是通过前人特别是他们自己的科学实验，发现或总结出某种模式，然后通过归纳推理的方式将自己总结的模式推广至更大的范围。在日常生活中，我们从过去的经验里归纳出一些常识，比如，糖使得食物变甜，醋使得食物变酸，面包有营养，干旱有害于庄稼等。科学家也是运用这些方法，不过他们更需要一以贯之地坚持和严格地进行实验，才能得出结论。比如，金属会导电，吸烟会引发癌症，地球围绕太阳公转的轨道是椭圆形的，放射性物质有半衰期等。当然，他们要使用一些日常生活中不多见的科学仪器，来验证他们所归纳出的某种理论模式，这些仪器包括望远镜、显微镜、X光机等。

---

[1] 更多关于因果和事物之间关系的讨论，可以参考：艾伦·豪斯曼，霍华德·卡亨，保罗·蒂德曼. 逻辑与哲学 [M]. 第12版. 波士顿：沃兹沃思，圣智学习出版社，2013。

[2] 科学家们至少在两种意义上使用"理论"和"假设"这两个词语：一方面，他们用这两个词语来指称那些未经检验的推测或没有得到充分证实的模式；另一方面，他们用这两个词语表示已经证实的或被接受的模式。在第二种意义上，这两个词语等同于"科学规律"或者"自然规律"。

所谓科学，就是对人们在日常生活中通过观察所得到的数以万计的结果进行累积，并提出理论或模式来解释这些观察到的结果，然后，再进一步地观察和实验，以验证提出的理论或假设是否正确。当一位科学家声称发现一个新理论或者新模式的时候，其他的科学家就会重复这些实验来验证这个新理论或新模式。如果行得通，则这个新理论或新模式就会被科学界所接受；如果结果无法复制，则这个新理论或新模式就可能被遗弃，或者被进一步修改，以适应通过这些实验所获取的教训或经验。这实际上也构成了科学和伪科学之间的重要区分：一种科学的理论总是声称在一定的条件下，一定会出现某种结果，如果前提条件具备，而结果没有出现，那么科学就必须放弃这种理论或者必须修改这种理论，以适应新的观察结果。而伪科学则是另外一种情形，比如，一个相信超感官知觉的人所坚持的理论迟早会被证伪，或者关于未来他们根本断言不出什么会发生。

提及伪科学，我们还应该关注另一点。一种真正的科学理论不仅要接受与其直接相关的经验的检验，还必须接受所有科学理论的检验。而伪科学则从来不敢应对所有科学知识的质疑，甚至有些时候，它都不敢接受日常生活的检验。例如，神创论声称，五千年前所有人都在洪水中毁灭了，只有诺亚和他的家人存活了下来。这意味着我们现在所看到的各种遗传多样性，包括种族差异，都是这几千年来从诺亚家族发展而来的。但这和我们现在所知道的人类以及所有哺乳动物的进化与繁衍的历史事实严重不符。所以，接受神创论的任何人，在面对这个关键差异的时候，就必须要反对基因学和一切相关的现代科学的所有成果。

当然，我们也要注意到，有的行为和现行的科学理论不符，但并不总是意味着这种行为是没有意义和价值的。有的时候，这种行为甚至更具有开创性意义或启迪性价值。比如，19世纪80年代，科学家普遍认为在宇宙中存在着"以太"这种物质，它是光和其他电磁波在空间里传播的媒介和载体，而当时科学家做了很多实验，没能证明"以太"的存在。但正是这种失败，启迪了当时的科学界，并最终导致了牛顿经典力学的瓦解和爱因斯坦相对论的产生。所以，从一定意义上而言，正是当时普遍接受的理论遭致实验失败，才孕育出20世纪科学上这个最伟大的成就。

遗憾的是，很多学生看不到科学探索的这一价值。比如，不少学生反对在动物身上做生物实验。因为他们认为，这些实验即便在动物身上获得成功，也并不意味着它们对人类有同样的效果。这些学生还会以此为论据，指责动物在科学实验中遭受了折磨，却无助于人类解决自身的疾病和问题。他们不知道的是，这种实验也许看起来是失败的，但正是这些失败让我们远离错误的研究路径并进而探索出正确的道路。（并且，这些学生也经常忽略一个重要的事实，那就是在与人类相近的哺乳动物身上取得效果的很多科学实验，在人类身上效果同样明显。）顺便一提的是，伪科学就不会通过失败的案例来调整自己的理论，它们总是倾向于把这些反例隐藏或忽略。

如果伪科学的理论与我们日常生活的经验或事实不符，它们经常会选择无视这种违背或冲突发生的方式和途径。比如，对于我们大家都知道的世上存在众多物种这个事实，神创论就无法提供合理的解释。数千种哺乳动物、鸟类、两栖动物和爬行类动物以及数万种昆虫，所有这一切，即便是在当今科技发达的时代，我们拼尽全力也无法把它们放入同一条船上，更不要说在创世纪时代诺亚如何能够完成。还有，我们不要忘记诺亚方舟创世说的一些前提预设：狮子是无法与羔羊同处一室的；这条避难的方舟上必须储备有令人难以置信的大量的水和各种各样的食物，以免动物们饿死或者脱水；数以万计的植物物种都要被采集到，并且，诺亚和他的家人居然能够环游全世界来采集所有的物种；还有各种细菌和病毒的传播；以及如何及时清除船上各种动物的排泄物等。至此，我们可以很清楚地看到，神创论不仅与当代举证严密、论证有力的科学理论相违背，而且与我们关于世界的常识相违背，更不要说它无法预言关于世界发展的任何趋势。与之相对应的进化论，作为现代科学的一个重要理论，它与现代科学的其他理论之间是融贯而不冲突的，并且，它所预言的事情也在逐步被证实，比如，化石发现的地点和发掘的路径等已经被证实是正确的。

最后，让我们回顾科学史上一个真实的小故事——"海洋—大气（sea-of-air）"假说，看看当时的科学家是如何检验和证实这一假设的。这个理论是由17世纪伽利略的门徒之一托里拆利提出的。他是数学家，也是物理学家。当时，人们注意到，如果不借助辅助的电力设备，水泵最多能把矿井中的水抽至10.3米高。托里拆利认为，就像海水环绕着海底并对海底产生压力一样，空气环绕在地球表面并且由于重力缘故对地表产生了压力，正是空气的压力使得水泵能够把水抽至10.3米的高度。

托里拆利的理论可以被（也已经被）几个不同的实验所验证。比如，已知水泵能从矿井中抽水的极限高度是10.3米，而水银的比重是水的14倍；假定托里拆利的理论是正确的，则可以得出，在大气压下，水银抽起的高度只是水的高度的1/14。因此，如果能够设计一个水银装置（现在称之为气压计），就可以验证这个推测，结果证明的确如此。托里拆利的追随者们还设计了另外一个验证他的理论的实验：他们把水银装置安放在高于海拔的地方，根据托里拆利的理论，由于高处大气压比较小，这个装置在高于海拔的地方抽起水银的高度要低于其位于海拔位置的高度，实验也证实了这个结论。（现在，这个实验结果被广泛运用，比如，通过测试在给定高度下气压的变化，来预测天气的变化等。）顺便一提的是，如果这些实验的结果不能证实托里拆利的假设，他的理论就不会被科学界所共同认可和接受。

总而言之，谈论科学方法有两个方面的意义。首先，科学方法并不具有任何神秘色彩；其次，尽管在实际应用中，这些科学方法会导致极其复杂的实验和论证过程，但科学的基础模式都是极其简单的。正是由于科学理论有大量的各种各样的证据支撑，所以它们才如此令人信服。因此，我们应该遵循科学所提供给我们的规律来做事，除非我们拥有更好的理由。

概率计算和公平赔率

在美国，每年都有数十亿美元被合法地用于赌博押注，同时，也有数十亿美元被非法地用于押注。亚特兰大、里诺和拉斯维加斯的数据也表明，每年有数百万计的美国人参与赌博，但他们中的多数人并不知道如何计算公平赔率。从长远来看，这也许是这些赌博者经常输的原因。（当然，另外一个原因是，在所有合法的赌博中，包括在老虎机和州彩票中，这个赔率总是被设置为不利于参与者，而有利于赌博的庄家。）

公平赔率取决于某一结果出现的概率。比如，当你投掷一枚对称的硬币时，它正面朝上的概率是二分之一，因为投掷的结果只有两种可能。这样一来，在投掷硬币的游戏中，正面朝上的公平赔率应该是1∶1，也就是一个人押1美元，他应该会赢1美元。（尽管如此，我们仍需注意的是，很少有硬币是绝对对称的，它们两面的重量总是有细微的差别；另外，也不能忽略的是，在拉斯维加斯这些地方，骰子总是被制作得尽可能对称，但即便如此，一些骰子依然会偏向于显示某些数字。）

大多数游戏的设计都倾向于让参与者认为他们期待的结果出现的概率与其他结果出现的概率是等同的，因此他们值得押注。而要计算这一期待结果的出现概率，我们只需要把这个期待结果出现的次数除以所有结果出现的次数即可。（记住，这种计算方式只适用于以下情况：所有的结果出现的概率是一样的，并且，每一结果的出现都具有独立性，也就是说，这些结果之间不相互牵制。）

假设在一个投掷双骰子的游戏中，我们想计算一下7出现的概率。在这个游戏中，一共可能产生36种不同的结果，而出现7这个结果的共有6种情况（它们分别是1和6，2和5，3和4，4和3，5和2，6和1），因此，数字7在这个游戏中出现的概率就是6∶36，或者1∶6。也就是说，在6次投掷中，押注者可能赢1次，输5次。这就是为什么在这个游戏中，押注7的公平赔率为5∶1，也是为什么一个人如果赢得1美元的赌注，他将会获利5美元。

在赌场里，如果参与押注1美元的这个游戏，参与者会被要求把他们各自的1美元都放在桌子上，按照公平赔率，每一次的那个赢者将会获得6美元：他自己的1美元，再加上别的参与者的5美元。但历史上所有的赌场都不会赔付公平赔率，毕竟赌场是用来赚钱的，而不是用来玩概率游戏的。

在拉斯维加斯这些赌博合法的地方，也许对于大多数参与者来讲，最佳赔率是在投掷骰子的桌子上，而老虎机则是除了赌注赛马和体育运动项目之外，赔率最差的了，但老虎机毫无疑问是所有合法赌场中最受欢迎的赌钱游戏。在所有合法的喜闻乐见的赌博中，乐透也向广大的参与者提供了最差的赔率（很多人把它叫作"吸盘"），他们只提供给中彩者其最好获利（2∶3）的二分之一作为回报[1]。

不管概率怎样，当赔付率有失公平时，从长远来看，所有的参与者都会输。但不少人，也包括我们自己，会用很愚蠢的理论来为自己的好赌习性辩解，这就使得很多相当愚蠢的理论大行其事。其中，最愚蠢的理论莫过于相信运气，并认为有一天运气也会降临到我们自己身上。

当然，我们也要提及另外两个看起来聪明些的理论。其中，第一个理论是，玩骰子游戏时，如果第一局输了，第二局就双倍下，这样的话，即便赔付率不利，胜算的可能性还是会大大增加。毕竟，最后，你总是会赢，并借此挽回了之前的损失，且获利丰厚。

遗憾的是，世上没有赌博圣诞老人！首先，赔率不会被设置得有利于玩家，所以把赌注加倍也无助于改变这一状况。其次，除非你是比尔·盖茨或者沃伦·巴菲特，否则赌场所储备的现金总是比你多，因而他们总是可以承受更多的损失。因此，在赌场与赌博者之间的博弈中，赌博者总是会在遭遇一连串厄运后被赌场淘汰出局。（关于赌场，流传下来很多古老的故事，甚至有一首歌《一个男人在蒙特卡洛破产》，也专门为此而作。当然，这如果真发生，一定是小概率事件。）

按照这个理论，如果一个赌博者在第一局输掉了，他在第二局下的赌注应该是上一局的双倍，才能挽回上一局的损失。因此，假若他第一局的赌注是 2 美元，那么他第二局的赌注应该是 4 美元，第三局的赌注是 8 美元……这样一直加倍直到最后赌赢。这个办法尽管确实可以增加赌博的次数，但它仍然无助于改变被淘汰出局的最终命运。并且，这个方法还有另一个弊端，那就是即便最后一局真的赢了，你仍然得不偿失。（作者的一个朋友几年前在拉斯维加斯做过这个尝试：她以每局 10 美元递加，结果在两个小时里输掉了所有的赌资。）

另一个被很多玩家所信奉的可爱却愚蠢的理论是，在掷骰子游戏中，如果一个数值，比如 7，在赌局中出现的次数越少，那么它在接下来的赌局中出现的概率

---

[1] 这就是为什么买乐透就像自愿给国家交税，也是为什么托马斯·杰斐逊作为一个杰出的总统，也这么喜欢乐透。日常的税务对于人们而言，总是强制的义务，而乐透却完全是出于人们的自愿，真是一个好主意！人性就是如此，很多人一边把很多钱挥霍在乐透上，一边尖刻地抱怨交了太多的税。

就越大。概率均等嘛,玩家们总是喜欢这么说。于是,当观察到数值 7 在连续 10 局中都没有出现时,就立刻在 7 上下重注。

这个理论的症结在于,在掷骰子游戏中,每一局都是独立的,这意味着每一局出现的结果之间是没有任何联系的。也就是说,骰子并不知道上一局的结果,它们也不关心上一局的结果,它们就是自行其是!每一个数值出现的概率,在每一局中都是一样的,并不受上一局的影响;而骰子也还是那些骰子,它们仍然作为一个客观存在,每一局都遵循着物理学的基本规律。

对于真正具有批判性思维的人而言,他们根本不用知道赔率怎样才是公平的,因为赌博这套系统对他们根本就不会起作用。赌场本来就是别人赚钱的工具,你想来赢钱,只能证明你自身有问题[1]。

尽管公平赔率的计算非常复杂,但它仍然有章可循。用 a 表示第一个事件或结果,用 b 表示第二个事件或结果,用 P 表示概率,这样一来,我们给出四条规则:

狭义组合规则

如果两个事件是彼此独立的,也就是说,它们的结果之间不相互影响,则这两个事件同时出现的概率等于第一个事件出现的概率乘以第二个事件出现的概率。用符号可以表示为:

$$P(a\&b) = P(a) \times P(b)$$

比如,在掷两对双骰子的游戏里,同时得到两个 7 的概率,等于第一对骰子得到 7 的概率(1/6)与第二对骰子得到 7 的概率(1/6)的乘积,其结果是

---

[1] 关于这一点,曾经出现过几次例外。很多年前,二十一点游戏开始出现,据说这种扑克游戏能够改进赔率,进而有利于熟练的玩家。一开始赌场虽然把它列为赌博项目,但禁止熟练的玩家参与。后来赌场改进了策略,增加了扑克牌的总体数量,或者使用机械装置吐出各种各样的扑克组合,从而轻易地把这个算牌游戏毁掉了。(这说明一个玩家即便会算牌,对赌场也构不成威胁,因为很少有人能够记住所有发出的牌。认为可以打破赔率的这种想法,实际上是更有利于赌场的。)另一个例外也发生在很多年前,几个大学生经过几天细心的观察,发现拉斯维加斯某个赌场里的某个轮盘具有一定的"倾向性",为了求得巨大的宣传效应,赌场允许这几个年轻人赢了几千美元,最后,赌场把这个轮盘换掉,一切奇迹不再出现。

$1/6 \times 1/6 = 1/36$。

广义组合规则

$P(a \& b) = P(a) \times P(b,$ 假设 a 出现$)$

比如，在玩扑克的游戏里，同时抽到两张黑桃的概率，等于抽到第一张黑桃的概率（13/52，因为一副扑克的52张牌中，有13张是黑桃），乘以抽到第二张黑桃的概率（12/51，既然第一张黑桃已经被抽走），等于 $13/52 \times 12/51 = 1/17$。

狭义析取规则

如果 a 和 b 是相互排斥的事件（也就是一个结果不可能同时既是 a 又是 b），那么得到 a 或 b 的概率：

$P(a \text{ or } b) = P(a) + P(b)$

比如，在玩扑克牌时，抽到一张黑桃或者红桃的概率，等于抽到一张黑桃的概率（1/4）与抽到一张红桃的概率（1/4）之和，即 $1/4 + 1/4 = 1/2$。（抽到一张黑桃和抽到一张红桃，就是相互排斥的事件，因为没有一张扑克牌既是黑桃又是红桃。）

广义析取规则

$P(a \text{ or } b) = P(a) + P(b) - P(a \& b)$

比如，在两次投掷硬币的游戏中，得到至少一次人像朝上的概率，等于第一次投掷出现人像朝上的概率（1/2），加上第二次投掷出现人像朝上的概率（1/2），再减去两次投掷都出现人像朝上的概率（1/4），即 $1/2 + 1/2 - 1/4 = 3/4$。（需要注意的是，我们不能简单地认为它的概率是 $1/2 + 1/2$。）

这样一来，很明显，一个矛盾式的概率是0，而一个重言式（永真式）的概率是1。

术 语 表

诉诸人身（ad hominem）：攻击对手本人，而不是对手的论证。

肯定后件式（affirming the consequent）：一种无效的推理形式，是指通过肯定"A 蕴涵 B"这个命题的后件 B，想进而肯定前件 A。

类比推理（analogical reasoning）：通过两个或两类事物在某些方面的相似性，而推知它们在其他方面也是类似的。

诉诸权威（appeal to authority）：不假思索地接受对方所说的话，只因为对方是权威或专家。

诉诸武力（appeal to force）：一种推理谬误，是指在武力的威胁下，人们才会接受某种看法或观点（这一推理谬误，也被称为"诉诸暴力"或"诉诸棍棒"）。

诉诸无知（appeal to ignorance）：相信某些事情是真的，只是因为没有发现有证据能证明它为假。

论证（argument）：用一些前提或论据证明某一观点为真的过程。

论证性文章（argumentative essay）：用一些论据或篇幅来证明某一观点的文章。

背景性信念（background belief）：在评估某一论证是否有效时，我们需要动用以往的经验和知识，来判断其前提是否正确，这些以往的经验和知识，就构成了我们的背景性信念。

乞题（begging the question）：一种论证谬误，是指在论证过程中，把结论当作前提来用（即把有待证明为真的命题当作真的命题来使用）。

偏差统计（biased statistics）：基于不具有典型性的样本而进行的统计推理。

直言命题（categorical proposition）：断定某物具有或不具有某种性质的命题。

原因（cause）：足以（必然会）引发结果的条件。

论点（claim）：论证的结论。

令人信服的推理（cogent reasoning）：又称有效的推理，即从真的前提，运用有效的推理方式，得出结论。

认知意义（cognitive meaning）：所谓了解一个词语的认知意义，就是知道其指称了什么事物。

诉诸惯例（common practice）：一种推理谬误，即认为一件事情是合理的，只是因为很多人或大多数人都会这么做。

析取否定论证（comparison of alternatives）：通过指出其他的选择都不正确，从而得出自己的选择是正确的。

组合谬误（composition）：因为一个事物的各个部分都具有某种属性，就认为该事物也具有此属性。

混合归纳推理（concatenated reasoning）：综合运用归纳和演绎进行有效推理的模式。

结论（conclusion）：论证想要证明的观点。

或然式（contingent statement）：一个句子所描述的事态，不会必然发生，也不会必然不发生。

矛盾式（contradiction）：是指一个命题在任何情况下都为假；或者是指矛盾关系，即命题之间不能同时为真。

正确（correct）：对于一个论证而言，其是正确的，则意味着前提能够推出结论。

文化滞后（culture lag）：是指人们会固守一种行为方式或思维习惯，即便它已经变得不合时宜。

演绎有效的论证（deductively valid）：是指一个推理的前提如果为真，其结论必然为真。之所以会这样，是因为结论已经包含在前提中，前提的真保证了结论的真。

错觉（delusion）：即便已被事实证明为假，人们还会相信它。

拒绝承认（denial）：对于痛苦的境地和感觉，人们会否认它们的存在，或者重新解释它们，而不愿面对这种真实的情景。

否定前件式（denying the antecedent）：一种无效的推理方式，是指想通过否定一个蕴涵命题的前件，进而想否定其后件。

二难困境（dilemma）：一个推理给出两种选项，无论你选择哪一个，其结果都会让你左右为难。

析取三段论（disjunctive syllogism）：对于选言命题而言，其有效的推理形式是，否定了一个以外的其他选言支，就可以肯定这个选言支。

分解谬误（division）：认为一个事物必然具有某种属性，只是因为它的组成部分具有这种属性。

非此即彼谬误（either-or fallacy）：错误地认为只有两种选择，如果其中一个选择不好，只能选择另一个，实际上，还有更多的可能和选择。

情感意义（emotive meaning）：一个词语所表达的感情倾向——褒义或者贬义。

模棱两可（equivocation）：故意利用了一个词语的多重含义。

回避问题（evading the issue）：该面对某一问题时却选择不去面对。

说明（exposition）：对某个问题、思想或主题进行解释。

推理谬误（fallacious reasoning）：前提虚假、证据不足或证据对结论支持力度不够的推理。

虚假的二难困境（false dilemma）：一个二难推理，却被发现它提供的选择是虚假的，或者是还存在着其他的可能和选择。

错误类比（faulty comparison）：有问题的类比。

形式（form）：是指推理的逻辑结构或语法结构。

牵连过失（guilt by association）：指责一个人有罪，只是因为他的同伴有罪。

轻率概括（hasty conclusion）：没有看到充分的证据就得出结论。

从众心理（herd instinct）：倾向于让自己的信念和行为与大多数人保持一致。

高水平归纳推理（higher-level inductions）：更普遍的推理，对不具普遍性的推理具有指导意义。

假言三段论（hypothetical syllogism）：假言推理的一种有效形式，是指根据

"如果 A, 那么 B" 和 "如果 B, 那么 C" 两个前提,可推出 "如果 A, 那么 C"。

识别型广告（identification advertisement）：广告通过某种标识，来取得受众的认同。

前后不一（inconsistent）：矛盾。

间接证明（indirect proof）：假设结论为假，并以此为前提，推出矛盾或明显荒谬的观点，这反过来证明假设不成立，即结论为真。

归纳推理（induction reasoning）：由一类事物中的部分具有某种性质推出这类事物都具有某种性质。

枚举归纳推理（induction by enumeration）：通过观察一部分样本具有某种性质而没有反例，从而推知该类事物都具有某种性质的归纳推理。

归纳有效的论证（inductively valid）：正确的归纳推理形式。

讽刺（irony）：一种说话方式或修辞方法，即说出的话与实际情况相反，让对方听弦外之音。

理由不相干（irrelevant reason）：一种广义的逻辑谬误，是指前提与结论之间不相关，前提推不出结论。

逻辑真公式（logical truth）：是指一个句子必然为真，或者一个句子在结构上是重言式。

大项（major term）：在三段论推理中，结论性质命题的谓项。

中项（middle term）：在三段论推理中，在两个前提分别出现一次而在结论中不出现的词项。

小项（minor term）：在三段论推理中，结论性质命题的主项。

肯定前件式（modus ponens）：一种有效的推理形式，根据 "如果 A, 那么 B" 和 "A" 两个前提，可以推出 B。

否定后件式（modus tollens）：一种有效的推理形式，根据 "如果 A, 那么 B" 和 "非 B"，可以推出非 A。

三段论的式（mood of a syllogism）：构成三段论的命题的不同类型（A、E、I、O）的组合方式。

用词模糊（obfuscate）：词语有多重含义，或者是词语晦涩，让人不知其意。

特称肯定命题（particular affirmative proposition）：是指具有"有 A 是 B"形式的句子。

特称否定命题（particular negative proposition）：是指具有"有 A 不是 B"形式的句子。

党派心态（partisan mind-set）：一种偏见和倾向，即根据所属派别的不同，把人们分为"他们"和"我们"，并以此为视角，认为"我们"正确，而"他们"不正确。

剽窃（plagiarism）：一种学术不端行为，即使用他人的观点或文字，而不注明出处。

偏见（prejudice）：对别人看法不好，却没有充分的证据，只是基于别人所属的种族或宗教与自己不同。

前提（premise）：在论证中，用以支持结论所提供的理由。

立论和反论（pro and con argument）：一个论证中，既包含证成结论的前提，也包含证伪结论的前提。

拖延症（procrastination）：把本该今天完成的事情，放在明天或以后去做。

承诺型广告（promise advertisement）：一种广告形式，承诺帮助人们解除某种痛苦，或承诺满足人们的某种愿望。

地方主义（provincialism）：一种狭隘的视角，总是以自己所属群体的利益为重，或者总是认为自己所属群体的行为和思想是正确的。

伪科学（pseudoscientific theories）：没有科学依据的理论。

原因虚假（questionable cause）：把 A 当作引发 B 的原因却证据不足，或证据不具有说服力或代表性，或证据站不住脚。

前提虚假（questionable premise）：前提不足信。

吹毛求疵（quibble）：抓住对方的一个小错误不放手，进而把所有的错误和责任都归结到对方身上。

合理化（rationalization）：一种自我欺骗的伎俩，即对于自己的错误总是不愿面对，并找出很多理由和借口证明自己是对的。

推理（reasoning）：从已知知识推导未知知识的过程。

理由（reasons）：为证明一个结论为真而提供的前提或证据。

归谬法（reductio ad absurdum proof）：为了反驳某命题，先假定其为真，以此出发，得出荒谬、矛盾或假的结论，从而间接证明该命题站不住脚。

对反论的驳斥（refutation to counterargument）：驳斥与自己观点相反的论证，指出它自相矛盾。

寻找替罪羊（scapegoat）：找人代过。

自我欺骗（self-deception）：相信一些对别人而言显而易见的谎言。

倾向性（slanting）：一种引起误解的表达方式，或者是在表达的时候暗示一些东西，或者是精心挑选事实让别人误解。

滑坡论证（slippery slope argument）：一种推理谬误，认为我们必须反对某一行为，理由是一旦实施这一行为，必然招致另一个行为，而另一个行为将会导致其他行为，如此类推，沿着"斜坡"一直滑行，直到不良后果产生。

以偏概全（small sample）：样本数量过少或不足信时，就匆忙得出结论。

统计归纳推理（statistical induction）：基于对样本的统计数据而进行的归纳推理。

刻板印象（stereotype）：对某一群体过于简单的负面看法。

稻草人（straw man）：基于对对方的错误理解而进行的反驳或攻击。

直言命题的主项（subject class）：直言命题中指称事物的词。

迷信（superstition）：基于偏见、小样本或者不具代表性的样本而形成的非理性信念，以至忽视相反的证据。

隐藏证据（suppressed evidence）：一种推理谬误，即对于不支持结论的反例视而不见，或者过分看轻。

抑制（suppression）：一种逃避现实的方式，或者是对现实视而不见，或者是只想那些不重要的而忽略那些重要的。

三段论（syllogism）：以两个直言命题为前提，推出一个新的直言命题为结论的推理方式。

重言式（tautology）：在任何情况下都为真的句子。

主题（thesis）：议论文的结论。

象征主义（tokenism）：只做表面文章，而不深入理解，也叫形式主义。

语气（tone）：文章所表达的态度或感情倾向。

诉诸传统（traditional wisdom）：不顾事情已经发生变化，依然遵循传统的思路和做法。

以错制错（two wrongs make a right）：指出别人也是这样，来为自己的错误辩护。

全称肯定命题（universal affirmative proposition）：是指具有"所有 A 是 B"形式的句子。

全称否定命题（universal negative proposition）：是指具有"所有 A 不是 B"形式的句子。

样本不具有代表性（unrepresentative sample）：是由不具代表性的样本导致的错误推理。

有效性（valid）：衡量推理是否令人信服的标准，要求前提能够推出结论，即前提的真能够保证结论的真。

可信的前提（warranted premise）：背景性信念和其他证据所构成的前提是可信的。

遁词（weasel words）：出现在陈述中的一些词语或短语，它们表面上看起来没有改变陈述句的内容，实际上，它们扭曲了整个句子的内容。

一厢情愿（wishful thinking）：不顾事实，只相信自己愿意相信的东西。

世界观（worldview）：人们关于世界的看法，是人们最基础的背景性信念，也经常被称为一个人的哲学。